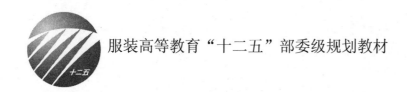

服装高等教育"十二五"部委级规划教材

服装面辅料测试与评价

陈丽华　编著

U0241775

中国纺织出版社

内 容 提 要

本书分为上、下两篇：上篇为服装面辅料测试与评价的理论部分，分为七章。首先介绍服装面辅料测试与评价基础、纺织标准基础，然后系统阐述服装面辅料的结构与规格、服用性能、加工性能与风格、功能性及生态性测试与评价等内容，主要包括各项性能的基本概念和影响因素、试验标准、试验方法与试验原理等。下篇为服装面辅料测试与评价的实践部分，分为九个试验项目，共计37个试验，每个试验包括试验标准、试验原理、试验仪器、试样准备、试验步骤及试验结果等内容，其中一些试验还具有不同的试验方法，内容全面，系统性、逻辑性、实用性较强。

本书主要适用于纺织服装高等院校的服装设计与工程专业、纺织品检测专业、纺织品贸易专业，也可作为其他纺织服装类专业的基础和实验教材以及纺织品服装检验和商贸人员的参考用书。

图书在版编目（CIP）数据

服装面辅料测试与评价／陈丽华编著． —北京：中国纺织出版社，2015.1

服装高等教育"十二五"部委级规划教材

ISBN 978-7-5180-0861-2

Ⅰ.①服… Ⅱ.①陈… Ⅲ.①服装面料—高等学校—教材②服装辅料—高等学校—教材 Ⅳ.①TS941.4

中国版本图书馆CIP数据核字（2014）第181143号

策划编辑：李春奕 责任编辑：杨 勇 责任校对：寇晨晨
责任设计：何 建 责任印制：储志伟

中国纺织出版社出版发行
地址：北京市朝阳区百子湾东里A407号楼 邮政编码：100124
销售电话：010—67004422 传真：010—87155801
http://www.c-textilep.com
E-mail：faxing@c-textilep.com
中国纺织出版社天猫旗舰店
官方微博http://weibo.com/2119887771
三河市宏盛印务有限公司印刷 各地新华书店经销
2015年1月第1版第1次印刷
开本：787×1092 1/16 印张：18.5
字数：390千字 定价：49.80元

出版者的话

《国家中长期教育改革和发展规划纲要》中提出"全面提高高等教育质量","提高人才培养质量"。教育部教高[2007]1号文件"关于实施高等学校本科教学质量与教学改革工程的意见"中,明确了"继续推进国家精品课程建设","积极推进网络教育资源开发和共享平台建设,建设面向全国高校的精品课程和立体化教材的数字化资源中心",对高等教育教材的质量和立体化模式都提出了更高、更具体的要求。

"着力培养信念执着、品德优良、知识丰富、本领过硬的高素质专业人才和拔尖创新人才",已成为当今本科教育的主题。教材建设作为教学的重要组成部分,如何适应新形势下我国教学改革要求,配合教育部"卓越工程师教育培养计划"的实施,满足应用型人才培养的需要,在人才培养中发挥作用,成为院校和出版人共同努力的目标。中国纺织服装教育学会协同中国纺织出版社,认真组织制订"十二五"部委级教材规划,组织专家对各院校上报的"十二五"规划教材选题进行认真评选,力求使教材出版与教学改革和课程建设发展相适应,充分体现教材的适用性、科学性、系统性和新颖性,使教材内容具有以下三个特点:

(1)围绕一个核心——育人目标。根据教育规律和课程设置特点,从提高学生分析问题、解决问题的能力入手,教材附有课程设置指导,并于章首介绍本章知识点、重点、难点及专业技能,增加相关学科的最新研究理论、研究热点或历史背景,章后附形式多样的思考题等,提高教材的可读性,增加学生学习兴趣和自学能力,提升学生科技素养和人文素养。

(2)突出一个环节——实践环节。教材出版突出应用性学科的特点,注重理论与生产实践的结合,有针对性地设置教材内容,增加实践、实验内容,并通过多媒体等形式,直观反映生产实践的最新成果。

(3)实现一个立体——开发立体化教材体系。充分利用现代教育技术手段,构建数字教育资源平台,开发教学课件、音像制品、素材库、试题库等多种立体化的配套教材,以直观的形式和丰富的表达充分展现教学内容。

教材出版是教育发展中的重要组成部分,为出版高质量的教材,出版社严格甄选作者,组织专家评审,并对出版全过程进行跟踪,及时了解教材编写进度、编写质量，力求做到作者权威、编辑专业、审读严格、精品出版。我们愿与院校一起，共同探讨、完善教材出版，不断推出精品教材，以适应我国高等教育的发展要求。

中国纺织出版社
教材出版中心

前言

随着科技的进步和人们生活水平的提高，纺织纤维和纺织服装业的迅猛发展，纺织品与服装正向着多功能、智能型方向发展。消费者对纺织品及服装的需求也不仅仅是舒适、美观，而是越来越关注其内在品质、功能性及生态性等，同时对服装面辅料的服用性、加工性、功能性及生态性等的测试与评价也提出了更高的要求。

为了适应纺织服装市场的需求和纺织服装专业教学改革的需要，更好地满足高等院校的服装设计与工程、纺织品检测、纺织品贸易及其他纺织服装类专业的教学需求，培养学生的实践技能，本教材既注重服装面辅料测试与评价的理论知识，更注重服装面辅料测试与评价实践技能的培养。书中较系统地阐述了服装面辅料测试与评价的基础知识、试验方法及试验原理，紧紧围绕我国现行的纺织标准，采用最新的试验方法与仪器，实用性和可操作性较强，内容全面、系统性、逻辑性较强，通俗易懂、深入浅出，可作为纺织服装高等院校的服装设计与工程、纺织品检测、纺织品贸易及其他纺织服装类专业的基础和实验教材，也可作为纺织品服装检验和商贸人员的参考用书。

由于编写时间仓促，书中难免有不妥之处，恳请读者批评指正。

陈丽华

北京服装学院

2014 年 5 月 18 日

教学内容及课时安排

篇/章	课程性质/课时	课程内容	篇/项目	课程性质/课时	课程内容
上篇	理论（32课时）	测试与评价理论	下篇	实践（40课时）	测试与评价实践
第一章	理论（2课时）	第一章 服装面辅料测试与评价基础 第一节 纺织品检验形式和种类 第二节 纺织品质量检验 第三节 服装面辅料试验用标准大气与测量误差 第四节 服装面辅料测试与评价项目			
第二章	理论（2课时）	第二章 纺织标准基础 第一节 纺织标准的定义与执行方式 第二节 纺织标准的表现形式与种类 第三节 纺织标准的级别 第四节 国内外纺织标准的差异 第五节 纺织品质量监督与质量认证			
第三章	理论（2课时）	第三章 服装面辅料结构与规格测试与评价 第一节 服装面辅料纤维检测与分析 第二节 服装面辅料纱线结构测试与评价 第三节 服装面辅料织物组织结构与规格测试与分析	项目一	实践（8课时）	项目一 服装面辅料结构测试与评价 试验1 纺织纤维检测与分析 试验2 纱线结构测试与评价 试验3 织物组织结构与规格测试与评价
第四章	理论（16课时）	第四章 服装面辅料服用性能测试与评价 第一节 服装面辅料舒适性能测试与评价 第二节 服装面辅料外观性能测试与评价 第三节 服装面辅料耐用性能测试与评价	项目二	实践（22课时）	项目二 服装面辅料服用与加工性能测试与评价 试验1 服装面辅料舒适性测试与评价 试验2 服装面辅料外观性测试与评价 试验3 服装面辅料耐用性测试与评价

篇/章	课程性质/课时	课程内容	篇/项目	课程性质/课时	课程内容
上篇	理论（32 课时）	测试与评价理论	下篇	实践（40 课时）	测试与评价实践
第五章	理论（2 课时）	第五章　服装面辅料加工性能与风格评价 第一节　服装面辅料加工性能测试与评价 第二节　服装面辅料风格的评价	项目二	实践（22 课时）	试验 4　服装面辅料加工性能测试与评价
第六章	理论（4 课时）	第六章　服装面辅料功能性测试与评价 第一节　服装面辅料舒适功能性测试与评价 第二节　服装面辅料防护功能性测试与评价	项目三	实践（10 课时）	项目三　服装面辅料功能性与生态性测试与评价 试验 1　服装面辅料舒适功能性测试与评价 试验 2　服装面辅料防护功能性测试与评价
第七章	理论（4 课时）	第七章　服装面辅料生态性检测与评价 第一节　生态纺织品概述 第二节　纺织品中有害物质 第三节　纺织品中有害物质的检测			试验 3　服装面辅料生态性测试与评价

注　各院校可根据自身的教学特点和教学计划对课程时数进行调整。

目录

上篇　测试与评价理论

下篇 测试与评价实践

上篇 测试与评价理论

第一章 服装面辅料测试与评价基础

纺织品质量亦称"品质"，是用来评价纺织品优劣程度的多种有用属性的综合，是衡量纺织品使用价值的尺度，是纺织品按其用途满足人们穿着、或使用要求、或进一步加工需要的各种特性的总和。

纺织品的质量是在纺织品的生产全过程中形成的，而不是被检验出来的。寻求科学的检验技术和检验方法，实施对纺织品质量的全面检查和科学评价，以防止伪劣、残次产品流入市场，维护纺织品生产企业、贸易企业和消费者三方面的利益。纺织品检验的结果不仅能为纺织品生产企业和贸易企业提供可靠的质量信息，而且也是实行优质优价、按质论价的重要依据之一。

检验又称"检查"，用一定的方法测定产品的质量特性，与规定的要求进行比较，且做出判断的过程。美国质量管理专家认为："所谓检验，就是决定产品能否符合下道工序要求，或者能否出厂的业务活动"。

事实上，纺织品检验是依据有关法律、行政法规、标准或其他规定，对纺织品质量进行检验和鉴定的工作。纺织品检验主要是运用感官检验、物理测试、化学检验、仪器分析、微生物学检验等各种检验手段，对纺织品的质量、规格等内容进行检验，确定其是否符合标准要求或贸易合同的规定。

纺织品质量检验是借助一定的手段和方法，通过对纺织品标准中规定的质量指标项目进行检测，并将检测结果同规定要求（质量标准或合同要求）进行比较，由此做出合格（优劣）与否的判断过程。纺织品质量检验是纺织品全面质量管理的一个重要环节。在某种意义上可以说，质量检验是手段，质量分析是目的。质量检验是执行标准、考核产品质量的手段，质量分析则是对检验结果进行综合分析，找出质量存在的问题及其产生的原因，及时反馈给生产者，并采取有效措施，使产品质量符合产品质量标准的要求，以满足国内外市场的需求。

第一节 纺织品检验形式和种类

纺织品的质量检验根据不同的目的和任务，可以有各种不同的形式和种类。

一、按检验内容分类

服装面辅料检验按其检验内容可分为基本安全性能检验、品质检验、规格检验、包装检验和数量检验等。

（一）基本安全性能检验

使纺织产品在生产、流通和消费过程中，能够保障人体健康和人身安全。

（二）品质检验

影响服装面辅料品质的因素概括起来可以分为内在质量、外观质量，它也是用户选择服装面辅料时主要考虑的两个方面。

1. 内在质量检验

服装面辅料的内在质量是决定其使用价值的一个重要因素。其检验俗称"理化检验"，指借助仪器对服装面辅料物理量的测定和化学性质的分析，检查服装面辅料是否达到产品质量所要求的性能的检验。

2. 外观质量检验

服装面辅料的外观质量优劣程度不仅影响到它的外观美学特性，而且对其内在质量也有一定程度的影响。

服装面辅料的外观质量检验大多采用官能检验法，目前，已有一些外观质量检验项目用仪器检验替代了人的官能检验，如纺织品色牢度、起毛起球评级等。

（三）规格检验

服装面辅料的规格检验一般是对其外形、尺寸（如织物的匹长、幅宽）、花色（如织物的组织、图案、配色）、式样（如服装造型、形态）和标准量（如织物平方米质量）等的检验。

服装面辅料的规格及其检验方法在有关的纺织产品标准中都有明确的规定，生产企业应当按照规定的规格要求组织生产，检验部门则根据规定的检验方法和要求对其规格作全面检查，以确定服装面辅料的规格是否符合有关标准所作的规定，以此作为对服装面辅料质量考核的一个重要依据。

（四）包装检验

纺织品包装检验的主要内容包括核对服装面辅料的商品标记（包装标志）、运输包装（俗称大包装或外包装）和销售包装（俗称小包装或内包装）是否符合贸易合同、标准，以及其他有关规定。正确的包装还应具有防伪功能。

纺织品包装不仅是保证其质量、数量完好无损的必要条件，而且能使用户和消费者便于识别，这有利于生产企业提高服装面辅料的市场竞争力，促进销售，它已被看做是商品的一个组成部分。如服装，其包装不仅起到保护作用，而且具有美化、宣传作用。

（五）数量检验

各种不同类型服装面辅料的计量方法和计量单位是不同的，如机织物通常按长度计量、针织物通常按重量计量、服装按数量计量。

由于各国采用的度量衡制度有差异，同一计量单位所表示的数量亦有差异。

如果按长度计量，必须考虑大气温湿度对其长度的影响，检验时应加以修正。如果按重量计量，则必须要考虑包装材料的重量和水分等其他非纤维物质对重量的影响。

常用的计算重量方法有以下几种情况：

（1）毛重：指纺织品本身重量加上包装重量。

（2）净重：指纺织品本身重量，即除去包装重量后的纺织品实际重量。

（3）公量：由于纺织品具有一定吸湿能力，其所含水分重量又受到环境条件的影响，故其重量很不稳定。为了准确计算重量，国际上采用"按公量计算"的方法，即用科学的方法除去纺织品所含的水分，再加上贸易合同或标准规定的水分所求得的重量。

二、按检验主体及其目的的分类

服装面辅料检验按检验主体及其目的不同可分为生产检验、验收检验和监督检验。

（一）生产检验（第一方检验）

生产者的质量检验称生产检验，或第一方检验。

生产检验是生产企业为了及时发现生产中的不合格品，防止不合格品流入下道工序和确保产出的成品达到标准要求，而采取的一系列质量检验措施。生产检验是保证产品质量的基本环节和重要组成部分，是为控制产品质量、维护产品信誉所进行的自我约束检验。

根据生产检验发挥的作用又有以下不同的分类：

1. 按生产顺序分类

按生产顺序可分为预先检验、工序检验和成品检验。

（1）预先检验：指加工投产前对投入原料、坯料及半成品等进行的检验，也称为投产前检验。例如，纺织厂对纤维、纱线的检验，印染厂对坯布的检验，服装厂对服装面料、里料及衬料等的检验。

（2）工序检验：指生产过程中，一道工序加工完毕，并准备作制品交接时，或当需要了解生产过程的情况时进行的检验，也称为生产过程中检验或中间检验。例如，纺织厂的坯布检验，服装厂流水线各工序间的检验。

（3）成品检验：指对成品的质量作全面检查，以判定其合格与否或质量等级。对可以修复又不影响产品使用价值的不合格产品，应及时交有关部门修复。同时也要防止具有严重缺陷的产品流入市场，做好产品质量把关工作，也称最后检验。

2. 按检验地点分类

按检验地点可分为固定检验和流动检验。

（1）固定检验：指生产过程中需要某些固定的地点设置检验站进行制品的检验，适合关键工序制品的全数检验。

（2）流动检验：又称巡回检验，适合对一般工序的抽查检验。

3. 按检验人员分类

按检验人员可分为专职检验、工人自检及相关工序互检。

（1）专职检验：指由企业指定的专职检验人员进行的检验。

（2）工人自检：指操作者对自己所操作的半制品的自我检验（一般是对要求不高的次要工序检验）。

（3）相关工序互检：指相关工序之间进行的相互检验（要求不高的工序可互检）。

4. 按检验预防性分类

按检验预防性可分为首件检验和统计检验两种形式。

（1）首件检验：又称封样检验，指对首件产品质量标准、工艺规程、技术规程等技术文件和生产质量等的检验。

（2）统计检验：指运用数理统计方法对产品进行科学的按比例抽查的检验。

（二）验收检验（第二方检验）

买方和消费者的检验称验收检验，或称第二方检验。

验收检验是买方（贸易公司或用户）为了杜绝不合格产品进入流通、消费领域，防止买方和消费者利益受到侵害所进行的质量检验。验收检验可以弥补生产检验的不足，及时发现质量问题，分清质量责任，维护买方和消费者等的利益。

（三）监督检验（第三方检验）

当买卖双方发生质量争议需要仲裁以及国家（政府）为了监督产品质量、贯彻执行标准等情况时需要第三方检验。第三方检验相对前两方检验具有局外者的公正性，体现国家对经济活动的干预，故又称监督检验。监督检验的条件是精良的技术、公正的立场和非营利目的，具有较强的专业性、更高的权威性，在法律上具有一定的仲裁性。

由上级行政主管部门、质量监督与认证部门以及消费者协会等第三方，或者客户委托的第三方，为维护买卖双方和消费者利益所进行的质量检验。如质量技术监督机构、商检机构及经权威机构认可的检验检疫机构等进行的检验。

生产企业为了表明其生产的产品质量符合规定的要求，也可以申请第三方检验，以示公正。

三、按检验产品流向分类

1. 进货检验

防止购买不合格原材料、不合格半成品，在进厂前进行的检验。

2. 投产前检验

加工投产前对投入原料、坯料、半成品等进行的检验。

3. 生产中检验

生产过程中半成品在工序之间转移时，或当需要了解生产过程的情况时进行的检验。

4. 成品检验

对成品的最终检验，以判定成品是否合格或质量等级进行的检验。

5. 出厂检验

产品交付时进行的检验，常和成品检验合并进行。对于成品检验后立即出厂的产品，成品检验即出厂检验；而对经成品检验后尚需入库贮存较长时间的产品，出厂前对产品的质量尤其是色泽、虫蛀、霉变等再进行的一次全面的检验。

6. 库存检验

对长期在库房中的库存产品进行的检验。纺织品贮存期间，由于热、湿、光照、鼠咬等外界因素的作用会使产品的质量发生变异，因此，对库存产品质量进行定期或不定期的检验。

7. 监督检验

一般由诊断人员负责诊断企业的产品质量、质量检验职能和质量保证体系的效能，了解质量检验及质量管理是否按标准要求实施进行的检验，又称质量审查。

四、按检验性质分类

按检验的性质不同可分为破坏性检验和完整性检验两种。

1. 破坏性检验

破坏性检验指在检验过程中，必须对产品的外观造型、内在结构等进行一定破坏性的检验。如服装与服装面辅料基本安全性能及内在品质指标等的检测。

2. 完整性检验

完整性检验指在保证产品完整性的基础上所进行的一系列符合标准要求的常规检验。如服装面辅料、服装半成品及成品的外观质量等的检验。

五、按检验数量分类

按检验产品的数量可分为全数检验和抽样检验。

1. 全数检验

全数检验指对受检批中的所有单位产品逐个进行检验，也称全面检验或100%检验。

（1）优点：具有较高的产品质量置信度。

（2）缺点：批量大时，消耗大量人力、物力和时间，检验成本过高。

（3）适用：适用于批量小、价值高、质量要求高、安全风险较大、质量特性单一、检验容易、不需要进行破坏性检验的产品。

服装面辅料、服装半成品及成品的外观质量检验有时采用全数检验，缝制过程中断针、服装遗针等的检验必须采取全数检验。

2. 抽样检验

抽样检验指按照统计方法从受检批中或一个生产过程中随机抽取适当数量的产品进行检验。从样本质量状况统计推断整批或整个过程产品质量的状况。

（1）优点：检验批量小，避免了过多人力、物力、财力和时间的消耗，检验成本低，有利于及时交货。

（2）缺点：产品质量置信度较低。

（3）适用：适用于批量大、价值低、质量要求不高、安全风险较小、质量特性复杂、检验项目多、需要进行破坏性检验的产品。

服装与服装面辅料基本安全性能和内在质量检验大多采用抽样检验。

第二节　纺织品质量检验

一、纺织品质量检验作用

纺织品质量优劣程度主要取决于纺织品生产企业，但对于进入到流通领域和消费领域的纺织品，贸易部门对纺织品的质量也负有重大责任。贸易部门作为连接生产和消费的纽带，它担负着保障商品流通、促进生产和指导消费的任务，在纺织品质量监督和质量保证方面具有重要作用。贸易部门要把好质量关，关键是做好纺织品的质量检验工作。纺织品质量检验的作用主要有：

（1）按照纺织品质量标准，实施质量检验制度，把好产品质量关，阻止不合格产品流入市场，保证为消费者提供质量符合规定的纺织产品。

（2）在纺织品贸易过程中，广泛征集消费者对产品质量的意见和要求，及时为纺织品生产企业提供关于纺织品质量的信息，促进生产企业提高纺织品质量，减少产品的积压和损耗，加速商品流通。

二、纺织品质量检验机构

贸易部门是从事商品流通的国民经济部门，我国贸易分为对外贸易（外贸）和国内贸易（内贸），国内贸易又分为批发贸易和零售贸易。纺织品质量检验机构主要有：

（1）我国的工业企业都设有专门的质量检验部门，对纺织原料、半制品和成品进行质量检验。

（2）我国的内贸商业部门设有质量检验机构，负责对进入流通领域的纺织产品实施质量检验。

（3）我国设有专门的质检机构，对纺织品生产企业和市场流通的纺织品质量实施动态监测，并通过媒体公布。

（4）我国外贸纺织品则由各商检机构对进口或出口纺织品进行质量检查、质量公证和监督管理。

我国国家质量监督检验检疫总局，简称质检总局，是国务院主管全国质量、计量、出入境商品检验、出入境卫生检疫、出入境动植物检疫和认证认可、标准化等工作，并行使行政职能的直属机构。

三、商品检验

商品检验一般用于进出口贸易，是国际贸易发展的产物，它随着国际贸易的发展成为商品买卖的一个重要环节和买卖合同中不可缺少的一项内容。有时候内贸异地交易也有可能进行商品检验，不过较少。

商品检验指由国家设立的检验机构或向政府注册的独立机构，对进出口货物的质量、规格、数量、重量、包装、安全性、卫生性及装运技术和装运条件等项目进行检验、鉴定，以确定其是否与贸易合同、有关标准规定一致，是否符合进出口国有关法律和行政法规的规定，并出具证书的工作。

国家规定：重要进出口商品非经检验发给证书的，不准输入或输出，以保障对外贸易各方的合法权益。

我国的质检总局和设在各地的商检机构大多都设有纺织品检验处，对纺织品的质量、规格、数量、重量、包装以及安全性、卫生性等项目进行检验、鉴定，以便确定是否合乎合同规定；有时还对装运过程中所发生的残损、短缺或装运技术条件等进行检验、鉴定，以明确事故的起因和责任的归属。

（一）商检机构的基本任务

根据《中华人民共和国进出口商品检验法》（简称《商检法》）与《中华人民共和国进出口商品检验法实施条例》的规定，我国商检机构有以下 3 项基本任务。

1. 法定检验

根据《中华人民共和国进出口商品检验法》规定，法定检验只能由出入境检验检疫机构实施。

法定检验指商检机构和其他检验机构根据国家的法律、行政法规的规定，对规定的进出口商品或检验检疫项目实施强制性的检验或检疫，签发检验或检疫证书，作为海关放行的凭证。同时，也是对进出口商品是否符合国家技术规范的强制性要求的合格评定活动。

进出口纺织品检验必须按照相应的法律、行政法规规定的检验标准和检验程序进行检验，对于法律和行政法规尚未规定有强制性标准或其他必须执行的检验标准的情况，则要依照对外贸易合同所约定的检验标准实施检验。

对大宗的关系国计民生的重要进出口商品，易发生质量问题的商品，涉及安全、卫生的商品都要进行法定检验。按规定属于法定检验的进出口商品未经检验或检疫的，不准输入或输出。

目前，实施法定检验的商品由《商检机构实施检验的进出口商品种类表》（由国家商检部门制定和调整，并公布实施）和其他法律法规加以规定。

2. 公证鉴定

公证鉴定指凡以第三者地位，持公正科学态度，运用各种技术手段和工作经验，检验、鉴定和分析判断，作出正确的、公正的检验、鉴定结果和结论，或提供有关的数据，签发检验、鉴定证书或其他有关证明的进出口商品的鉴定业务。

公证鉴定是非强制性的，只证明货物的实在状态，不是检验是否合格。一般公证鉴定证明书不是海关放行的依据。商检机构签发的各类证明材料，是对外贸易关系人进行索赔、理赔的重要依据。应国际贸易关系人的申请，商检机构以公证人的身份，办理规定范围内的进出口商品的检验、鉴定业务，出具证明，作为当事人办理有关事务的有效凭证。如品质、数量证明，残损鉴定和海损鉴定，车、船、飞机和集装箱的运载鉴定，普惠制产地证等。

3. 监督管理

监督管理指商检机构通过行政管理手段，推动和组织有关部门对法定检验商品和法定检验范围以外的进出口商品按规定要求进行检验，随时派员抽查检验，实施监督管理。

我国商检机构的监督管理工作是对进出口商品执行检验把关的另一种重要方式。监督管理工作的目的与法定检验相一致，它是为了保证进出口商品质量和防止伪劣有害商品的输入和输出。监督管理与我国外贸纺织品生产企业实行生产许可证制度、质量许可证制度也是密切相关的。

（二）商检程序

我国进出口商品检验工作，主要有 4 个环节：接受报验、抽样、检验和签发证书。

1. 接受报验

申请人向商检机构报请检验。凡是国际贸易中的买方、卖方、承运人、保险等对外贸易关系人或经营单位都可以要求商检机构在预定时间内，对其进出口商品的品质、数量、重量、包装等质量属性进行检验、鉴定工作，商检机构均接受报验。

报验时需填写"检验申请单"，填明申请检验、鉴定工作项目和要求，同时提交对外所签买卖合同、成交小样及其他必要的资料。

2. 抽样

商检机构接受报验之后，及时派员赴货物堆存地点进行现场检验、鉴定。

抽样必须由具有一定抽样、检验技术水平和业务知识的人员来做，从一批已接受报验的外贸纺织品中，根据合同、信用证或有关标准的要求，按照规定的方法和一定的比例从不同部位随机抽取一定数量的能代表全批纺织品质量的样品，进行检验，以评价全批纺织品的质量。

3. 检验

检验人员接到"检验申请单"以后，首先要认真研究申请检验事项，确定检验内容，仔细审核贸易合同、信用证或有关标准对报验纺织品品质、规格、数量和包装等质量属性的规定，确定检验标准、方法，然后抽样检验。

4. 签发证书

商检机构在执行法定检验和其他鉴定后，根据检验、鉴定结果，对外或对内签发各种商检证书。商检证书是具有法律效力的证明凭证，它在国际贸易活动中关系到对外贸易有关各方的责任和经济利益，是各方都极为关注的重要证件之一。

（三）商检机构

商检机构指根据客户的委托或有关法律法规的规定对进出境商品进行检验检疫、鉴定和管理的机构。在国际贸易中，从事商检的机构很多。在国际上商品检验机构，官方的有国家设立的检验机构，非官方的有商会、协会、同业公会或私人设立的半官方或民间商品检验机构，担负着国际贸易货物的检验和鉴定工作，如公证人、公证行，还有企业、用货单位设立的化验室、检验室等。

世界各国为了维护本国的公共利益，一般都制定检疫、安全、卫生、环保等方面的法律，由政府设立监督检验机构，依照法律和行政法规的规定，对有关进出口商品进行检验管理，这种检验称为法定检验、监督检验或执法检验。由于民间商品检验机构承担的民事责任有别于官方商品检验机构承担的行政责任，所以，在国际贸易中更易被买卖双方接受，受到对外贸易关系人的信任。民间商品检验机构根据委托人的要求，以自己的技术实力、良好信誉及熟知国际贸易，为贸易当事人提供灵活、及时、公正的检验鉴定服务。

1. 我国的商检机构

我国出入境商品的检验检疫和监督管理由国家质量监督检验检疫总局在各省、自治区、直辖市及进出口商品口岸、集散地都设立的出入境检验检疫局及其分支机构负责。

我国的出入境检验检疫局是中国国内最权威、最大、最主要的官方检验机构，以保护国家整体利益和社会利益为衡量标准，以法律、行政法规、国际惯例或进口国的法规要求为准则，对出入境货物、交通运输工具、人员及事项检验检疫、管理及认证，并提供官方检验检疫证明，居间公证和鉴定证明的全部活动。

2. 国外的检验机构

随着国内外消费者对纺织品安全和质量意识的不断增强，纺织品贸易中质量纠纷的频繁发生，从保护自身利益考虑，一些外商纷纷委托国际知名的检验机构为其提供产品质量检验服务。由于我国逐渐成为世界最大的纺织品生产、出口和消费大国，随着检验市场的服务需求逐步增加，一些实力雄厚、权威的国外检验机构以不同途径相继进入中国纺织品检验市场，我国商检机构和一些国外检验机构建立了委托代理关系，外国检验机构经批准也可在我国设立分支机构，在指定范围内接受进出口商品检验和鉴定业务。我国应积极参与国际性、区域性组织有关标准、认可、认证和检验实验室的互认活动，争取签订各种类型的多边和双边互认协议，这样既可减少重复检验、重复认证、重复收费，又利于冲破贸易的技术性壁垒。

（1）通标标准技术服务有限公司：瑞士通用公证行是目前国际上较有名望、权威的民间商品检验机构。通标标准技术服务有限公司（SGS－CSTC Standard Technical Service Ltd.）是瑞士通用公证行与原国家质量技术监督局所属的中国标准技术开发公司于 1991 年共同投资建立的从事检验、测试和认证服务的合资公司。1996 年 8 月通标标准技术服务有限公司取得了国家商检部门首批颁发的"中华人民共和国外商投资检验鉴定公司资格证书"。通标标准技术服务有限公司至今陆续在北京、上海、天津、大连、青岛、广州、厦门、深圳、宁波、秦皇岛、南京、湛江和武汉等地设立了 50 多个分支机构和几十间实验室。国际认证服务发放 ISO 9000、ISO 14000、QS 9000、VDA、OHSAS 18000、TL 9000、HACCP 以及 CE 标志。

（2）上海天祥检验服务有限公司：天祥检验集团（Intertek Testing Services，ITS）是世界上规模最大的工业与消费产品检验公司之一，自 1988 年进入我国检验市场以来，已在北京、沈阳、天津、青岛、大连、上海、厦门、广州、深圳等地拥有分支机构和实验室网络。

上海天祥检测服务有限公司是较早进入我国检验市场且发展较快的检验机构之一，1996 年经原国家进出口商品检验局专家组考核认可，2000 年通过中国实验室国家认可委员会的认可，其涉及 ISO、BS、DIN、AATCC、ASTM、US、CPSC、CAN、AS、JIS 及 GB 等国内外标准共 130 多项，几乎包括了所有常规的纺织品检验项目。

上海天祥检测服务有限公司提供的检验服务包括测试、检验、质量审核和认证三大类。测试服务包括法规性测试（纤维标签、护理标签、羽绒试验、防火测试等，涉及发达国家的技术法令、法规、指令）、品质及性能测试（工厂评估、生产前检验、生产中检验、装运前抽样检验、装运监督等）、生态纺织品测试。

（3）上海必维申美商品检测有限公司（Merchandise Testing Laboratories Shanghai，MIL）：是一家法国检验局与上海检测公司合资成立的商品检测和实验室测试的技术服务型公司，成立于 1996 年。公司取得的环球认证资格有：英国皇家认可委员会（UKAS）、实验室鉴定、对比与评估计划（LACE）、中国计量认证（CMA）、国际包装安全运输协会（ISTA）、中国合格评定国家认可委员会（CNAS）等。

（4）日本化学纤维检查协会上海科恩服装检验修整有限公司（Japan Synthetic Textile Inspection Institute Foundation Shanghai Kakon Appaml Test & Mending CO. Ltd）：是日本化学纤维检查协会与上海虹桥开发区虹欣实业有限公司的合资公司。

日本化学纤维检查协会是成立于 1948 年的跨国商业性的检验集团公司，总部设在东京，其拥有分布在日本、美国、中国、韩国、印度尼西亚等国和中国香港、台湾地区的众多分支机构、办事处和实验室构成的服务网络，为日本政府、商社和国民提供纺织品、化工品、日用消费品、杂货、鞋类产品、箱包类产品以及功能性产品在国内流通和进出口的品质检验，是日本最有影响的检验机构之一。

1994 年以来，日本化学纤维检查协会陆续在上海、青岛、宁波、大连成立了试验中心。日本化学纤维检查协会上海科恩服装检验修整有限公司通过了中国实验室国家认可委员会的认可，是国内第一家被认可的中日合资的纺织品检验公司，目前已发展成为国内最大的输日纺织品检验修整合资公司。

（5）日本纺织品检查协会上海试验中心：是日本纺织品检查协会与原国家进出口商品检验局上海纺织品检验中心于 1995 年 4 月合作成立的试验中心。

日本纺织品检查协会是 1948 年经日本通产省批准设立的公益法人机构，是日本政府指定的法定检验机构。总部设在大阪，依托日本本部、东部、中部、西部等地的事业所和检查所以及在中国、韩国原丝织物试验研究院设立的试验中心，为政府机关、百货商店、大型超市、邮购商以及研究机构提供从纺织原料到成品的一般要求性能、安全卫生性和特殊功能性的检验、生活日用消费品的品质检验、居住环境安全卫生性能的检验、产品缺陷原因分析等检验服务。该协会已成为纤维制品新机能评价协议会（JAFET）、抗菌制品技术协议会（SIAA）、日本室内装饰织物协会（NIF）、防螨虫加工制品协会、日本防炎协会（JFRA）、国际羽毛协会、国际纤维制品制造业者联合会、日本环境协会、国际羊毛局（IWS）等 17 家机构指定的认可检验机构。通过了中国实验室国家认可委员会的认可。

日本纺织品检查协会上海试验中心按 JIS 标准和各日本商社规格要求、ISO 国际标准、AATCC、ASTM 美国标准、IWS 国际羊毛局 TM 标准检验。

第三节 服装面辅料试验用标准大气与测量误差

一、服装面辅料试验用大气条件

（一）大气条件对纺织品试验结果的影响

纺织品试验用大气条件主要考虑温度、相对湿度和大气压力这 3 个参数。

纺织材料大多具有一定的吸湿性，其吸湿量的大小主要取决于纤维的内部结构，如亲水性基团的极性与数量、无定型区的比例、孔洞缝隙的多少、伴生物杂质等，而大气条件对吸湿量也有一定影响。即使纤维的品种相同，但由于大气条件的波动也会引起吸湿量的增减，使纤维的性能产生变化，如重量、强力、伸长、刚度、电学、表面摩擦等性质。因此，试验用大气条件的变化将对纺织品试验结果的准确性、可比性造成不利影响。

为了使纺织材料测得的性能具有可比性，必须统一规定测试时的大气条件，即标准大气条件。

1. 调湿处理

由于纺织材料的吸湿或放湿平衡需要一定时间，而且同样的纤维由吸湿达到的平衡回潮率往往小于由放湿达到的平衡回潮率，因此，吸湿滞后现象带来了平衡回潮率误差。

由于平衡回潮率误差同样会影响纺织材料性能的试验结果，因此，不仅要规定纺织材料试验时的标准大气条件，而且要规定纺织品在试验前，应将其放在标准大气环境下进行调湿。纺织品在标准大气下放置所需要的时间，使其由吸湿达到平衡回潮率。

除非另有规定，纺织品的重量递变量不超过 0.25% 时，方可认为达到平衡状态。在标准大气环境的试验室调湿时，纺织品连续称量间隔为 2h；当采用快速调湿时，纺织品连续称量的间隔为 2~10min。

2. 预调湿处理

为避免吸湿滞后现象对试验结果的影响，纺织品在调湿前，可能需要进行预调湿处理。如果纺织品在调湿前的实际回潮率较高（接近或高于标准大气的平衡回潮率），则必须进行预调湿处理，即在低温下烘一定时间，降低其实际回潮率，以确保纺织品能在吸湿状态下达到调湿平衡。

将较湿的纺织品放置于相对湿度为 10%~25%、温度不超过 50℃的大气条件下，使之接近平衡。经过预调湿处理的纺织品置于标准大气条件下，就可由吸湿状态达到调湿平衡。

（二）纺织品试验用标准大气条件

为使在不同时间、不同地点的试验结果具有可比性和统一性，对纺织品试验用的大气条件作出统一规定，即纺织品在相对湿度和温度受到控制的环境下进行调湿和试验。国际标准及我国标准中都明确规定了纺织品的调湿和试验用的标准大气条件。

国家标准 GB/T 6529—2008《纺织品　调湿和试验用标准大气》对纺织品调湿和试验用大气条件作出统一规定，见表 1–1。

表 1–1　纺织品试验用标准大气条件

项　　目		温度（℃）		相对湿度（%）	
		标准温度	允差	标准相对湿度	允差
标准大气		20	±2	65	±4
可选标准大气	特定标准大气	23	±2	50	±4
	热带标准大气	27	±2	65	±4

注　可选标准大气，仅在有关各方同意的情况下使用。

二、测量误差

任何一种测量都不可能得到被测对象的真实值，测量值只是真实值的近似反映。通常把测量值和真实值之间的偏差，称为测量误差。测量结果的准确程度用测量误差表示，误差越小，测量就越准确。

测量误差是由各种各样的原因产生的，要完全掌握并消除一切测量误差的来源是不可能的。

（一）按测量误差来源分类

1. 测量仪器和方法误差

测量仪器和方法误差指仪器设计所依据的理论不完善，或假设条件与实际检测情况不一致（方法误差）以及结构不完善、仪器校正与安装不良等而产生的误差，如仪器刻度不准、仪器的零点不准等。消除或减少测量仪器误差的方法在于对仪器细心维护及经常校验调整，在测得仪器的误差数值后，可在每次测量结果中引入相应的修正值，使测量结果更接近真实值。

2. 环境条件误差

环境条件误差指测量环境条件变化所产生的测量误差，如温湿度、压力等的改变，电磁场、外来机械振动等的干扰。环境温湿度变化还会引起试样本身力学性能的变化。

3. 人员操作误差

人员操作误差指试验人员操作方法不规范及个人习惯或偏向所产生的测量误差，如读数时的视差、动态测量时的滞后现象等。

4. 试样误差

要测量出全部总体性质的真实值是不可能的，由于总体中个体性质的离散性，如果取样方法不当、取样代表性不够及试样数不足等，就会产生测量的误差。

(二) 按测量误差性质分类

根据误差的性质原因，可将误差分为系统误差、随机误差和过失误差。

1. 系统误差

系统误差指在等精度的重复测量过程中产生的一些恒定的或遵循某种规律变化的误差。它是由某些固定不变的因素引起的，如测量仪器、测量方法、环境因素、人员操作及试样，影响的结果永远朝一个方向偏移，随实验条件的改变按一定规律变化。实验条件一经确定，系统误差就是一个客观上的恒定值，多次测量的平均值也不能减弱它的影响，一般可以修正或消除。

2. 随机误差

随机误差又称偶然误差，指在相同的测量条件下做多次测量，以不可预定的方式变化着的误差。它是由人的感官灵敏度和仪器精度的限制、周围环境的干扰以及一些偶然因素的影响而造成的。随机误差决定了检测的精确度，随机误差越小，测试结果的精密度越高。误差产生的原因不明，因而无法控制和补偿。随着测量次数的增加，随机误差的算术平均值趋近于零，因此多次测量结果的算术平均值将更接近于真实值。

3. 过失误差

过失误差主要是由测量时操作者的过失造成，又称大误差或异常值。有时将与平均值的偏差超过三倍标准差的数据视为大误差。它是由于操作者没有正确地使用仪器、观察错误或记录错数据等不正常情况引起，是一种与事实明显不符、偏离实际值的误差，可能很大且无一定的规律，应查明其产生原因，在数据处理中应将其剔除。只要认真、严谨就可以避免过失误差。

三、数据处理

由于测量结果有误差，因此表示测量结果的位数，应保留适当。在许多检验方法标准或产品标准中均对试验结果计算的修约位数有要求，检验中应严格执行。例如，织物强力试验，计算结果 10N 及以下，修约至 0.1N；大于 10N 且小于 1000N，修约至 1N；1000N

以上，修约至 10N。因此，数值修约首先应根据标准对最终结果的要求，然后根据数值修约的规则进行。

1. 数值修约基本概念

数值修约指通过省略原数值的最后若干数字，调整所保留的末位数字，使最后所得到的数值最接近原数值的过程，经数字修约后的数值成为原数值的修约值。

2. 修约间隔

修约间隔指修约值的最小数据单位，修约间隔的数值一经确定，修约值即为该数值的整数倍。修约间隔的表达方式常见的有：

（1）修约到小数点后的第 *n* 位。

（2）保留到小数点后的第 *n* 位。

（3）保留 *n* 位有效数字。

（4）保留小数点后的 *n* 位数字。

（5）修约到百分位。

（6）修约到个位。

3. 数字修约规则

根据国家标准 GB/T 8170—2008《数值修约规则与极限数值的表示和判定》。

（1）拟舍弃数字的最左 1 位数字小于 5 时，则舍去，即保留的其他数字不变。如将 12.1498 修约到 1 位小数，得 12.1。

（2）拟舍弃数字的最左 1 位数字大于 5，而其右侧的数字并非全部为 0 的数字时，则进 1，即保留的末位数字加 1。如将 1469 修约到两位有效数字，则得 1500；将 10.502 修约到个位数，则得 11。

（3）拟舍弃数字的最左 1 位数字为 5，而右面无数字或全部为 0 时，若所保留的末位数字为奇数（1、3、5、7、9）则进 1，为偶数（2、4、6、8、0）则舍弃。如将 0.0305 修约成两位有效数字，则得 0.030；将 31500 修约成两位有效数字，则得 3.2×10^4。

（4）不允许连续修约，拟修约数字应在确定修约位数后一次修约获得结果，而不得多次连续修约。如将 15.4546 修约成两位有效数字，则得 15，而不能修约为 16。

根据进舍规则，数字修约规则可以总结为"4 舍 6 进 5 考虑，5 后非 0 则进 1，5 后皆 0 视前位，5 前为奇则进 1，5 前为偶应舍去，整数修约原则同，不要连续做修约"。

第四节 服装面辅料测试与评价项目

一、服装的检验

服装的检验需要对服装的标识、规格、数量、品质、基本安全性能等项目进行检验。服装的基本安全性能、内在性能及外观品质均会影响消费者的使用，因此对服装的基本安全性能和品质检测是十分必要的。

（一）标识检查

正确的标识是市场规范发展的需要，任何一件销售的服装，其标识都应对消费者负责，对出口服装必须根据禁止纺织品非法转口的有关规定，对服装的标签、挂牌和包装的产地标识进行查验，其具体内容见表1-2。

表1-2 服装标识内容

制造者的名称和地址	应是在中国登记注册的名称和地址
产品名称	应采用国家标准、行业标准规定的名称
产品号型和规格	上、下装应分别标明号型及体型分类代号
原料成分和含量	纺织品和服装上应永久地标明其采用原料的成分名称及其含量
洗涤方法	纺织品和服装上应永久地标明水洗、氯漂、熨烫、水洗后干燥和干洗等方法，使消费者能正确使用
使用和贮藏条件的注意事项	产品使用期限，具有各种特殊功能的纺织品和服装由于有时效性，应注明使用期限
产品执行标准编号	表明企业执行的是何种标准
产品质量等级	按标准生产规定标明产品质量等级
产品质量检验合格证	—

（二）规格检测

参考国家、行业或企业标准，根据服装标明的号型规格，逐件对成品主要部位进行偏差检测。

（三）数量检验

核实总箱数、总件数是否与订单要求相符。

（四）基本安全性能检验

对服装的甲醛含量、水萃取液 pH、色牢度、禁用偶氮染料、重金属含量及异味等项目进行检测。

（五）品质检验

1. 内在质量检验

内在质量检验主要是根据合同、信用证的要求进行检测。对规定的项目进行物理、化学的检验。如：密度、重量、色牢度、尺寸变化率、起毛起球、接缝强度、接缝滑移、黏合衬剥离强度、纤维标识成分、安全卫生性等项目。

2. 外观质量检验

主要对服装的款式、花样（花色）、面辅料外观、整烫外观、缝制、线头、折叠包装及有无脏污等项目进行检验。

包括疵点的多少及部位，各部位之间的色差，倒顺毛方向，服装上图案配合及对格对条，经纬纱向偏斜，有无因熨烫而引起的烫黄、烫变色、油污、极光、烧焦，有无因挤压、熨烫而引起的折皱，产品的状况和轮廓是否良好，折叠是否整齐美观，别针的使用方法是否正确，线头处理是否整齐，针距密度是否适中、缝迹状态是否良好、商标是否端正、眼位是否偏斜等。

二、服装面辅料测试与评价

（一）基本安全性能检验

为保证纺织品对人体健康无害，纺织品必须具备以下基本安全性能。

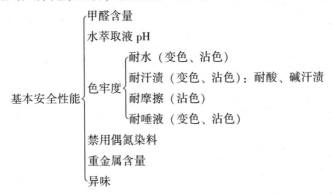

（二）品质检验

反映服装面辅料品质的常用标志是等级。而服装面辅料等级的评定依据则是严格、规范的品质检验。作为品质管理的重要组成部分，服装面辅料生产厂和制衣厂都须进行服装面辅料的品质检验。

服装面料生产厂作为成品检验，通常以达到产品的外观及规格指标为目的；服装面料的外观质量直接影响服装的外观质量，服装面料的性能则与服装的缝制和使用紧密相关，所以制衣厂通常按服装的设计、裁剪、缝制加工要求，对面料的内在和外观品质（外观疵点、色差、收缩性、色牢度等指标）进行检验，以便合理运用材料，节约成本，提高服装的品质。

1. 服装对服装面辅料品质的要求

就服装品质、服装造型设计及服装制作工艺而言，其对服装面辅料品质的要求是不同的。

（1）服装品质：比较注重服装材料的成分、尺寸变化率、染色牢度、各项强度以及外观疵点、色差等。根据我国纺织品标准，各类服装材料品质指标是不同的。

（2）服装造型设计：比较注重服装材料的厚度、质量、悬垂性等。

（3）服装制作工艺：比较注重服装材料的厚薄、纰裂、卷边性、耐热性及定型性等。

2. 服装面辅料品质检验项目

通过对进厂服装面辅料的测试与评价，把好质量关，是控制成品质量重要的一环，可有效地提高服装的正品率。服装面辅料的品质检验包括内在品质检验和外观品质检验。

$$
\text{服装面辅料品质}\begin{cases}
\text{内在品质}\begin{cases}
\text{组成：纤维成分与含量}\\
\text{结构与规格：织物组织、密度、厚度、质量及幅宽}\\
\text{物理性能：色牢度、尺寸变化率、悬垂性、断裂强度、断裂伸长、撕裂强度、}\\
\qquad\qquad\text{起毛起球、脱缝程度、折皱回复性、缝缩性、耐热性、缩水率等}
\end{cases}\\
\text{外观品质：色差、纬斜、外观疵点（局部性疵点、散布性疵点）}
\end{cases}
$$

进厂服装面辅料的内在品质检验主要包括缩水率、色牢度和质量等项目，内在品质达不到服装成品的质量要求不能投产使用；外观品质检验主要包括是否存在破损、污迹、织造疵点、色差等项目，经砂洗的面料还应注意是否存在砂道、死褶印、纰裂等砂洗疵点。影响服装外观的疵点在检验中均需用标记注明，在剪裁时避开使用，色差、散布性疵点等指标达不到服装成品的质量要求不能投产使用。

同时对进厂的缝纫线、纽扣、拉链、装饰线等辅料也要进行检验，如松紧带缩水率、黏合衬黏合牢度、拉链顺滑程度等，达不到服装成品的质量要求不能投产使用。

3. 服装面辅料品质等级评定

品质检验是按一定的手段和方法，通过对各种性能指标的测试，反映衣料品质的常用标志是等级，将测试结果与规定标准相比较而对品质进行评定。目前我国各类织物的定等均以内在质量（技术性能）和外观质量综合评定。

第二章　纺织标准基础

第一节　纺织标准的定义与执行方式

一、纺织标准的定义

标准是对重复性事物和概念所做的统一规定。它以科学、技术和实践经验的综合成果为基础，经有关方面协商一致，由主管机构批准，以特定型式发布，作为生产、产品流通领域共同遵守的准则和依据。

纺织标准是以纺织科学技术和纺织生产实践的综合成果为基础，经有关方面协商一致，由主管机构批准，以特定型式发布，作为纺织生产、纺织品流通领域共同遵守的准则和依据。

二、纺织标准的执行方式

我国的纺织标准按执行方式分为强制性标准和推荐性标准两大类。

1. 强制性标准

强制性标准指为保障人体健康、人身和财产安全的标准与法律、行政法规规定强制执行的标准。

强制性标准是产品的制造者或用户对标准的制定或执行，带有强制原则的标准。具有法律属性，是指在一定范围内通过法律、行政法规等强制手段加以实施的标准。不符合强制性标准要求的产品，不得生产、销售和进出口。对于违反强制性标准的产品，要由法律、行政法规规定的行政主管部门或工商行政管理部门依法处理。

我国目前实行的强制性标准，特别是基础标准、方法标准、环境保护标准、安全卫生标准等，在执行中具有法律上的强制性。

2. 推荐性标准

推荐性标准指除了强制性标准以外的其他标准。产品的制造者或用户对标准的制定或执行采用自愿原则的标准。

设立推荐性标准可使生产企业在标准的选择、采用上拥有较大的自主权，为企业适应市场需求、开发产品拓展了广阔空间。

推荐性标准的实施，从形式上看是由有关各方自愿采用的标准，国家一般也不作强制执行要求。但是，作为全国、全行业范围内共同遵守的准则，国家标准和行业标准一般都等同或等效采用了国际标准，从标准的先进性和科学性看，它们都积极地采用了已标准化的各项成果，积极采用推荐性标准，有利于提高产品质量及产品的国内外市场竞争能力。

我国主要采用以下方式来鼓励有关方面执行推荐性标准。

（1）由主管部门制订指令性文件，在其管辖范围内贯彻执行。推荐性标准一旦被纳入到指令性文件中，就成为必须要执行的标准。

（2）国家采取某些优惠措施，鼓励采用。例如，我国规定凡是贯彻执行国家标准、行业标准的产品，均可以申请产品质量认证，合格者发给产品质量认证证书并允许产品使用合格标志，企业在执行标准的同时，提高了产品的质量，并可获得较高的商业信誉和社会知名度。

（3）通过合同贯彻执行推荐性标准。买卖双方可以在合同中引入推荐性标准，由于合同受法律约束，推荐性标准的执行是买卖双方事先约定并在合同中明确做出规定的，它具有法律约束力。

第二节　纺织标准的表现形式与种类

一、纺织标准的表现形式

纺织标准的表现形式可分为标准文件和标准样品两种。

1. 标准文件

仅以文字或图表形式对标准化对象做出的统一规定，这是标准的基本形态。

2. 标准样品

当标准化对象的某些特性难以用文字准确描述出来时，如颜色的深浅程度，可制成标准样品，以实物标准为主，并附有文字说明的标准，简称"标样"。

标准样品是由指定机构，按一定技术要求制作的实物样品或样照，它同样是重要的纺织品质量检验依据，可供检验外观、规格等对照、判别之用。例如，起毛起球评级样照，色牢度评定用变色和沾色分级卡等，都是评定纺织品质量的客观标准，是重要的检验依据。

随着测试技术的进步，某些对照"标样"用目光检验、评定其优劣的方法，将逐渐向先进的计算机视觉检验的方法方向发展。

二、纺织标准的种类

（一）按纺织标准的性质分类

按照纺织标准的性质，通常把纺织标准分为技术标准、管理标准和工作标准3大类。技术标准是主体，是生产技术工作的基础，管理标准和工作标准是实现技术标准的保证。

1. 技术标准（管物）

技术标准是对标准化领域中需要协调统一的技术事项所制定的标准。国际通用的标准体系，包括基础性标准、方法标准和产品标准。纺织标准大多为技术标准，按内容可分为纺织基础标准、纺织产品标准和检测、试验方法标准。

2. 管理标准（管事）

管理标准是对标准化领域中需要协调统一的管理事项所制定的标准。利用管理标准的要求来规范企业的质量管理行为、环境管理行为及职业健康安全管理行为，以持续地改进企业的管理，促进企业的发展。

3. 工作标准（管人）

工作标准是对标准化领域中需要协调统一的工作事项所制定的标准。工作标准对工作的责任、权利、范围、质量要求、程序、效果、检查方法和考核办法等制定标准。

（二）按纺织标准的对象分类

按纺织标准的对象，纺织品标准一般可分为基础标准、产品标准和方法标准 3 大类。

1. 基础标准（Basic Standard）

基础标准指对在一定范围内的标准化对象的共性因素所作的统一规定。包括名词术语、图形、符号、代号及通用性法则等内容。它在一定范围内作为制定其他技术标准的依据和基础，具有普遍的指导意义。我国纺织标准中基础标准较少，多数为产品标准和方法标准。

2. 产品标准（Product Standard）

产品标准指对产品的品种、规格、技术要求、试验方法、检验规则、包装、贮藏、运输等所作的规定。产品标准是产品生产、检验、验收、商贸交易的技术依据。

3. 方法标准（Method Standard）

方法标准指对产品性能、质量的检验方法所作的规定。包括对检测的类别、原理、取样、操作、使用的仪器设备、试验的条件、精度要求等所作的规定。方法标准可以专门单列为一项标准，也可以包含在产品标准中，作为技术内容的一部分。

基础标准和方法标准最终都为产品标准服务，每一产品标准都需要相应的若干基础标准和方法标准作支持。

第三节　纺织标准的级别

我国的标准依据《中华人民共和国标准化法》的规定，按照适用范围将标准划分为国家标准、行业标准、地方标准和企业标准等 4 个层次。各层次之间有一定的依从关系和内在联系，形成一个覆盖全国又层次分明的标准体系。

按照纺织标准制定和发布机构的级别以及标准适用的范围，纺织标准可以分为国际标准、区域标准、国家标准、行业标准、地方标准和企业标准等不同级别。

一、国际标准（International Standard）

国际标准是由国际标准化机构或国际标准化组织制定、发布的标准，如国际标准化组织（International Organization for Standardization，ISO）、国际计量局（BIPM）、世界卫生组织（WHO）发布的标准。

国际标准一般都属于自愿性标准，由于国际标准集中了一些先进国家的技术经验，具有较高的专业水平、广泛的代表性和很高的权威性，加之各国考虑外贸上的利益，因此，被许多国家积极地等同采用或等效采用。

1. 国际标准的采用

根据我国标准与被采用的国际标准之间的技术内容和编写方法差异的大小，采用程度分为等同采用、等效采用和参照采用（非等效采用），见表2-1。

表 2-1　国际标准的采用

采用程度	符号	缩写字母代号
等同采用	≡	idt
等效采用	=	eqv
参照采用	≠	neq

（1）等同采用：标准技术内容完全相同，不作或稍作编辑性修改，编写方法完全对应。

（2）等效采用：标准技术内容只有很小的差异，编写方法不完全对应。

（3）参照采用：也称非等效采用。标准技术内容有重大差异。技术内容根据我国的实际情况作了某些变动，但性能和质量水平与被采用标准相当，在通用、互换、安全、卫生等方面与国际标准协调一致。

编写各级标准，如果是采用国际标准，可在标准引表中说明采用程度，并且说明被采用的国际标准号、年份和标准名称。如本标准参照采用国际标准 ISO ×××—×× （标准名称）。

我国标准等同采用 ISO 标准时，要在标准封面和首页上，分上下两行用双重标准编号表明，如：GB ×××—××× （标准名称），ISO ×××—××× （标准名称）。

2. 采用国际标准的作用与意义

（1）有利于促进技术进步，提高产品质量，获得较高的经济效益。

国际标准是世界上有关国家的标准化专家试验、研究、相互讨论，得到大多数成员国赞同后制定的，它反映了多数成员国的科学技术水平及经济发达国家的先进水平。国际标准化组织主席考塔里先生说："国际标准提供了大量技术情报和技术数据，与新的科学技术同步"。由此可见，采用国际标准也是一项技术转让。这就是世界上许多国家都积极采用国际标准的一个重要原因，也是提高产品质量，获得高效益的最好方法。

（2）有利于消除国际贸易上的技术壁垒，提高产品的出口创汇能力。

众所周知，国际贸易存在着关税壁垒和非关税壁垒两大类。非关税壁垒是除关税以外的一切法律和技术上的各种直接或间接限制进口的措施，而技术壁垒是非关税壁垒的主要形式，也是当今国际贸易最棘手的问题之一。技术壁垒包括复杂苛刻的技术标准、商品包装、标签和商标、认证制度、计量制度。技术壁垒的基础就是技术要求，高技术要求对于技术水平达不到的国家和企业就形成了技术壁垒。国际标准已成为消除贸易技术壁垒和仲裁国际贸易纠纷的重要依据，对国际间的科技交流、专业化协作、合理利用资源、保护生态平衡、维护消费者权益及塑造良好的生产环境等发挥着越来越重要的作用。

因此，国际标准的采用有利于促进技术进步，提高产品质量，消除国际贸易上的技术壁垒，促进国际贸易的发展，提高产品的出口创汇能力，获得较高的经济效益。

二、区域标准 （Regional Standard）

区域标准指由世界上区域性国家集团或标准化团体为其共同利益而制定、发布的标准。

一些国家由于其独特的地理位置，或民族、政治、经济因素而联系在一起，形成国家集团，以协调国家集团内的标准化工作，组成了区域性的标准化组织。例如，欧洲标准化委员会（CEN）、泛美标准化委员会（CCPANT）、经互会标准化常设委员会（CMEA）、亚洲标准化咨询委员会（ASAC）、太平洋区域标准大会（PASC）、非洲标准化组织（ARSO）等，其中有部分标准被收录为国际标准。如 Oeko-Tex Standard100（生态纺织品标准100），是由奥地利纺织研究院和德国海恩斯坦研究院共同推出，主要用于测试纺织品和服装对人类的生态影响，在国际上影响很大，已成为国际贸易中各国都认可的标准，它虽是欧盟的一个标准，实际上已起到了国际标准的作用。又如欧共体的 Eco-label（生态标签）也是一个区域性标准，在国际纺织品贸易中也有较大的影响，引起了各国纺织企业的重视。

三、国家标准 （National Standard）

国家标准指由合法的国家标准化组织，经过法定程序制定、发布，在该国范围内适用。

《中华人民共和国标准化法》规定："对需要在全国范围内统一的技术要求，应当制定国家标准"。例如，在国民经济中有重大技术经济意义的纺织原料和纺织品标准；具有纺织材料综合性、通用性的基础标准和试验方法标准；涉及人民生活量大面广的纺织工业产品标准；有安全、卫生、劳动保护、环保等方面的标准以及被我国等效采用的国际标准等。

我国的国家标准基本上都与国际标准接轨，等同或等效采用的标准较多。在标准中，按照采用国际标准或国外先进标准的程度，分为等同采用、等效采用和非等效采用。

国家标准的编号由国家标准的代号、标准发布顺序号和标准发布年代号组成。我国强制性国家标准的代号为 GB，推荐性国家标准的代号为 GB/T。目前，纺织和服装行业在国际上主要的标准代号，见表2-2。

表2-2 国际主要标准代号

标准代号	ISO	AATCC	ASTM	BISFA	IWS	IWTO	CPSC	SATRA	EDANA	KS	ГОСТ
发布机构	国际标准化组织标准	美国纺织化学师与印染师协会标准	美国材料与试验协会标准	国际化学纤维标准化局标准	国际羊毛局标准	国际毛纺织工业组织标准	美国消费品安全委员会标准	鞋类和联合贸易研究协会标准	欧洲用即弃产品与非织造布协会标准	韩国标准	苏联标准

标准代号	GB/FZ	AS	NF	JIS	BS	ANSI	SIS	IS	EN	DIN	CSA
发布机构	中国国家/行业标准	澳大利亚标准	法国标准	日本工业标准	英国标准	美国国家标准	瑞典标准	印度标准	欧盟标准	德国标准	加拿大标准协会标准

目前国际纺织品市场是由西欧、北美和亚洲三大市场决定的。西欧市场以欧盟为主体，其内部组织较为紧密。西欧是经济发达地区，大多属高消费国家，对产品质量、款式要求很高，纺织品在很大程度上引导着世界潮流。北美市场是当今世界上最大的纺织品和服装进口市场，其市场的主体是美国。亚洲市场是目前世界纺织品的主要产地和输出地，其本身也是一个纺织品和服装的消费市场。因此欧盟和美国的纺织品标准在世界纺织品标准中占有较大份额。

欧洲标准的编号方式为：标准代号 EN+顺序号。某一标准被成员国使用，则使用双重编号。如英国使用时表示为 BS EN 71：2003。

四、行业标准（Specialized Standard）

行业标准指由行业标准化组织制定，由国家主管部门批准、发布，在行业范围内执行统一的标准。

需要制定国家标准，但条件尚不具备，可以先制定行业标准，条件成熟后再制定为国家标准。如纺织行业标准代号：FZ。

五、地方标准（Local Standard）

地方标准指由省、自治区、直辖市标准化行政主管部门制定、发布的标准，它在该地方范围内适用。地方标准须报国务院标准化行政主管部门和国务院有关行政主管部门备案。

在没有国家标准和行业标准而又需要在省、自治区、直辖市范围内统一的产品标准，可以制定地方标准。在相应的国家标准或行业标准实施后，自行废止。地方标准的代号：DB+省、自治区、直辖市行政区域代码前两位数字/T，组成强制性地方标准代号或推荐性地方标准代号。

六、企业标准（Company Standard）

企业标准指企业在生产经营活动中为协调统一的技术要求、管理要求和工作要求所制定的标准，并适用于本企业产品的标准。企业标准一般由企业自行制定、批准、发布，有些产品标准由其上级主管机构批准、发布。企业产品标准须报当地政府标准化行政主管部门和有关行政主管部门备案。

企业生产的产品没有适用的国家标准、行业标准和地方标准，则应当制定相应的企业标准，作为组织生产的依据；对已有国家标准、行业标准或地方标准的，鼓励企业制定严于国家标准、行业标准或地方标准要求的企业标准，在企业内部适用。

企业标准又分为生产型标准和贸易型标准两类。

1. 生产型标准

生产型标准又称内控标准，企业为达到或超过上级标准，而对产品质量指标制定高于现行上级标准的内部控制的企业标准。企业标准是在企业内部使用，用于指导企业内部产品的设计、生产、检验的技术性文件。一些大型企业或新开发的产品，一般都有企业标准。企业标准可以高于专业标准，或高于国家标准、国际标准。已有国家标准或行业标准的，国家鼓励企业制定严于国际标准、国家标准或行业标准的企业标准，在企业内部使用。由于企业标准具有一定的专有性和保密性，故不宜公开。

2. 贸易型标准

贸易型标准指经备案可以向用户公开，规定产品功能、性能等要求，作为供需双方交货时验收依据的技术性文件。作为对外贸易交货依据的商品标准或超出本企业范围使用时，须由企业的上级主管部门审批发布。企业标准不能直接作为合法的交货依据，只有在供需双方经过磋商并写入买卖合同时，企业标准才可以作为交货依据。

企业标准的代号：以"Q"为分子，分母为企业代号，可用汉语拼音大写字母或阿拉伯数字或两者兼用所组成。企业代号，按中央所属企业和地方所属企业分别由国务院有关行政主管部门和省、自治区、直辖市政府标准化行政主管部门会同同级有关行政主管部门加以规定。

第四节　国内外纺织标准的差异

我国标准与国际标准及欧美一些主流标准最大的差别在于产品标准，具体体现在标准体系、标准职能和标准水平等方面。

一、标准体系

1. 我国的纺织标准

我国的纺织标准形成了以产品标准为主体，以基础标准和方法标准相配套的纺织标准体系，涉及纤维、纱线、长丝、织物、纺织制品和服装等内容，从数量和覆盖面上基本满足纺织品、服装生产及贸易的需要。

我国纺织标准沿袭前苏联分类体系，是一种生产型标准。我国纺织标准是按产品的原料、组织结构、加工工艺等分类，按产品的原料主要分为棉纺织品、麻纺织品、丝纺织品、毛纺织品、化纤产品等，按后加工方法又分为原色织物、（白坯）漂白织物、染色织物、印花织物等。由于现今纺织品越来越强调纤维与纤维之间的混纺交织，各种新型纤维层出不穷，致使我国以原料进行分类的纺织标准越来越显现出局限性。

2. 国外的纺织标准

目前，英、德、法、日等国所制定的标准与 ISO 标准类似，多是基础标准和方法标准，从而使商业标准有了较大的发展空间。重在统一术语、统一试验方法、统一评定手段，使各方提供的数据具有可比性和通用性。形成以基础标准为主体，加上以最终用途的产品配套的相关产品标准的标准体系。产品标准中仅规定产品的性能指标和引用的试验方法标准，考核的指标更接近实际应用，质量指标也更为严格，而不考虑产品的原料成分和工艺差别。

对大多数产品而言，国外产品是没有国家标准的，主要由企业根据产品的用途或购货方给予的价格，与购货方在合同或协议中规定产品的规格、性能指标、检验规则、包装等内容。

美国的纺织品标准体系只包括产品质量标准和测试方法标准两大类。美国并没有统一的国家产品质量标准，而是由各大采购商根据最终客户的需求自行制定的。在制定产品质量标准时通常遵循的原则有：测试项目偏重与产品的最终用途有关的性能；某些性能并不制定明确的指标，能适用就行；重视产品的安全性能。

欧盟既是一个政治实体又是一个经济实体，在法规和标准的制定中，既有欧盟统一的标准，又有各国自己的标准，其中不少标准在技术要求和条件上还存在不小的差异。欧盟各成员国的纺织标准主要侧重于：有害物质的控制，纤维成分标签，产品规格标识或说明，产品使用说明标签，安全性要求，包装和原产地，标识所使用的语言。

德国的标准体系也相当严谨和完备，其中又以与纺织品中有害物质的控制方法的法规和标准著称。目前欧盟部分成员国乃至以欧盟名义推出的许多有关有害物质控制的法规和标准，都是以德国的法规和标准为蓝本。

英国是现代纺织发源地之一，其标准体系特别是基础标准和方法标准相当完善。

日本的纺织标准体系与欧美稍有不同，其主要的标准基本上是以国家标准的形式出现。除此之外，还有不少是以法规的形式出现，对某些特定用途的产品与产品使用的安全性能有关的项目提出质量要求。日本的纺织标准按其性质可分为产品质量标准、安全性标准和质量标签标准三大类。

二、标准职能

国外将国家层面上的公开标准作为交货、验收的技术依据，从指导用户购买产品的角度和需要来制定的标准，称为贸易型标准。贸易型标准的技术内容规定得比较简明、比较笼统，也比较灵活。企业标准是组织生产的技术依据。

我国大多数产品标准是组织生产的依据，其标准的制定主要以指导企业生产为出发点，称为生产型标准。随着市场经济的发展，纺织品的新品种不断涌现，简明灵活的贸易型标准更符合市场的需要。因此，改革我国现行的纺织品标准体系，促进标准从生产型向贸易型转化，以最终产品的质量要求为制定标准的主导依据。要充分发挥企业作为产品开发和生产的主体在纺织品标准化过程中的主导作用，使企业标准能真正成为指导生产、满足国内外市场需求、提高企业竞争能力，并被广泛接受的贸易型标准。

三、标准水平

我国现行的纺织产品标准体系不仅在观念上无法与国际接轨，而且在技术内容上（考核项目的设置、性能指标的水平）也有一定的差距。

国外根据最终用途制定的产品标准，其考核项目更接近实际服用情况，如耐磨、纱线滑移阻力、起毛起球、耐光色牢度等。日本的产品质量标准比较注重产品的使用性能，如色牢度、织物强力、尺寸稳定性、抗起毛起球、防水等，在考核这些项目时，在指标掌控的尺度上具有一定的灵活性，可以根据产品的最终用途进行调整。在考核产品的外观质量时，检测标准也是偏重于产品的实用性能，要求从整体效应考核。

我国按生产型标准理念制定的标准，不能适用贸易方和购货方的需要。我国对服装的考核主要侧重服装的规格偏差、色差、缝制疵点等外观质量。随着纺织制品的成品化成为趋势，消费者对服装服饰和家用纺织品质量水平的要求提高，而面料与制成品的标准不衔接，原材料质量与制成品质量不配套的问题日益突出。

我国对国际纺织标准的采标率已达80%以上，此外我国的纺织标准不同程度地采用了国外先进标准，如美、英、德、日等国标准，特别是基础的、通用的术语标准基本上都采用国际标准和国外先进标准，因此，我国的纺织品基础标准和方法标准基本上达到了国际标准或相当于国际标准的水平，与国际接轨程度较高。但是仍有不少的产品标准虽然标明是采用国际或国外先进标准，但仅有少数指标甚至个别指标与国外标准一致，或采用的试验方法是国际标准，而大多数产品标准的指标和水平没有真正与国外接轨，还有个别虽标为国外标准，但其内容与国外标准还有差距。

第五节　纺织品质量监督与质量认证

一、纺织品质量监督

（一）质量监督

1. 质量监督的基本概念

质量监督指由代表国家的权威质量监督机构，根据政府法令或规定和产品标准，用科学的方法实施产品检验和企业检查，对产品、服务质量和企业保证质量所具备的条件进行监督的活动。从而获得明确科学的监督检验结论。根据质量监督检验和检查的结论，采取法律的、经济的和行政的处理措施，奖优罚劣。

质量监督可以分为企业内部的微观质量监督和企业外部的宏观质量监督。而企业外部的宏观质量监督又可分为行政监督、行业监督、社会监督3类。

生产检验就是一种企业内部的监督形式，企业、部门或行业管理的监督活动是必不可少的，不能代替国民经济宏观范畴的质量监督。

2. 质量监督的特点

（1）质量监督是政府实施国民经济管理活动的职能之一，是技术性与法制性相结合的管理，是宏观管理中监控系统的重要组成部分，是一种对生产、流通、分配和消费过程的产品和服务质量进行监察，即进行连续的质量分析和评价活动。

（2）质量监督活动的主体是国家授权具有公正性和权威性的第三方（独立于买卖双方之外的公证机构）。

（3）质量监督的对象是产品、服务、质量体系、生产条件、有关的质量文件和记录等。

（4）质量监督的依据是有关质量的法律、法规，有关的强制性标准以及合同（契约）。

（5）质量监督的范围包括从生产、运输、贮存到销售流通的整个过程。

（6）质量监督的目的是保护消费者、社会和国家的利益不受侵害，维护正常的社会经济秩序，促进市场经济的发展。

3. 质量监督的作用

为了加强对纺织品质量的监督检验，推动纺织标准的贯彻实施，充分满足消费者和用户对纺织品质量的要求，促进我国纺织品内贸和外贸的发展，我国已在全国范围内相继成立了近 40 个国家级、省（市）级纺织品质量监督检验机构。这些由政府授权的质量监督机构在全国范围内形成了一个纺织品的质量监测网络，其技术力量雄厚，这对于维护国家、生产企业和消费者的利益，稳定和提高纺织品的质量，发挥了积极的作用，并为纺织品质量管理的科学化、数据处理电脑化、信息传递网络化创造了良好条件。产品质量监督的作用：

（1）技术保障作用。

（2）树立产品信誉的作用。

（3）保证消费安全的作用。

（4）提高产品质量的作用。

（5）促进产业结构调整的作用。

（6）建立完善社会信用的作用。

4. 质量监督的基本形式

质量监督按其工作性质、目的、内容和处理方法的不同可分为抽查型、评价型和仲裁型 3 种形式。

（1）抽查型产品质量监督：指国家（政府）质量监督机构通过对在市场或企业抽取的样品按照技术标准进行监督检验，判定其质量是否合格，从而采取强制措施，责成企业改进不合格产品，直至达到技术标准要求。并将这种形式的检验结果和分析报告通过电台、电视、报纸和杂志等媒体公布于众。

（2）评价型产品质量监督：指国家（政府）质量监督机构通过对企业生产条件、产品质量考核，颁发某种产品质量证书，确认证明该产品已达到的质量水平。对考核合格、获得证书的产品，还须进行必要的事后监督，考察其质量是否保持应有水平。评选优质产品、发放生产许可证、新产品鉴定等，都属于这种形式。

（3）仲裁型产品质量监督：指国家质量监督管理部门站在第三方立场上，公正处理质量争议中的问题，实施对质量不法行为的监督，促进产品质量的提高。

（二）质量监督检验机构

1. 质量监督检验机构应具有的特性

鉴于质量监督检验机构的性质、地位以及所承担的任务，质量监督检验机构必须具有公正性、科学性和权威性。其中关键是公正性。如果缺乏公正性，提供不可靠的检测数据，也就失去了科学性和权威性；如果检测手段落后，检测人员技术不过硬，质量保证体系不健全，检验报告出现差错，失去了科学性，也就失去了公正性。只有具备公正性和科学性，才能逐步树立起权威性。为保证质量监督检验机构的三性，必须抓好机构建设，不断提高检测人员的素质，完善检测手段，使检测质量保证高水平。

2. 质量监督检验机构的职权

（1）有权对生产企业保证产品质量的生产技术条件进行检查，可在生产企业或收购、销售部门按有关规定和计划抽取样品进行检验。

（2）有权对流通领域的商品质量进行监督检查。

（3）有权制止不按技术标准生产和质量低劣的产品出厂，并视具体情况向质量监督管理部门提出处理建议。

（4）有权督促生产企业和销售部门加强质量管理与检验工作，保证出厂（销售）产品符合质量标准。

3. 纺织品质量监督机构的主要任务

（1）根据国家对纺织品质量工作的要求，以技术标准和用户、消费者意见为依据，通过各种形式的监督检验，以考核有关部门质量计划的完成情况，并进行监督。

（2）帮助和督促纺织生产企业建立和健全技术检验机构和制度，统一检验方法，协助培训检验力量，对企业的质量检验部门进行业务指导。

（3）当有关部门对纺织品质量发生争议时，进行公证和仲裁。

（4）对纺织品的商标注册、优质产品和名牌产品的评选、部分新产品（包括更新换代产品）进行质量鉴定。

（5）承担部分进出口纺织品的质量检验与验收工作。

（6）接受委托检验。

二、纺织品质量认证

（一）质量认证

1. 质量认证的基本概念

质量认证指由认证机构证明产品、服务、管理体系符合相关技术规范的强制性要求或标准的合格评定活动。

涉及人类和动植物生命健康安全、环境保护、国家安全的产品，为防止欺诈行为，在一些国家以法律、法规的形式进行强制性认证。其他产品或产品的其他性能要求，更多的是按照市场的需求，由委托人自愿选择，由认证机构向其提供证明服务，这就是自愿性认证。全世界约有50%的国家对电工产品实施强制性认证制度。我国很多企业为了进入欧美市场，都申请这些国家的认证标志。

质量认证的对象是有形产品或无形服务。国际标准化组织将质量认证定义为：由可以充分信任的第三方证实某一经鉴定的产品或服务符合特定标准或其他技术规范的活动。

事实上，质量认证就是依据产品标准和相应的技术要求，经认证机构确认，并通过颁发认证证书和认证标志，以证明某一产品或服务符合相应标准和技术要求的活动。

质量认证的基础是标准。质量认证是一种科学性、严肃性的活动，必须有完整、严密、严格、实用的标准作基础。

2. 质量认证的主要作用

目前，产品质量认证是国际上通行、保证产品质量符合标准、维护消费者和用户利益的一种有效办法，被批准认证的产品上标有产品质量认证标志以对产品、工艺或服务提供正确、可靠的质量信息。从而取得对产品的信赖，使认证发挥最大的社会经济效益。国际标准化组织成员国中的绝大多数国家都采用了质量认证制度。世界各国的纺织服装生产经营企业均对日益增多、更加严格的认证检验给予高度重视，通过认证检验真正提高产品质量和品牌信誉，从而扩大市场份额，提高企业效益。

（1）实行产品质量认证能够保证产品质量，提高产品信誉，更加有效地维护用户和消费者的利益，保护消费者人身安全和健康。

（2）产品质量认证可以促进和发展国际贸易，消除技术壁垒，扩大出口，提高生产企业的质量信誉及其商品的国际市场竞争力。

（3）产品质量认证可以促进生产企业努力提高产品质量，完善质量保证体系，贯彻标准、监督产品质量。

（4）产品质量认证是经过第三方认证机构的认证，其认证过程是严格、公正和科学的，用户不必再进行不必要的重复性检验，这不仅可以节约人力、物力和财力，也大大加快了商品的流通，给生产企业带来信誉和更多的经济利益。

3. 质量认证的形式及表示法

（1）产品质量认证的形式：按照认证的性质来划分，我国现阶段主要采用 3 种认证形式。

①安全认证：依据安全标准和产品标准中的安全性能项目进行认证。经批准认证的产品使用"安全认证标志"。

②合格认证：以产品标准为依据，要求实行认证的产品质量符合产品标准的全部要求。经批准认证的产品使用"合格认证标志"。

③质量保证能力认证：对某些不适合采用安全认证和合格认证的企业，如装卸运输企业、建筑施工企业等，可对其质量保证规定的具体条件和要求进行认证。

（2）质量认证的表示方法（批准方式）：

①认证证书：向申请认证企业颁发产品质量认证证。

②认证标志：允许该产品或服务使用产品质量认证标志。纺织品质量认证标志（即认证标志）是证明产品全部或部分项目符合规定标准的一种记号，它是对经过认证产品的一种表示方法。认证标志往往又是注册的商标，其使用必须获得特别许可，凡是使用认证标志的产品必须经过有关机构的认证。一些著名的认证标志有：国际羊毛局纯羊毛和混纺认证标志，见图 2-1；生态纺织品 100 认证标志，见图 2-2；主要环境或生态认证标志，见图 2-3。

图 2-1　纯羊毛和混纺认证标志

(1) 中国环境标志　(2) 德国蓝色天使标志　(3) 加拿大环境选择标志

(4) 日本生态标志　(5) 北欧委员会环境标志　(6) 欧盟生态标志

图 2-2　生态纺织品 100 认证标志　　　　图 2-3　主要环境或生态认证标志

4. 产品质量认证与生产许可证的异同

产品质量认证和颁发生产许可证都是质量监督的形式，同属产品认证。两者都对产品质量进行检测，对工厂生产质量保证体系进行审查，对取证后的产品质量实行监督，但两者有很大区别。

（1）产品质量认证是由经政府部门授权的第三方公正机构为主进行的，一般是自愿的。而生产许可证制度是以产品主管部门为主进行的强制性行政措施。

（2）产品质量认证往往考核单个或几个产品质量是否达到规定标准要求，以增强该产品的竞争能力。而实行生产许可证制度一般要考核企业生产经营的全部能力，主要是为了制止盲目布点生产、防止粗制滥造。

（3）生产许可证控制的是企业的"生产权"，无证企业无权生产该产品。而未经质量认证的产品，企业可照常生产，并不采取行政强制性的关、停措施。

（4）产品质量认证强调按国际通用标准和国外先进产品标准进行认证。而生产许可证制度一般按现行国家标准或行业标准审查产品。

（二）产品质量认证机构

质量认证机构指具有可靠的执行认证制度的必要能力，并在认证过程中能够客观、公正、独立地从事认证活动的机构。

我国认证机构的基本情况：2002 年，国家对认证机构实行统一的市场准入管理后，到

2004 年 11 月，批准各类内资认证机构 133 家，中外合资认证机构 26 家。从事的认证业务范围包括强制性产品认证、自愿性产品认证、质量管理体系认证、环境管理体系认证、职业健康安全管理体系认证、农产品和有机产品认证、食品安全质量体系认证等。

认证的相互承认是当前全球关注的问题，20 世纪初出现，由第三方权威机构对质量做出科学评价的认证制度，在近二三十年几乎已被世界上大多数国家采用。这种评价制度之所以具有生命力，是因为由独立的技术权威机构按严格的程序做出的评价结论，具有无可争辩的可信任性。对采购商，利用这种评价结果带来的方便、效能是不言而喻的，而且还可节省费用，降低成本。对供应商，认证有利于提高信誉，开拓与占领市场，也可免除众多采购商的分别审核。

由于各国认证制度的差异，使认证制度应有的优点不能得到很好的体现。某些国家利用认证制造贸易中的非关税壁垒，限制其他国家的商品或服务进入，特别是发达国家有可能据此对发展中国家采取歧视政策。为了创造国际互认的基本条件，国际标准化组织于 1985 年成立了一个专门机构，即合格评定委员会（ISO/CASCO），研究制定指导认证制度建设的各类标准和指南。

（三）质量认证实施过程

质量认证通过检查企业的质量保证能力、产品检验和审查批准产品质量认证来完成。质量认证的实施分为两个过程：

（1）质量认证的申请和审批：企业申请、被认证的产品、工艺、过程或服务都要经认证机构的审查、检验、认可或鉴定。

（2）日常监督管理：对已获认证的产品还要由认证机构进行日常监督管理，以保证认证的可靠性、科学性和公正性。

第三章　服装面辅料结构与规格测试与评价

随着人们对服装品质、美观和舒适性要求的不断提高，纺织品除了要求具有优良的外观品质外，还对其物理性能提出了更高的要求，这不仅是保证纺织品使用功能和加工性能的基础条件，而且是满足和达到服装高品质及造型需要的重要保证。

纺织品品质的评价，除了一般被认为与消费者的服用直接有关的外观品质外，其内在品质的评价也同样重要。纺织品的内在品质涉及服装面辅料的结构与规格，纺织品的结构与规格的测试与评价不仅直接反映了纺织品的服用性能，还是评价纺织品是否货真价实的依据之一，如纺织品的密度，它直接决定了其紧密、手感和风格，它是否符合标准或合同的规定则真实地记录了纺织品生产有否偷工减料、损害消费者的利益。

纺织品和服装的成分标签的技术法规是各国设置的技术性措施的一个重要组成部分，为了标示纺织品和服装的品质，以及防止商业欺诈，世界各国都颁布了相应的法规标准，对纺织品和服装的成分做出明确的规定，它也是目前纺织品和服装安全、卫生、健康、环保、反欺诈等项目检验的重要项目之一，引起普遍关注。美国、日本、加拿大、澳大利亚等发达国家和欧盟都对纺织品和服装的成分标签做了详细具体的规定，各个国家的规定也大同小异。

我国 GB 5296.4—2012《消费品使用说明　第 4 部分　纺织品和服装使用说明》及 FZ/T 01053—2007《纺织品纤维含量的标识》规定了纺织品和服装使用说明的基本原则、标注内容和标注要求。GB 5296.4 标准属于国家强制性标准之一，要求无论是国内企业生产的，还是国外企业生产的，凡进入我国市场销售的纺织服装产品，其采用原料的成分和含量都应符合该标准的规定。

第一节　服装面辅料纤维检测与分析

由于纤维种类是决定纺织品质量的重要因素，也直接决定纺织品的市场价格，纺织品成分的准确标识也是产品考核的重要内容，因此，纺织品纤维的分析成为纺织品检测的一项重要内容。

纺织品纤维的分析包括定性分析和定量分析。随着化学纤维的迅速发展、新型纤维的不断涌现以及混纺纺织品品种的日益增多，对纺织品进行准确的纤维定性分析与定量分析检测越来越具有重要意义。

一、纺织纤维的定性分析

根据各种纤维特有的物理、化学性能，采用不同的分析方法对样品进行检测，通过对照标准照片、标准谱图及标准资料来鉴别未知纤维的类别。

（一）定性分析的方法与原理

主要的定性分析方法有：燃烧法、显微镜法、溶解法、含氯含氮呈色反应法、熔点法、密度梯度法、红外吸收光谱法等。目前，定性鉴别主要采用燃烧法、显微镜法、溶解法。

1. 燃烧法

燃烧法主要根据纤维的化学组成不同，其燃烧特征也不同，以此区分各种纺织纤维的大类，可较准确地划分纤维素纤维、蛋白质纤维和合成纤维等大类。

（1）试验标准：FZ/T 01057.2—2007《纺织纤维鉴别试验方法　第2部分：燃烧法》，适用于各种纺织纤维的初步鉴别，但对于经过阻燃整理的纤维则不适用。

（2）试验原理：根据各种纤维靠近火焰、接触火焰、离开火焰时的状态及燃烧时产生的气味和燃烧后残留物的特征来辨别纤维类别。

2. 显微镜法

显微镜法利用各种纤维不同的横截面形状和纵向外观特征，可快速正确地鉴别出具有独特纵、横向形态特征的纤维。

（1）试验标准：FZ/T 01057.3—2007《纺织纤维鉴别试验方法　第3部分：显微镜法》，适用于各种纺织纤维的鉴别。

（2）试验原理：用显微镜观察未知纤维的纵面和横截面形态，对照纤维的标准照片和形态描述来鉴别未知纤维的类别。

3. 溶解法

（1）试验标准：FZ/T 01057.4—2007《纺织纤维鉴别试验方法　第4部分：溶解法》，适用于各种纺织纤维的定性鉴别。特别是合成纤维，还广泛用于混纺产品中的纤维含量分析。

（2）试验原理：利用纤维在不同温度下的不同化学试剂中的溶解特性来鉴别纤维。

4. 含氯含氮呈色反应法

（1）试验标准：FZ/T 01057.5—2007《纺织纤维鉴别试验方法　第5部分：含氯含氮呈色反应法》，适用于鉴别纤维中是否含有氯、氮元素，以便将纤维粗分类，进一步作定性鉴别。

（2）试验原理：含有氯、氮元素的纤维用火焰法、酸碱法检测，会呈现特定的呈色反应。

5. 熔点法

（1）试验标准：FZ/T 01057.6—2007《纺织纤维鉴别试验方法　第6部分：熔点法》，适用于鉴别合成纤维，不适用于天然纤维素纤维、再生纤维素纤维和蛋白质纤维。由于某些合成纤维的熔点比较接近，有的纤维没有明显的熔点，因此，熔点法一般不单独应用，而是作为验证或用于测定纤维熔点。

（2）试验原理：合成纤维在高温作用下，大分子间键接结构产生变化，由固态转变为液态。通过目测和光电检测从外观形态的变化测出纤维的熔融温度即熔点。不同种类的合成纤维具有不同的熔点，依次鉴别纤维的类别。

6. 密度梯度法

（1）试验标准：FZ/T 01057.7—2007《纺织纤维鉴别试验方法　第7部分：密度梯度法》，适用于各类纺织纤维的鉴别，但不适用于中空纤维。

（2）试验原理：各种纤维的密度不同，根据所测定的未知纤维密度并将其与已知纤维密度对比，来鉴别未知纤维的类别。把两种密度不同而能互相混溶的液体，经过混合然后按一定流速连续注入梯度管内，由于液体分子的扩散作用，液体最终形成一个密度自上而下递增并呈连续性分布的梯度密度柱。用标准密度玻璃小球标定液柱的密度梯度，并作出小球密度—液柱高度的关系曲线（应符合线性分布）。随后将被测纤维小球投入密度梯度管内，待其平衡静止后，根据其所在高度查密度—高度曲线图即可求得纤维的密度。

7. 红外吸收光谱法

（1）试验标准：FZ/T 01057.8—1999《纺织纤维鉴别试验方法　第8部分：红外吸收光谱法》，适用于纤维素纤维、蛋白质纤维以及合成纤维。

（2）试验原理：当一束红外光照射到被测试样上时，该物质分子将吸收一部分光能并转变为分子的振动能和转动能。借助于仪器将吸收值与相应的波数作图，即可获得该试样的红外吸收光谱，光谱中每一个特征吸收谱带都包含了试样分子中基团和键的信息。根据不同物质有不同的红外光谱图的原理，将未知纤维与已知纤维的标准红外光谱图进行比较来区别纤维的种类。

（二）定性分析的一般性程序

纤维鉴别是一个系统分析、综合鉴定的过程，往往需要几种方法才能最后确定被鉴别纤维的品种。综合运用上述试验方法，对未知纤维作系统鉴别，首先确定大类，再分出品种，然后作最后的验证。

1. 采用燃烧法确定大类

依据各种纤维的化学成分不同，其燃烧现象和特征不同，如燃烧速度、续燃情况、燃烧气味、灰烬状态等，采用燃烧法初步确定待测纤维的大类，如纤维素类纤维、蛋白质类纤维及合成类纤维。

2. 对天然纤维采用显微镜确定品种

经燃烧法初步鉴别后，对于天然纤维和部分再生纤维，根据不同纤维是有其独特的形态特征，采用显微镜法可确定待测纤维的品种，如天然纤维素纤维中的棉、麻；再生纤维素纤维中的粘纤、莫代尔、莱赛尔等；天丝蛋白质纤维中的蚕丝、羊毛、羊绒等。

3. 对合成纤维采用溶解法确定品种

经燃烧法初步鉴别后，对于合成纤维依据各种纤维的化学组成不同，对不同化学试剂在不同浓度及温度下的溶解性不同，采用溶解法可确定待测纤维的品种，如涤纶、锦纶、腈纶等。

二、纺织纤维的定量分析

纺织纤维混合物泛指由两种或两种以上纤维纺制而成的纺织品，如混纺纱、交并纱、混纺织物及交织物等。

(一) 定量分析的方法与原理

纺织纤维混合物的定量分析方法主要有：化学分析法和物理分析法。化学分析法中的溶解法使用最为广泛，适用于多数任何形式的混合纺织品的定量分析。物理分析法分为手工分解法和显微镜法，适用于可手工分解或不宜采用化学分析法的混合纺织品的定量分析。因此，纺织品纤维成分的定量分析方法主要有化学溶解法、手工分解法和显微镜法等。

1. 化学溶解法

对于化学成分不同的纤维混合物的定量分析，是根据不同纤维在不同化学试剂中的溶解特性，常采用化学分析试剂使混合物的纤维组分分离。

（1）试验原理：根据定性分析的结果，用适当的预处理方法去除非纤维物质，选择合适的试剂将已知干燥质量的混合物中的一种组分或几种组分溶解，将剩余纤维清洗、烘干和称重，由溶解失重或不溶纤维的重量从而求出各组分纤维的含量。一般适用于任何形式纺织品的纤维，通常，最好先去除含量较大的纤维组分，而使含量较少的纤维组分成为最后的不溶残留物。

（2）试验标准：GB/T 2910.2—2009《纺织品　定量化学分析　第 2 部分：三组分纤维混合物》。

GB/T 2910.3—2009《纺织品　定量化学分析　第 3 部分：醋酯纤维与某些其他纤维的混合物（丙酮法）》。

GB/T 2910.4—2009《纺织品　定量化学分析　第 4 部分：某些蛋白质纤维与某些其他纤维的混合物（次氯酸盐法）》。

GB/T 2910.5—2009《纺织品　定量化学分析　第 5 部分：粘胶纤维、铜氨纤维或莫代尔纤维与棉的混合物（锌酸钠法）》。

GB/T 2910.6—2009《纺织品　定量化学分析　第 6 部分：粘胶纤维、某些铜氨纤维、莫代尔纤维或莱赛尔纤维与棉的混合物（甲酸/氯化锌法）》。

GB/T 2910.7—2009《纺织品　定量化学分析　第 7 部分：聚酰胺纤维与某些其他纤维的混合物（甲酸法）》。

GB/T 2910.8—2009《纺织品　定量化学分析　第 8 部分：醋酯纤维与三醋酯纤维的混合物（丙酮法）》。

GB/T 2910.9—2009《纺织品　定量化学分析　第 9 部分：醋酯纤维与三醋酯纤维的混合物（苯甲醇法）》。

GB/T 2910.10—2009《纺织品　定量化学分析　第 10 部分：三醋酯纤维或聚乳酸纤维与某些其他纤维的混合物（二氯甲烷法）》。

GB/T 2910.11—2009《纺织品　定量化学分析　第 11 部分：纤维素纤维与聚酯纤维

的混合物（硫酸法）》。

GB/T 2910.12—2009《纺织品　定量化学分析　第 12 部分：聚丙烯腈纤维、某些改性聚丙烯腈纤维、某些含氯纤维或某些弹性纤维与某些其他纤维的混合物（二甲基甲酰胺法）》。

GB/T 2910.13—2009《纺织品　定量化学分析　第 13 部分：某些含氯纤维与某些其他纤维的混合物（二甲基甲酰胺法）》。

GB/T 2910.14—2009《纺织品　定量化学分析　第 14 部分：醋酯纤维与某些含氯纤维的混合物（冰乙酸法）》。

GB/T 2910.15—2009《纺织品　定量化学分析　第 15 部分：黄麻与某些动物纤维的混合物（含氮量法）》。

GB/T 2910.16—2009《纺织品　定量化学分析　第 16 部分：聚丙烯纤维与某些其他纤维的混合物（二甲苯法）》。

GB/T 2910.17—2009《纺织品　定量化学分析　第 17 部分：含氯纤维（氯乙烯均聚物）与某些其他纤维的混合物（硫酸法）》。

GB/T 2910.18—2009《纺织品　定量化学分析　第 18 部分：蚕丝与羊毛或其他动物毛纤维的混合物（硫酸法）》。

GB/T 2910.19—2009《纺织品　定量化学分析　第 19 部分：纤维素纤维与石棉的混合物（加热法）》。

GB/T 2910.20—2009《纺织品　定量化学分析　第 20 部分：聚氨酯弹性纤维与某些其他纤维的混合物（二甲基乙酰胺法）》。

GB/T 2910.21—2009《纺织品　定量化学分析　第 21 部分：含氯纤维、某些改性聚丙烯腈纤维、某些弹性纤维、醋酯纤维、三醋酯纤维与某些其他纤维的混合物（环己酮法）》。

GB/T 2910.22—2009《纺织品　定量化学分析　第 22 部分：粘胶纤维、某些铜氨纤维、莫代尔纤维或莱赛尔纤维与亚麻、苎麻的混合物（甲酸/氯化锌法）》。

GB/T 2910.23—2009《纺织品　定量化学分析　第 23 部分：聚乙烯纤维与聚丙烯纤维的混合物（环己酮法）》。

GB/T 2910.24—2009《纺织品　定量化学分析　第 24 部分：聚酯纤维与某些其他纤维的混合物（苯酚/四氯乙烷法）》。

GB/T 2910.101—2009《纺织品　定量化学分析　第 101 部分：大豆蛋白复合纤维与某些其他纤维的混合物》。

FZ/T 01026—2009《纺织品　定量化学分析　四组分纤维混合物》。

2. 手工分解法

当织物或纱线中的不同组分纤维如果可以通过拆分法分解，在定量分析时可采用手工分解法。在定量分析时，宜尽量使用手工分解法，因为通常它给出的结果比化学分析法更准确。

（1）试验原理：鉴别出纤维组分的纺织品，通过适当的方法去除非纤维物质后，用手工分解法将纺织品中目测能分辨区分的各个纤维组分分开、烘干、称重，从而计算各组分纤维的含量。适用于所有纺织品中各纤维组分不是混纺的混合物，如由几种单组分纤维的纱线（即交织物）或各股纱为单组分或不同类型纤维的纱线构成的混合物。

（2）试验标准：

FZ/T 01101—2008《纺织品　纤维含量的测定　物理法》。

GB/T 2910.1—2009《纺织品　定量化学分析第 1 部分：试验通则》。

GB/T 2910.2—2009《纺织品　定量化学分析第 2 部分：三组分纤维混合物》。

SN/T 1056—2002《进出口二组分纤维交织物定量分析法　拆纱称重法》。

3. 显微镜法

对于化学组成相同或基本相同的纤维混合物的定量分析，既不能用手工分解法，也不能用化学分析法进行定量分析，但可根据不同纤维不同的外观形态，采用显微镜法进行定量分析。

（1）试验原理：使用投影显微镜或数字式图像分析仪分辨和计数一定数量的纤维，测量纤维的直径或横截面积，结合不同纤维的密度，从而计算出各种纤维的质量含量。适用于棉、麻、绵羊毛与特种动物纤维等的混纺产品以及其他纤维形态特征有明显差异的产品。由于麻与棉都是植物纤维素纤维，混纺后既不能用化学分析法测定其成分含量，也不能用手工分解法将其分离；绵羊毛与特种动物纤维都是蛋白质类纤维，化学性质基本相同，无法用化学试剂溶解法。因此，根据各类植物纤维的横截面及纵向特征，动物纤维的鳞片结构特征，用投影显微镜或数字式图像分析仪分辨并分别计数其根数，测量纤维的直径或横截面积，结合相应的纤维密度，从而计算出各种纤维的质量百分率。

（2）试验标准：

FZ/T 01101—2008《纺织品　纤维含量的测定　物理法》。

FZ/T 30003—2009《麻棉混纺产品定量分析方法　显微投影法》。

GB/T 16988—1997《特种动物纤维与绵羊毛混合物含量的测定》。

GB/T 14593—2008《山羊绒、绵羊毛及其混合纤维定量分析方法》。

SN/T 0756—1999《进出口麻/棉混纺产品定量分析方法　显微投影仪法》。

（二）定量分析的一般性程序

1. 样品预处理

2. 试样制备

3. 试样干燥质量测定

4. 各组分纤维的溶解或分离

5. 不溶纤维干燥质量测定

6. 各组分纤维的含量计算

第二节　服装面辅料纱线结构测试与评价

纱线细度与捻度直接影响服装面辅料的性状，不同的细度与捻度会使纺织品获取不同的手感、风格以及力学性能，使服装材料具有不同的服用性能。因此，非常有必要对纱线细度与捻度进行测试。

一、纱线细度的测定

细度是纱线最重要的指标。纱线的细度不同，纺纱时所选用的原料规格、质量、纱线的用途不同，纱线的细度直接决定着织物的规格、品种、手感、风格、用途及力学性能。在织物设计、生产和贸易中起到非常重要的作用。

（一）细度指标

1. 直接指标

直接指标指利用纱线直径或横截面积来表示纱线细度。但是纱线表面有毛羽、横截面形状不规则且易变形，从而使测量直径或横截面积不仅误差大，而且比较麻烦。

2. 间接指标

间接指标的测试比直接指标的测试简便得多，所以在生产中得以广泛采用。间接指标有定重制和定长制两种。

（1）定重制：指一定重量纱线所具有的长度。目前采用的有公制支数（Nm）和英制支数（Ne）。

（2）定长制：指一定长度纱线所具有的重量。目前采用的有特数（tex）、分特数（dtex）和旦数（den）。线密度为单位长度纱线的质量，是国际单位制采用的纱线的细度指标，计量单位为特克斯（简称特，tex）。它表示1000m长的纱线在公定回潮率时的重量克数，也可以用分特表示，1特＝10分特。

（二）试验标准

GB/T 4743—2009《纺织品　卷装纱　绞纱法线密度的测定》。适用于各类纱线，包括单纱、并绕纱、股线和缆线。不适用于张力从0.5cN/tex增加到1.0cN/tex时其伸长超过0.5%的纱线（除协议认可），以及线密度大于2000tex的纱线。

（三）试验原理

在规定的条件下，称量一定长度纱线的质量，经计算得到其线密度，用特克斯表示。

二、纱线捻度的测定

对短纤维来说，加捻是成纱的必要手段。对股线和长丝纱来说，加捻是为了形成一个不易被横向外力所破坏的紧密结构。加捻的多少与方式，直接影响纱线的力学性能。

（一）基本概念

1. 捻度

捻度是表示纱线加捻程度的绝对数值。捻度指纱线沿轴向一定长度的捻回数。捻度通常以每米的捻回数来表示（捻/m），也可表示为每厘米的捻回数（捻/cm）。

2. 捻系数

捻系数是结合纱线线密度表示纱线加捻程度的相对数值。捻系数指短纤纱中纤维或长丝纱中长丝的螺旋取向的程度。它与纱线表面纤维同纱线轴心所形成的夹角有关，可用来表示相同品种不同粗细纱线的加捻程度，是由捻度引起的纱线刚性大小的量度。

（二）试验标准

GB/T 2543.1—2001《纺织品　纱线捻度的测定　第 1 部分：直接计数法》。

GB/T 2543.2—2001《纺织品　纱线捻度的测定　第 2 部分：退捻加捻法》。

（三）试验方法与原理

纱线捻度的测试方法有直接计数法和退捻加捻法。两种方法主要用于卷装纱，也可用于从织物上拆下的纱线。

1. 直接计数法

在规定的张力下，夹住一定长度试样的两端，旋转试样一端，退去纱线试样的捻度，直到被测纱线的构成单元平行，根据退去纱线捻度所需转数求得纱线的捻度。适用于短纤维单纱及有捻复丝、股线、缆线。不适用于单丝、自由端纺纱产品以及交缠复丝捻度的测定，张力从 0.5cN/tex 增加到 1.0cN/tex 时其伸长超过 0.5% 的纱线（除协议认可），以及太粗的纱线。

2. 退捻加捻法

在规定的张力下，夹住一定长度试样的两端，对试样进行退捻和反向再加捻，直到试样达到其初始长度。假设再加捻的捻回数等于试样的原有捻度，这样计数器上记录的捻回数的一半代表试样具有的捻回数。适用于短纤维单纱捻度的测定。不适用于自由端纺纱、假捻及自捻纱、气流纺纱。

退捻加捻法是测定捻度的间接法，退捻加捻法对预加张力非常敏感，所以有 A 法和 B 法之分。

（1）A 方法是通常采用的方法，为退捻加捻 1 次。

（2）B 方法为二次法，第 1 个试样按照 A 法试验，对第 2 个试样，按第 1 个试样测得捻回数的 1/4 进行退捻，然后再加捻到初始长度，以校正因预加张力引起的误差。预加张力对准确性的影响较小，可给出较准确的试验结果，但需用时长，所以主要用于自动捻度仪。

第三节　服装面辅料织物组织结构与规格测试与分析

一、织物组织的分析

（一）机织物

1. 直接观察法

直接观察法是依靠肉眼或借助织物分析镜直接对织物观察，将观察的经纬纱的交织规律，逐根填绘于意匠纸方格中，直至一个完全组织，即得组织图。适用于织物密度不大、纱线较粗、组织比较简单的织物。

2. 拆纱分析法

拆纱分析法可以从织物的任何一角开始，沿纵向或横向，将纱线逐根拆开，将观察的经纬纱的交织规律，逐根填绘于意匠纸方格中，直至一个完全组织，即得组织图。适用于起绒织物、毛巾织物、纱罗织物、多层织物，以及纱线较细、密度较大、组织较复杂的织物。

3. 局部分析法

对于局部有花纹，地布组织很简单，只需分别对花纹和地布的局部进行分析，然后根据花纹的经纬纱根数和地布的组织循环数，就可求出一个花纹循环的经纬纱数。如果是色织物，还要分析纱线的配色循环。

(二) 针织物

1. 纬编针织物

采用拆散法来分析纬编针织物的织物组织。小心拆除织物，观察每根纱线在每一纵行（即每枚针）上的编织形式，并在方格纸上或用编织图的方法依次将成圈、集圈、浮线按规定的记号逐个记录。

2. 经编针织物

常用的经编针织物组织分析方法有以下 3 种：

（1）观察法：指用织物分析镜观察织物正面两纵行之间延展线和线圈形态的分布，从而确定各把梳栉的垫纱运动。这是一种比较常规的分析方法。

（2）脱散法：在试样一侧，剪几条具有 1 个、2 个或 3 个纵行宽的布条，拉伸这些布条时，由于不同的垫纱运动，就会出现离散、脱散或不能脱散的现象。对于确定一把或两把梳栉的垫纱运动是很有帮助的，但还不能确定梳栉的前后位置，尚需用其他方法配合确定。

（3）拆散法：从试样中同时将两把梳栉的纱线拆散，看清织物两把梳栉的垫纱运动。适用于分析梳栉数较少，横纵向花纹组织循环较小，结构不太紧密的织物。

二、织物密度的测定

织物密度是一项反映织物紧密程度的重要指标，可用于比较纱线特（支）数相同的织物的紧密程度。对纱线粗细不同的织物进行紧密度的比较，采用紧度即用纱线特数和密度求得的相对指标。织物紧密度与织物的重量、强度、弹性、耐磨性、通透性、保暖性（针织物的起毛起球及勾丝性）等有很大的影响。织物的密度直接决定织物的手感和风格，它也关系到产品的成本和生产效率的高低。因此，在产品标准中对不同织物规定了不同的密度，织物的密度是一项重要的纺织品检测项目。

(一) 机织物密度测定

机织物的密度指在单位长度内织物中纱线排列的稀密程度，有经密和纬密之分，即机织物在无折皱和无张力下，每单位长度所含的经纱根数或纬纱根数，一般以根/10cm 表示。我国检验标准中通常以公制密度表示，即 10cm 长度内的经纱或纬纱根数。在进出口纺织品贸易中，往往用英制密度表示，即每英寸长度内经纱或纬纱根数。

经密：在织物纬向单位长度内所含的经纱根数。

纬密：在织物经向单位长度内所含的纬纱根数。

1. 试验标准

GB/T 4668—1995《机织物密度的测定》，规定了测定机织物密度的三种方法。适用于各类机织物密度的测定。根据织物的特征，选用其中的一种。但在有争议的情况下，建议采用方法 A。

2. 试验方法与原理

（1）织物分解法：分解规定尺寸的织物试样，计数纱线根数，折算至 10cm 长度内所含纱线根数。适用于所有机织物，特别是复杂组织织物。

（2）织物分析镜法：测定在织物分析镜窗口内所看到的纱线根教，折算至 10cm 长度内所含纱线根数。适用于每厘米纱线根数大于 50 根的织物。

（3）移动式织物密度镜法：使用移动式织物密度镜测定织物经向或纬向一定长度内所含纱线根数，折算至 10cm 长度内所含纱线根数。适用于所有机织物。数字织物密度仪是目前测定织物密度比较先进的仪器。不需在放大镜下用目测方法点数纱线根数，只要把不同织物置于仪器内，即可清楚地显示出该织物经向或纬向的实际密度值。适用于所有机织物。

（二）针织物线圈密度测定

针织物密度指单位面积内线圈的疏密程度。

1. 试验标准

FZ 70002—1991《针织物线圈密度测量方法》，不适用于花色组织、经编组织的针织物。

2. 试验原理

针织物的线圈密度是采用分析镜度量针织物上每单位面积内的线圈总数，圈数/100cm^2。

三、织物厚度的测定

织物的厚度指织物的厚薄程度，即对织物施加规定压力的两参考板间的垂直距离。织物的厚度直接影响服装的风格、外观和性能，如透气性、防风性、保暖性、刚柔性、悬垂性、耐磨性及重量等，因此，织物的厚度是评定织物外观和性能的主要指标之一。

机织物的厚度取决于织物的结构，即纱线线密度、织物组织、纱线在织物中的屈曲程度以及生产加工时张力等因素。针织物的厚度取决于它的纱线线密度、组织结构和线圈长度等因素。

（一）试验标准

GB/T 3820—1997《纺织品和纺织制品厚度的测定》。

（二）试验原理

试样放置在基准板上，平行于该板的压脚，将规定压力施加于试样规定面积上，规定时间后测定并记录接触试样的压脚与基准板间的垂直距离，即为试样厚度测定值。适用于各类纺织品。

四、织物质量的测定

织物质量是织物品质的一项综合指标，也是工厂经济核算的主要指标。在纺织品贸易中，将织物偏离产品品种规格所规定质量的最大允许公差作为品等评定的指标之一。织物质量是织物物理性质的检查项目之一。一般，织物单位面积质量随着纱线线密度和织物密度的变化而变化。机织物、针织物的单位面积质量见表3-1。

表 3-1　机织物与针织物的单位面积质量　　　　　　　　单位：g/m²

织物种类	轻薄型	中厚型	厚重型
棉型织物	≤100	100~200	200~250
精梳毛织物	≤195	195~315	≥315
粗梳毛织物		300~600	
丝织物	20~100	—	—
针织物	≤100	100~250	≥250

（一）试验标准

GB/T 4669—2008《纺织品　机织物　单位长度质量和单位面积质量的测定》，适用于整段或一块机织物（包括弹性织物）的测定。

（二）试验原理

1. 能在标准大气中调湿的整段和一块织物的单位长度或单位面积质量

整段或一块织物能在标准大气中调湿的，经调湿后测定织物的长度、幅宽和质量，计算单位长度或面积调湿质量。

2. 不能在标准大气中调湿的整段织物的单位长度或单位面积质量

整段织物不能在标准大气中调湿的，先在普通大气中松弛后测定织物的长度（幅宽）及质量，计算织物的单位长度（面积）质量，再用修正系数修正。修正系数是从松弛后的织物中剪取一部分，在普通大气中进行测定后，再在标准大气中调湿后进行测定，对两者的长度（幅宽）及质量加以比较而确定。

3. 小织物单位面积调湿质量

先将小织物放在标准大气中调湿，再按规定尺寸剪取试样并称量，计算单位面积调湿质量。

4. 小织物单位面积干燥质量和公定质量

先将小织物按规定尺寸剪取试样，再放入干燥箱内干燥至恒量后称量，计算单位面积干燥质量，结合公定回潮率计算单位面积公定质量。

第四章 服装面辅料服用性能测试与评价

第一节 服装面辅料舒适性能测试与评价

舒适性指服装面辅料为了满足人体生理卫生和活动自如需要所必须具备的性能。舒适性通常分为热湿舒适性、接触舒适性、运动舒适性及美学舒适性。冬夏两季服装和内衣对热湿舒适性要求较高。热湿舒适性的标准是符合人体要求的、满意的热湿平衡，服装在人体与周围环境间可以起到温度、湿度的调节作用，以维持人体的热湿舒适，这涉及服装面辅料的热湿传递性能，包括织物吸湿、织物透气、织物透湿、织物热阻与湿阻、织物吸水、织物放湿等性能。

一、织物吸湿性

织物吸湿性指服装面辅料在空气中吸收或放出气态水的能力。吸湿性强的服装面辅料能及时吸收人体排出的汗液，起到散热和调节体温的作用，使人体感觉舒适。

吸湿性、透湿性是服装面辅料重要的卫生指标。吸湿性不仅会使服装面辅料质量变化，而且会引起一系列的性质变化，如使刚性下降、断裂伸长性及导电性增大等，对商品贸易、质量控制、性质测定以及生产加工都会产生影响，最重要的是影响服装穿着的舒适感，因此对服装面辅料吸湿性的测试与评价是十分必要的。吸湿性通常用回潮率和含水率表示。

（1）回潮率：在规定条件下测得的纺织材料中水分的含量，以试样烘前质量与烘干质量的差数对烘干质量的百分率表示。

（2）含水率：在规定条件下测得的纺织材料中水分的含量，以试样烘前质量与烘干质量的差数对烘前质量的百分率表示。

回潮率（W）与含水率（M）的相互转换关系：

$$W = 100M/(100-M)$$
$$M = 100W/(100+W)$$

（一）影响因素

织物吸湿性的大小主要取决于纤维的组成和结构，还与所处环境的湿度有关。

1. 纤维结构

各种纤维的结构与成分不同，因此它们的吸湿性也不尽相同。

纤维内部亲水基团的存在是纤维吸湿的主要原因。纤维分子结构中的亲水基团极性越强、数量越多的纤维，吸湿能力越高；结晶度低、纤维中有空腔及空隙的纤维，具有较好的吸湿性；纤维的比表面积越大，吸湿性越强。

天然纤维和再生纤维大分子中含有亲水基团，能够吸附水分子并渗入纤维内部，因此吸湿性好。合成纤维分子中大多不含或含有相当弱的亲水基团，加上分子排列紧密，其织物吸湿性差，有些纤维织物几乎不吸湿。

2. 织物结构

织物结构较稀疏的织物，水分能够从织物间隙中透过，也能起到一定的吸湿作用；弱捻纱织物比强捻纱织物蓬松、含气量大，因而吸湿性好；针织物比机织物吸湿性好；起绒、起毛织物比一般织物吸湿性好。

3. 空气相对湿度

吸湿性越好的纤维，越易受环境湿度的影响。空气相对湿度越大，纤维的回潮率越大。

（二）试验方法与原理

1. 试验方法

（1）间接测定法：利用纺织材料中含湿量与某些性质密切相关的原理，通过测试这些性质来推测材料的回潮率和含水率。如电阻测湿法、电容测湿法、微波吸收法等。

（2）直接测定法：分别测出服装材料的湿重和干重，计算得出回潮率和含水率，是目前测定服装材料回潮率最基本的方法。如烘箱干燥法、红外线干燥法、真空干燥法、微波烘燥法、吸湿剂干燥法等，其中通风式烘箱干燥法是国家标准中规定的方法。

2. 试验原理

试样在烘箱中暴露于流动的加热至规定温度的空气中，直至达到恒重。烘燥过程中的全部质量损失都作为水分，并以含水率和回潮率表示。供给烘箱的大气应为纺织品调湿和试验用标准大气，如果实际上不能实现时，可把在非标准大气条件下测得的烘干质量修正到标准大气条件下的数值。

（三）试验标准

GB/T 9995—1997《纺织材料含水率和回潮率的测定 烘箱干燥法》，适用于各种纺织原材料及其制品。

二、织物透气性

织物透气性指当织物两侧空气存在压力差时，织物透过空气的性能。织物透气性通常以在规定的试验面积、压降和时间条件下，气流垂直通过试样的速率来表示。其相反特性是防风性。

纺织品的透气性能直接影响到服装的透湿和保暖等舒适性。透气的织物一般也可以透过水汽以及液态水，它直接影响人体汗气和汗液的向外传递。透气性的大小与织物的含气率有很大关系，一般来说，含气率小的织物，可以说其透气率也小。冬季外衣织物需要防风保温，应具有较小的透气性，使织物中储存较多的静止空气，以保证服装具有良好的防风保暖性能。夏令服装面料应具有良好的透气性，以获得凉爽感。透气性也是服装面辅料重要的卫生指标，它的作用在于排出衣服内积蓄的二氧化碳和水分，使新鲜空气透过。

透气性过小的织物，由于人体热、湿不易排出而使人感到闷热不适。但透气性过大的织物，由于其薄纱状或非常疏松的结构，也会使外界温度的变化迅速影响人体，或者寒风刺骨，或者在骄阳下引起皮肤斑点小疱，造成人体不适。织物透气性的设计，应综合权衡利弊，视其用途和穿用季节来确定。对某些特殊用途的织物，如降落伞伞面、帆船篷布、服用涂层面料及宇航服等，都有特定的透气要求。

（一）影响因素

透气性取决于织物中纱线间以及纤维间空隙的大小与多少。

1. 纤维形态及性能

天然纤维织物比化学纤维织物的透气性好，天然纤维织物中棉、麻、丝织物的透气性比较好，而羊毛织物的透气性稍差；大多数异形截面纤维的织物内纤维间的孔隙率较高，织物具有较好的透气性；纤维较粗的织物，透气性较大；纤维长度增加，织物透气性开始下降，继而升高；吸湿性强的纤维织物，吸湿（吸水）后纤维直径明显膨胀，织物紧度增加，使织物内部的空隙减少，再加上附着水分，空隙被阻塞，透气性下降；压缩弹性好的纤维，其织物透气性也好。如羊毛制品由于拒水性和弹性较好，织物内部的空隙不易减少，因此羊毛织物吸湿、吸水后的透气性递减趋势平缓。

2. 纱线结构

纱线线密度减小，透气性增加。如纱线线密度降为原来的 1/5 时，其透气性增加为原来的 5 倍。在一定范围内，随着纱线捻度的增大，纱线直径和织物紧度降低，织物透气性有变大的趋势。

3. 织物组织结构

对于同样厚度的织物，组织结构较疏松的织物要比组织结构较紧密的织物透气性大。若织物的经纬纱细度不变，织物密度增大，则透气性下降，当密度增加为原来的 3 倍时，织物的透气性仅为原来的 1%；在其他条件相同的情况下，织物内纱线浮长增加；织物的孔隙将增大，从而使透气性增加。对织物的基本组织来说，透气性的顺序为：缎纹组织最大，斜纹组织居中，平纹组织最小；当织物单位面积质量增加时，织物趋于紧密厚实，其透气性变差；透气性与气孔形态的关系甚大，织物组织的织眼的直通气孔比不定型气孔（如纤维内部空隙、絮料裂纹等）更利于空气的透过，因此，呢绒织物的不规则气孔的透气性较差；一般针织物比机织物的透气性要好；皮革、毛皮的透气性较差；橡胶、塑料等制品则不具备透气性。

4. 织物后整理

起绒、起毛、双层织物，以及经水洗、砂洗、磨毛等后整理的织物，结构紧密度增加，织物的透气性减小。此外，织物的透气性还受外界大气因素的影响，一般气温升高，透气性下降，风速增加，则透气性增大。

(二) 试验标准

GB/T 5453—1997《纺织品 织物透气性的测定》，适用于多种纺织织物，包括产业用织物、非织造布和其他可透气的纺织制品。

(三) 试验原理

在规定的压差条件下，测定一定时间内垂直通过试样给定面积的气流流量，计算出透气率。气流速率可直接测出，也可通过测定流量孔径两面的压差换算而得。

三、织物透湿性

织物透湿性指织物两侧在一定相对湿度差条件下，织物透过水汽的性能，也称织物透气性。透湿性是影响舒适性的重要指标，对人体的热、湿平衡十分重要。

人体中会有大量的水蒸气蒸发散热，特别是在夏季高温高湿的环境中，这种蒸发散热如不及时排泄，会在皮肤与衣服之间形成高温区，使人感到闷热不适。织物如能吸收汗水使其向外散发，就能起到调节温度的作用。织物透湿性的评价指标通常用透湿率、透湿度和透湿系数来表示。

(1) 透湿率：在试样两面保持规定的温湿度条件下，规定时间内垂直通过单位面积试样的水蒸气质量，$g/(m^2 \cdot h)$ 或 $g/(m^2 \cdot 24h)$。

(2) 透湿度：在试样两面保持规定的温湿度条件下，单位水蒸气压差下，规定时间内垂直通过单位面积试样的水蒸气质量，$g/(m^2 \cdot Pa \cdot h)$。

(3) 透湿系数：在试样两面保持规定的温湿度条件下，单位水蒸气压差下，单位时间内垂直透过单位面积、一定厚度试样的水蒸气质量，$g \cdot cm/(cm^2 \cdot s \cdot Pa)$。

(一) 影响因素

1. 纤维特性

织物的透湿性与纤维的吸湿性密切相关。吸湿性好的天然纤维织物和人造纤维织物，都有较好的透湿性。特别是苎麻纤维吸湿性好，裂纹、胞腔大，而且吸湿和透湿速率大，吸湿散热快，接触冷感强，所以苎麻织物透湿性优良，贴身穿着时无粘身感，是理想的夏季衣料。羊毛纤维虽然吸湿性好，但放湿速度较慢，透湿性不如其他天然纤维织物，因此不适宜制作夏装。合成纤维吸湿性能较差，有的几乎不吸湿，故合成纤维织物的透湿性一般都较差，穿着有闷热感，但其易洗快干，具有优良的洗可穿性；若与天然纤维混纺，透湿性可以得到改善。

2. 纱线结构

若织物密度不变而经、纬纱线密度减小，则织物透湿性增大。纱线捻度低、结构疏松、吸湿性好的纤维分布在纱线外层的织物透湿性较好。如涤棉包芯纱，由于棉纤维包覆于纱线外层，有利于吸湿，故涤棉包芯纱织物的透湿性比普通涤棉混纺织物要好。

3. 织物组织结构

织物透湿性主要取决于织物中孔隙通道的长度和通道的大小及多少，它们又取决于织物的厚度和紧度。多数织物的透湿性都随着织物厚度的增加而下降。当经、纬纱线密度保持不变，织物结构紧密度增加，其织物的透湿性下降；交织点越多的织物组织，其织物的透湿性越差，透湿性大小的排序应是平纹织物<斜纹织物<缎纹织物。

4. 织物后整理

织物经树脂整理后透湿性下降。经过涂布吸湿层的织物，其透湿性明显得到改善。

（二）试验标准

GB/T 12704.1—2009《纺织品 织物透湿性试验方法 第 1 部分：吸湿法》，适用于厚度在 10mm 以内的各类织物，不适用于透湿率大于 29000g/（m² · 24h）的织物。

GB/T 12704.2—2009《纺织品 织物透湿性试验方法 第 2 部分：蒸发法》，蒸发法包括方法 A 正杯法和方法 B 倒杯法。适用于厚度在 10mm 以内的各类片状织物。其中，方法 B 倒杯法仅适用于防水透气织物的测试。

（三）试验方法与原理

1. 吸湿法

把盛有干燥剂并封以织物试样的透湿杯放置于规定温度和湿度的密封环境中，根据一定时间内透湿杯质量的变化，计算试样透湿率、透湿度和透湿系数。

2. 蒸发法

把盛有一定温度蒸馏水并封以织物试样的透湿杯放置于规定温度和湿度的密封环境中，根据一定时间内透湿杯质量的变化，计算试样透湿率、透湿度和透湿系数。

四、织物热阻与湿阻

人体在冷、热环境下，散热方式不一样。常温环境中人体以一定比例进行辐射、传导、对流、汗液蒸发散热以维持热平衡。在较冷环境中，人体通过辐射、对流和汗液蒸发来保持体内外热平衡，在寒冷环境中引起寒战而增加热量，又由于皮肤血管收缩，抑制辐射、传导、对流的热量，由于体内与体表间温度梯度差加大而使传导热增加，织物或服装的隔热保暖性能是维持人体热平衡的主要因素。在炎热环境中，当外界气温与人体表面温度相等，甚至高于体表温度时，辐射、传导、对流散热几乎无法进行，或者从环境中通过辐射和对流获热，此时人体唯一的散热途径就是蒸发汗液散热。正常情况下，人在静止时，无感出汗量约为 15g/（m² · h），在热环境中或剧烈运动时出汗量可超过 100g/（m² · h）。因此，织物或服装的水分传递性能是在热环境中维持人体热平衡的决定性因素。

因此，对服装材料的选择，寒冷季节以保暖为主，防止体热向外界散失。炎热季节则应选择蒸发散热为主的材料，能大量的吸湿及蒸发，利于达到人体的舒适感。织物热湿传递性的评价指标通常用热阻、湿阻、透湿指数、克罗值和热导率来表示。

（1）热阻：试样两面的温差与垂直通过试样的单位面积热流量之比。干热流量可能由传导、对流、辐射中的一种或多种形式传递。它表示纺织品处于稳定的温度梯度的条件下，通过规定面积的干热流量。

（2）湿阻：试样两面的水蒸气压力差与垂直通过试样的单位面积蒸发热流量之比。蒸发热流量可能由扩散、对流的一种或多种形式传递。它表示纺织品处于稳定的水蒸气压力梯度的条件下，通过规定面积的蒸发热流量。

（3）透湿指数：热阻与湿阻的比值，无量纲，其值介于 0 和 1 之间。透湿指数为 0 意味着材料完全不透湿，有极大的湿阻；透湿指数为 1 意味着材料与同样厚度的空气层具有相同的热阻和湿阻。

（4）克罗值（clo）：在温度为 21℃、气流不超过 0.1m/s 的环境条件下，静坐者（其基础代谢为 58W/m²）感觉舒适时，其所穿服装的隔热值为 1 克罗值。

（5）热导率：试样两面存在单位温差时，通过单位面积单位厚度的热流量。热导率为热传导、热辐射、热对流的总和，等于单位厚度热阻的倒数。

（一）保暖性影响因素

1. 纤维的导热性

导热系数是衡量纤维导热性的指标之一。导热系数越大，热传递性越好，其织物保暖性越差。导热系数越小，其织物保暖性越好。空气和水的导热系数是两个极端，静止空气的导热系数（0.027）最小，比任何纺织纤维都小得多，保暖性最好；水的导热系数（0.697）最大，织物吸湿后保暖性下降。化学纤维中，腈纶、氯纶、丙纶的保暖性较好，其余纤维的保暖性均较差。但由于不同种类纤维的导热系数相差不是很大，因此，纤维的导热系数对织物的保暖性影响不大。

2. 织物的含气量

静止空气的导热系数最小，是热的最好绝缘体。织物内含气量越大，保暖性越好。

（1）具有卷曲、弹性回复性好的纤维，织物中纤维间空隙多，织物内静止空气的含量大，保暖性好。天然纤维中羊毛和蚕丝的导热系数较小，理应保暖性好，但由于蚕丝缺少蓬松感，含气量少，它的保暖性远不及羊毛制品，并且毛织物的保暖性要比同样规格的棉织物好。

（2）有空腔的或多孔的或较细的纤维，织物内静止空气的含量大，保暖性好。棉纤维有空腔，含气量大，故织物保暖性较好；麻纤维的导热系数较羊毛、蚕丝、棉纤维大且含气量少，因此散热快，适宜制作夏季服装；中空的或多孔的或超细的合成纤维，保暖性好。

（3）纱线线密度越大，捻度越小，蓬松性越大，纱线中的空隙越多，织物含气量也越大，保暖性好。

（4）交织点越多的织物组织，织物含气量越大，如平纹组织的含气量要大于斜纹、缎纹组织的含气量。

（5）在一定范围内，随着织物单位体积质量的（织物密度）减少，织物结构变得较疏松时，织物中的空隙增多，其含气量增大，保暖性好。

（6）织物厚度增加，织物空气层的含量增加，织物的隔热保温能力亦提高。织物厚度是影响其隔热性的最主要因素，是冬季防寒服装选料的依据。

（7）起绒、起毛、双层的蓬松织物，含气量大，保暖性好。因此，冬季穿着有填絮料的服装或穿着毛针织品会使空气裹住身体，达到御寒保温的作用。

（8）织物表面的粗糙度增大，不易贴近皮肤，容易在皮肤与衣服内表面之间、各衣服层之间形成较大的空气层厚度，保暖性好。

（二）试验标准

GB/T 11048—2008《纺织品　生理舒适性　稳态条件下热阻和湿阻的测定》，适用于各类纺织品制品以及制作这些制品的纺织织物、薄膜、涂层、泡沫、皮革以及复合材料。

（三）试验原理

有多种方法可以用来测定织物的热湿性能，本标准热阻和湿阻的测定采用受保护的散发湿气的热板（通常把其称作"皮肤模型"），以模拟贴近人体皮肤发生的热和湿的传递过程。

热阻是辐射、传导、对流的热传递作用的综合结果。虽然热阻是纺织材料的一个固有的特性，但由于受周围环境辐射热传递等因素的影响，它的测定值会随着试验环境的不同而变化，包括温度、相对湿度、气流速度、气态或液态环境。

1. 热阻测定

试样覆盖于电热试验板上，电热试验板及其周围和底部的热护环（保护板）都能保持相同的恒温，以使电热试验板的热量只能通过试样散失。调湿的空气可平行于试样上表面流动。在试验条件达到稳态后，测定通过试样的热流量来计算试样的热阻。通过从测定试样加上空气层的热阻值中减去试验仪器表面空气层的热阻值得出所测试样的热阻值。

2. 湿阻测定

对于湿阻的测定，需在多孔电热试验板上覆盖透气但不透水的薄膜，进入电热试验板的水蒸发后以水蒸气的形式通过薄膜，所以没有液态水接触试样。试样放在薄膜上后，测定在一定水分蒸发率下保持电热试验板恒温所需的热流量，与通过试样的水蒸气压力一起计算试样湿阻。通过从测定试样加上空气层的湿阻值中减去试验仪器表面空气层的湿阻值得出所测试样的湿阻值。

五、织物吸水性

吸水性指服装材料能够吸收液态水的性能，有时也称吸汗性。吸水性与服装舒适性有很大关系，直接关系服装的排汗能力。

织物的吸水性可由吸水速度和吸水率来表示。吸水速度又可由滴水扩散时间及芯吸高度来表示。因此，织物对液态水的吸附能力可以由滴水扩散时间、芯吸高度及吸水率来表征。

（一）影响因素

1. 纤维形态与性能

纤维的吸湿性好，则织物的吸水能力强，虽然羊毛纤维吸湿性较好，但羊毛纤维表面存在鳞片，呈疏水性质，所以几乎不吸水；纤维细、截面异形的织物的芯吸效应好，芯吸高度大，因此织物的吸水性好。

2. 纱线结构

纱线粗、结构疏松，有利于纱线吸水能力的提高。纱线捻度大，纱线的芯吸效应好，芯吸高度大，因此织物的吸水速度快。

3. 织物组织结构

织物的浮长线长、结构疏松、丰厚，织物的吸水能力强；织物密度大，织物的芯吸效应好，芯吸高度大，因此织物的吸水速度快。

4. 织物后整理

起绒整理和缩绒整理都可提高织物的吸水能力，而拒水整理和防水整理均会降低织物的吸水能力。

（二）试验标准

GB/T 21655.1—2008《纺织品　吸湿速干性的评定　第1部分：单项组合试验法》，适用于各类纺织品及其制品。

FZ/T 01071—2008《纺织品　毛细效应试验方法》，适用于长丝、纱线、织物及纺织制品。

（三）试验方法与原理

吸水性可以通过测定滴水扩散时间、芯吸高度及吸水率来衡量。

1. 滴水扩散时间

滴水扩散时间指将水滴在试样上，从水滴接触试样至其完全扩散并渗透至织物内所需的时间。

2. 芯吸高度

芯吸高度，指垂直悬挂的纺织材料一端浸在水中，水通过毛细管作用，在一定时间内沿纺织材料上升的高度。

3. 吸水率

吸水率指试样在水中完全浸润后取出至无滴水时，试样所吸取的水分对试样原始质量的百分率。

六、织物放湿性

放湿性指服装材料吸水后的干燥能力。它是影响服装气候调节的重要因素。吸水后的织物，不仅显著影响其保暖性，而且会对皮肤产生接触冷感。因此对内衣、运动服及家用纺织品等不但要求吸水性要好，而且要求放湿性要佳。

（一）影响因素

1. 纤维性能

一般情况下，疏水性纤维织物比亲水性纤维织物的放湿性要好，容易干燥。纤维的比表面积大的织物放湿性好，容易干燥，如超细纤维和异形纤维织物。

2. 织物组织结构

紧密度和厚度小的织物，其放湿性好，容易干燥。

（二）试验标准

GB/T 21655.1—2008《纺织品　吸湿速干性的评定　第1部分：单项组合试验法》，适用于各类纺织品及其制品。

（三）试验原理

织物放湿性可以通过测定蒸发速率和蒸发时间来衡量。

1. 蒸发速率

蒸发速率指将一定量的水滴在试样上后，悬挂在标准大气中自然蒸发，其时间—蒸发量曲线上线性区间内单位时间的蒸发质量。

2. 蒸发时间

蒸发时间指将一定量的水滴在试样上后，悬挂在标准大气中至水分全部蒸发所需的时间。

第二节　服装面辅料外观性能测试与评价

外观保持性是服装材料在使用或加工过程中能保持其外观形态稳定的性能，如刚柔性、悬垂性、起毛起球性、勾丝性、折皱回复性、尺寸稳定性、外观稳定性、染色牢度等。外观保持性直接影响纺织品的使用寿命和美观，是消费者十分关心和重视的质量特性。

一、织物刚柔性

刚柔性是织物抗弯刚性（Bending Rigidity）和柔软性（Softness）的总称。它反映织物对弯曲变形的抵抗能力。

织物的刚柔性是织物机械性能的综合指标。抗弯刚度是指织物抵抗其弯曲变形的能力，常用来评价它的相反特性——柔软度。从力学角度看，这是相对立的两个物理概念，但从织物的使用性能来分析，要求织物兼具这两项性能，即"柔中有刚，刚中有柔"。"刚"就是"刚性""硬挺度"，"柔"就是"柔软"。实际中，织物的"刚"和"柔"都可采用最简单、方便和快捷的主观方法——手感进行初步的评定。

织物的刚柔性也是评定织物服用性能的综合性指标，直接影响服装廓型与合身程度。它与织物的手感、服装的制作、成型、保型、舒适合体、视觉美感等有着密切的关系。根据织物的用途不同，对织物刚柔性的要求也是不同的，虽然对"刚性"和"柔性"都有一定的要求，但是外衣类织物侧重于刚性，可使服装的保型性好，挺括有形、平整、富有光泽。而内衣、婴幼儿服装、睡衣类织物则偏重于柔性、舒适、卫生性能好。针织物的柔软性好于机织物，故大多数内衣均为针织物。在机织物中，毛织物的刚柔性最符合服用性能的要求，既有一定刚性（身骨）又有一定的柔软性（滑、糯）。织物刚柔性的评价指标通常用弯曲长度、抗弯刚度和悬垂系数来表示。

（1）弯曲长度：一端握持、另一端悬空的矩形织物试样在自重作用下弯曲至规定角度时的长度。织物的弯曲长度是表征材料抵抗弯曲变形的特性指标之一，反映织物的硬挺程度。

（2）抗弯刚度：单位宽度材料的微小弯矩变化与其相应曲率变化之比。

（一）影响因素

1. 纤维性质

纤维的弯曲性能是影响织物刚柔性的决定因素。纤维的抗弯刚度取决于纤维的初始模量和截面轴惯性矩，两者大则抗弯刚度也大。截面轴惯性矩与截面的尺寸和形状有关，截面尺寸越大，截面的面积分布离中性层越远，其截面轴惯性矩越大，因此，纤维弯曲性能取决于纤维的初始模量、线密度和截面形状。

纤维的初始模量是决定其弯曲性能的重要因素。一般初始模量越低，纤维越柔软，其织物越适宜贴身穿。各种纤维的抗弯性能差异很大，羊毛、锦纶的初始模量低，具有柔软的手感；麻、涤纶和富强纤维的初始模量高，手感较刚硬挺爽；棉、蚕丝的初始模量居于两者之间，因此手感柔软程度适中。

纤维越细，纤维的抗弯刚度越小，因此，超细纤维织物的手感柔软。异形截面的合成纤维抗弯刚度大于普通圆形截面的合成纤维，因此，异形纤维织物不如圆形纤维织物手感柔软。

2. 纱线结构

一般在其他条件相同的情况下，纱线线密度大或纱线捻度高的织物刚性较大。如低特（高支）精梳棉织物、精纺羊毛织物的柔软性较好。经纬纱同捻向配置时，织物刚性较大。

3. 织物组织结构

机织物中，交织点越多，浮长越短，经纬纱间相对移动的可能性就越小，织物越硬挺。如平纹组织织物身骨较硬挺，缎纹组织织物较柔软，斜纹组织织物居于这两者之间。织物的紧度增加，织物的硬挺度增大。织物的厚度或质量增加，织物的硬挺度增大。

由于针织物的线圈结构且纱线捻度较小，故其织物手感较机织物柔软。针织物线圈越长，纱线间接触点越小，越易滑动，织物越柔软。

非织造布的刚柔性除取决于所用纤维的抗弯刚度、卷曲性和布料自身厚度以外，还取决于非织造布的黏合方式和黏合剂的含量。黏合型非织造布中纤维位置相对被黏合剂所固定，其活动范围较小，故黏合剂含量越高，非织造布的刚性越大。针刺型非织造布因其结构较松且纤维伸缩余地较大而刚度相对较低。

4. 染整工艺

织物经后整理可改善其刚柔度。如棉、粘胶纤维织物经硬挺整理，身骨可变得挺括。有些织物则需进行柔软整理，采用机械揉搓和添加柔软剂，提高织物柔软度。松式染整加工的织物要比紧式染整加工的织物相对柔软。热定型等方法可以减少纤维间的滑动阻力，从而对决定纤维间压力的织物组织、紧度等因素有很大影响。

（二）试验标准

GB/T 18318.1—2009《纺织品　弯曲性能的测定　第 1 部分：斜面法》，采用斜面法测定织物弯曲长度，适用于各类织物。

GB/T 18318.2—2009《纺织品　弯曲性能的测定　第 2 部分：心形法》，采用心形法测定纺织品弯曲环高度，适用于各类纺织品，尤其适用于较柔软和易卷边的织物。

GB/T 18318.3—2009《纺织品　弯曲性能的测定　第 3 部分：格莱法》，采用格莱法测定织物抗弯力。适用于各类纺织织物，尤其适用于比较硬挺的织物。

GB/T 18318.4—2009《纺织品　弯曲性能的测定　第 4 部分：悬臂法》，采用悬臂法测定织物弯矩，适用于各类纺织织物，尤其适用于比较硬挺的织物。

GB/T 18318.5—2009《纺织品　弯曲性能的测定　第 5 部分：纯弯曲法》，采用纯弯曲法测定织物弯曲性能，适用于各类纺织织物，尤其适用于薄型织物。

GB/T 18318.6—2009《纺织品　弯曲性能的测定　第 6 部分：马鞍法》。

（三）试验方法与原理

织物的刚柔性可以凭触觉进行感官评价，但易为测试人员的主观因素所左右且难以定量。目前，刚柔性的测试方法有斜面法、心形法、格莱法、悬臂法、纯弯曲法、马鞍法等多种测试方法。斜面法是其中较为简单、实用、应用最普遍的方法之一。

1. 斜面法

长条状试样放在仪器的水平测量平台上，试样长轴与平台长轴平行，试样上方覆盖滑板，下方平面上附有橡胶层的滑板沿平台长轴方向带动试样移动，使试样一端逐渐脱离平台支托，伸出平台并在自重下弯曲。当试样头端通过平台的前缘向下弯曲到与水平呈41.5°倾角时，隔断光路，仪器自停，此时得到试样的伸出长度 L。伸出长度 L 约等于试样弯曲长度的 2 倍，由此计算弯曲长度。弯曲长度越大，织物越硬挺，见图 4-1。

2. 心形法

将长条形试样两端反向叠合后夹到试验架上，试样呈心形悬挂，测定心形环的高度，以此衡量试样的弯曲性能，见图 4-2。

3. 格莱法

将规定尺寸的试样夹于可左右摆动的试样杆的试样夹上，试样在外力作用下发生弯曲变形，测定试样离开摆锤舌片时需要的力。

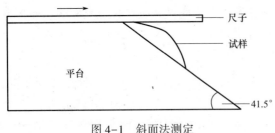

图 4-1　斜面法测定

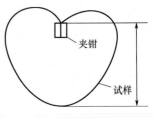

图 4-2　心形法测定

4. 悬臂法

将试样一端夹持在夹钳内，另一端与弯曲板接触，夹钳在外力作用下旋转，带动试样弯曲成一定角度，测定该角度时所对应的弯矩。

5. 纯弯曲法

试样的一端被固定，另一端由移动夹头夹持并在一定的角度中沿着固定的轨道以恒定转速转动，得到试样的单位宽度弯矩和曲率的关系曲线图，由此计算试样的抗弯刚度和弯曲滞后距。

二、织物悬垂性

悬垂性指织物因自重及刚柔性的影响而下垂的性能，包括悬垂程度和悬垂形态。它是衡量纺织品刚柔性能的一个指标，也是评定服装外观美和贴身性的重要指标之一。

悬垂性是已知尺寸的圆形织物试样在规定条件下悬垂时的变形能力，用悬垂系数、悬垂波数、波幅来表示，是描述织物悬垂程度的指标。

（1）悬垂系数：悬垂试样的投影面积与未悬垂试样的投影面积的百分率。

（2）悬垂波数：表示悬垂波或折皱的数量，是悬垂形态参数之一。

（3）波幅：表示大多数的悬垂波或折皱的尺寸，是悬垂形态参数之一。

织物的悬垂性直接影响到服装的外观形态，由悬垂性良好的织物制成服装后很贴体，下垂时能形成平滑、曲率均匀的令人满意的轮廓曲面，能充分显示出曲线和曲面的美感，特别是外衣类和礼服类（裙装）、窗帘及舞台帷幔。

织物悬垂性的要求因用途不同而异，一般服用织物要求纬向（横向）悬垂性优于经向（纵向），有利于服装造型。因为表现在衣服上，织物通常沿经向形成褶裥，纬向悬垂性较好，织物的垂褶形状要求褶的大小应均匀且弯曲自然而不生硬，垂褶数目相对较多。服装里料要求与面料贴切，触感良好，悬垂性宜大。服装衬料要求适当硬挺，保型性好，悬垂性宜小些。

织物的悬垂性包括静态悬垂性和动态悬垂性。静态悬垂性是在空间静置时，服装材料的悬垂力和弯曲应力达到平衡点而自然出现的形状。动态悬垂性具有波动性，有时可以通过织物悬垂的波纹数和波纹轮廓的形状来判别悬垂性的优劣。事实上，织物的动态悬垂性对服装动态的外形美的影响较大，对消费者更有实际意义。

（一）影响因素

织物的悬垂性与织物的刚柔性和重量有很大关系。因此，影响织物刚柔性的因素也同样作用于织物悬垂性。织物的悬垂性受织物若干变形特性和结构特性综合影响。变形特性包括织物的弯曲性、剪切性与伸长性。结构特性包括织物的质量、厚度、密度及组织。

织物的弯曲性能是决定织物悬垂性的主要因素，因为织物悬垂时的主要变形形式是弯曲变形，由于多向弯曲的存在，有时织物也承受剪切力，在织物悬垂方向还可能有一定的伸长，而在另一方向则可能存在收缩，但这些变形量都很小。

因此，凡是影响织物弯曲性能的因素如纤维的抗弯刚度、纱线捻度，织物的质量、厚度、紧密度、组织等，都与织物的悬垂性有关。此外，织物的化学处理，如丝光、漂洗、上浆等也影响织物的悬垂性。

织物的悬垂性要好，织物必须要柔软，但织物质量过小时，织物会产生飘逸感，悬垂性不佳；当织物质量较大时，悬垂性较好。因此只有重量较大、又较柔软的织物，才能形成漂亮的悬垂效果和美丽的外观造型。

（二）试验标准

GB/T 23329—2009《纺织品　织物悬垂性的测定》，采用纸环法和图像处理法，测定织物悬垂性，适用于各类纺织织物。

（三）试验原理

织物悬垂性的评定方法有主观评定和客观评定两类。前者简单但评定结果模糊、不确定；后者测量方法较多，大多采用伞形法（也叫圆盘法），即将圆形试样水平置于与圆形试样同心且较小的夹持盘之间，夹持盘外的试样沿夹持盘边缘自然悬垂下来。利用纸环法和图像处理法测定织物的悬垂性。

1. 纸环法

将悬垂的试样影像投射到已知质量的纸环上，纸环与试样未夹持部分的尺寸相同，在纸环上沿着投影边缘画出其整个轮廓，再沿着画出的线条剪取投影部分。悬垂系数为投影部分的纸环质量占整个纸环质量的百分率。

2. 图像处理法

将悬垂试样投影到白色片材上，用数码相机获取试样的悬垂图像，从图像中得到有关试样悬垂性的具体定量信息。利用计算机图像处理技术得到悬垂波数、波幅和悬垂系数等指标。

三、织物折皱回复性（Crease Recovery）

折皱性指织物受到揉搓作用时产生塑性弯曲变形而形成不规则折痕的性能。织物抵抗由于揉搓产生弯曲变形的能力，称为抗皱性（Crease-resistance）。折皱回复性指当使织物产生变形的外力去除后，由于织物的急缓弹性而使织物逐渐回复到起始状态的能力，也称折皱弹性。

要减少或消除织物的折皱必须提高织物自身的抗折皱性，即提高织物对弯曲的抵抗能力和增强织物产生折皱变形后能回复原来状态至一定程度的能力。由于织物的折皱变形在人们的穿用活动中不可避免，有时还要人为地折叠以便保管，所以研究狭义的抗皱性没有多大的现实意义，重要的在于研究改进织物的折皱回复性。毛织物的特点之一是具有良好的折皱回复性，所以折皱回复性是评价织物具有毛型感的一项重要指标。

（1）折痕回复性：织物在规定条件下折叠加压，卸除负荷后，织物折痕处能回复到原来状态至一定程度的性能。

（2）折痕回复角：在规定条件下，受力折叠的试样卸除负荷，经一定时间后，两个对折面形成的角度。织物的折痕回复性通常用折痕回复角表示。折痕回复角大，则织物的抗皱性好。

（一）影响因素

决定织物折皱回复性好坏的是折皱变形时纤维产生的平均应变大小、平均应变水平下纤维的弹性回复能力以及纤维间的滑动摩擦阻抗。而与它们有关的因素，如纤维的种类、线密度、长度、横截面形状、卷曲度，纱线的线密度、捻度、捻向，织物的组织、密度、覆盖系数、厚度和后整理以及穿用环境（温、湿度）等，都对织物的折皱回复性有一定的影响。

1. 纤维性能

纤维初始模量及弹性回复率影响织物的抗皱性，其中纤维弹性是影响织物抗皱性的最主要因素。纤维的初始模量大，弹性回复率较高，则织物的抗皱性好。如涤纶的初始模量高，弹性回复率较高，织物挺括、不易折皱，即使起皱，也可以在短时间内迅速回复，折皱回复性好；而锦纶虽然弹性回复率较大，但折皱回复时间长，且初始模量低，织物不挺括，所以其抗皱性及挺括度不及涤纶；棉、麻、粘胶等纤维的初始模量高但弹性回复性差，所以织物一旦形成折皱就不易消失；羊毛的弹性回复率较高，织物折皱回复性良好，但免烫性差。

在其他条件基本相同时，较粗的纤维织物折皱回复性较好；短纤维合成纤维织物的折皱回复性比长丝合成纤维织物好，但纤维过短反而对折皱回复不利；异形截面的合成纤维织物要比圆形截面的合成纤维织物易于起皱。

纤维的表面摩擦性能和纤维之间的相对移动对织物的抗皱性也有影响。

2. 纱线结构

混纺织物的抗皱性取决于各种纤维所占比例。纱线细度、捻度适中时，织物抗皱性好，纱线较粗或捻度适中有利于织物的折皱回复，而捻度过高或过低都会使织物折皱回复困难。经纬纱捻向反向配置要比同向配置有利于织物的折皱回复。

3. 织物组织结构

机织物中交织点少、浮线较长的组织的织物抗皱性好，因此，缎纹组织的织物抗折皱性比斜纹组织织物、平纹组织织物好。经纬密度或覆盖系数较小的织物较难产生折皱，织物密度过大时，外力释去后，纱线不易做相对移动，织物抗皱性有下降的趋势。同样折皱变形水平下，织物较厚时，则纤维应变较小而折皱回复容易，抗皱性较好。针织物因其结构松散，纱线自由度高，而变形能缓慢回复，不易形成折皱，抗皱性较好，又由于其是立体结构致使在平面上出现折皱亦不显眼。

4. 织物后整理

通常，树脂整理加工能显著改善纤维素纤维织物的抗折皱性。纤维素纤维织物折皱回复性较差的原因在于其纤维的非晶区内相邻的分子链间距离较大，引力较弱，折皱产生的应力可使分子链相对位移，一旦应力去除，也缺乏足够的约束力使其回复到原来位置。当树脂分子渗入非晶区后，其分子上两个以上的反应性基团在催化剂存在条件下，能与纤维素分子链的羟基结合生成交联键，结果增大了分子链间的作用力，限制了分子链间的滑移，提高了纤维素纤维的弹性回复率。

5. 穿用环境

织物处于湿润状态时易起皱，吸湿会使纤维的弹性回复率降低。由于纤维的径向因吸湿膨胀作用而使纱线变粗，织物中纱线挤紧，折皱回复阻力增大，因此对于亲水性纤维织物，还必须考虑湿度和水洗对织物折皱回复性的影响，一般在高温、高湿或出汗、洗后湿态的条件下，黏纤、麻、棉、羊毛等织物的折皱回复性会明显下降。而疏水性的合成纤维织物则基本不受润湿的影响。混入弹性回复性好的合成纤维，既可以改进织物的干态折皱回复性，也可以大大提高其湿态折皱回复性，如涤纶与黏纤或棉混纺。

温度在穿用环境范围（15~40℃）内的变化对织物的折皱回复性影响不大。

（二）试验标准

GB/T 3819—1997《纺织品 织物折痕回复性的测定 回复角法》，适用于各种纺织织物，不适用于特别柔软或极易起卷的织物。

（三）试验方法与原理

1. 试验方法

织物折痕回复角的测定有两种方法，即折痕水平回复法（简称水平法）和折痕垂直回复法（简称垂直法）。

（1）折痕水平回复法：测定试样折痕回复角时，折痕线与水平面平行的回复角度的测量方法，见图4-3。

（2）折痕垂直回复法：测定试样折痕回复角时，折痕线与水平面垂直的回复角度的测量方法，见图4-4。

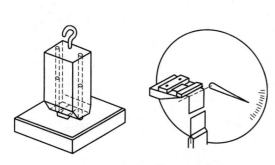

图4-3 折痕水平回复法加压装置

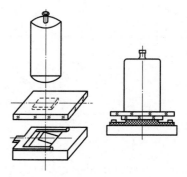

图4-4 折痕垂直回复法加压装置

2. 试验原理

一定型状和尺寸的试样，在规定条件下折叠加压保持一定时间。卸除负荷后，让试样经过一定的回复时间，然后测量折痕回复角，以测得的角度来表示织物的折痕回复能力。

四、织物起毛起球性

起毛指纺织品或服装在水洗、干洗、穿着或使用过程中，不断受到揉搓和摩擦等外力作用，织物表面纤维凸出或纤维端伸出形成毛绒而产生明显的表面变化。起球指当毛茸的高度和密度达到一定值时，再进一步摩擦，伸出表面的纤维缠结形成凸出于织物表面、致密且光线不能透过并可产生投影的球。以上现象称为织物的起毛起球。抗起毛起球性指织物抵抗因摩擦而表面起毛起球的能力。

织物起毛起球现象不仅使服装外观变差，而且明显影响其内在质量和服用性能。目前起毛起球已成为评定织物服用性能的重要指标之一。

(一) 影响因素

织物起毛起球的影响因素主要有纤维种类和性状、纱线结构、织物组织结构、织物后整理以及使用条件等。

1. 纤维种类和性状

(1) 纤维的长度、细度和截面形态、卷曲度等与纺织品的起毛起球有一定的关系。

纤维较长时，纱线的毛羽少，而纤维间抱合力和摩擦力较大，不易滑出起球，所以长纤维制品的抗起球性优于短纤维制品。

纤维较粗时，同样细度的纱线截面中所含纤维根数相对较少，露于表面的纤维头端也较少，并且较粗的纤维弯曲或扭曲刚度较大，不易与邻近的纤维端纠结成球，这两方面的原因都有助于降低起球。但纤维过粗，反而会使毛球难以脱落，并且直接影响纺织品的外观、手感和某些服用性能，故纤维细度的选择应综合权衡。

圆形或接近圆形截面的纤维相互间摩擦系数小，抱合不牢固，抗扭绕力弱，容易滑移出表面而缠绕成球，而异形截面尤其是扁平形截面的纤维，同样截面积下的抗扭绕力强且摩擦系数较大，使滑移和缠结明显减少，因此，异形截面纤维制品要比近似圆形截面纤维制品的抗起毛起球性好。

另外，有卷曲的纤维抗起球性高于无卷曲的纤维，这是由于前者的摩擦力和抱合力较大，纤维端较少滑移露出。但卷曲度过大又会使已露出的纤维头端更易纠缠成球，故卷曲度必须控制得当。

因此，纤维长度较短、细度较细，初始模量较低、临界起球长度较短，纤维间抱合力小、纱线毛羽多且易纠缠，织物易于起毛起球。化学纤维中，短纤维织物较长丝织物易起毛起球。

(2) 纤维弹性较好、强力较高、断裂伸长率较大，耐弯曲疲劳性好，织物起球后不易脱落。合成纤维织物尤其是涤纶、锦纶、丙纶等织物，由于纤维本身纤维无卷曲、抱合性差、纤维强度高、断裂伸长率大、弹性好，耐磨和耐弯曲、扭曲疲劳性好，易起毛起球且难以脱落，因此起毛起球现象严重，维纶、腈纶等制品次之。天然纤维（除羊毛外）和人造纤维织物很少起毛起球，由于拉伸强度低，耐磨和耐弯曲、扭曲疲劳性较差、纤维间抱合力较大，不易起毛，不易形成大量小球，即使形成小球也会较快地脱落，所以对外观影响不大。

对合成纤维采用变性方法，使其拉伸强度和耐弯曲、扭曲疲劳度降低，可减少起球。此外，合成纤维与棉、黏纤混纺可改善起毛起球现象。合成纤维的混纺制品比纯纺的同类制品容易起球，若选用结构或性能相近的纤维相混或者合纤混纺比例低于50%时，起球现象也可减轻。

2. 纱线结构

采用较细纱线或增大纱线捻度（捻系数），可使纤维间约束力加强，纤维头端不易滑出表面，织物不易起毛起球，但纱的条干不匀时，由于粗节相对于细节的受捻程度低，容易起毛起球。单纱比股线织物易起毛起球。精梳纱织物不易起毛起球，由于精梳纱所用纤维一般较长，纱线中纤维排列整齐，短纤维含量较少，纤维端不易露出织物表面。毛羽多的纱线、花式线及膨体纱织物易起毛起球。

混纺纱的径向分布与纺织品的起球也有一定关系，所以选配原料时，使天然纤维或再生纤维向纱的外层转移，可缓和起毛起球现象。

3. 织物组织结构

织物组织结构对起毛起球的影响较大。交织点多、浮线短的织物抗起毛起球性好。平纹织物抗起毛起球性好于斜纹织物和缎纹织物。机织物比针织物抗起毛起球性好，尤其是结构较松弛的合纤纯纺或混纺针织物，穿着时起毛起球严重，故不宜用其短纤纱来编织袜子、手套等。结构紧密的织物比疏松的织物抗起毛起球性好，适当提高机织物的经纬密度或针织物的总密度，有助于改善织物的抗起毛起球性。在线圈长度相同时，罗纹针织物比纬平针织物起毛起球严重，这是由于单位面积内前者的线圈数（编织点）少于后者的缘故。此外，表面光滑平整的织物比表面凹凸不平的织物抗起毛起球性好。

4. 织物后整理

后整理特别是烧毛、剪毛、刷毛、热定型和树脂整理加工等工艺因素，与控制和抗起毛起球关系重大。

烧毛、剪毛处理可以避免有足够长度的纤维扭结成球。但合纤纯纺或混纺织物烧毛过度，会使强力下降，手感粗糙，染色不匀。刷毛处理能使所有易脱离织物表面的纤维预先除去，从而起毛起球现象大为减少。热定型对控制合纤纯纺或混纺织物的起毛起球很有效果，热定型与烧毛结合，还可大大减轻烧毛程度，从而保证织物手感比较柔软。另外，树脂整理也可防止涤棉混纺织物的起毛起球现象。

综上所述，提高纺织品抗起毛起球性必须从纤维原料、纺纱工艺、织物设计、后整理等方面综合选择，尽量把起毛起球因素控制到最低限度。在使用过程中，还应尽量避免纺织品表面的剧烈摩擦，如用硬刷刷尘或刷洗，对已形成的毛球也不能强行拉扯或剪除，要待其自行磨耗脱落。

（二）试验标准

GB/T 4802.1—2008《纺织品　织物起毛起球性能的测定　第1部分：圆轨迹法》，采用圆轨迹法对织物表面起毛起球性能及表面变化进行测定。

GB/T 4802.2—2008《纺织品　织物起毛起球性能的测定　第2部分：改型马丁代尔法》，采用改型马丁代尔法对织物表面起毛起球性能及表面变化进行测定。

GB/T 4802.3—2008《纺织品　织物起毛起球性能的测定　第3部分：起球箱法》，采用起球箱法对织物表面起毛起球性能及表面变化进行测定。

GB/T 4802.4—2009《纺织品　织物起毛起球性能的测定　第4部分：随机翻滚法》，采用随机翻滚法对纺织品表面起毛起球性能及表面变化进行测定。

（三）试验方法与原理

1. 圆轨迹法

按规定方法和试验参数，利用尼龙刷和织物磨料或仅用织物磨料，使织物摩擦起毛起球。然后在规定光源条件下，对起毛起球性能进行视觉描述评定。

2. 改型马丁代尔法

在规定压力下，圆形试样以李莎茹图形的轨迹与相同织物或羊毛织物、磨料织物进行摩擦。经规定的摩擦阶段后，在规定光源条件下，对起毛和（或）起球性能进行视觉描述评定。

3. 起球箱法

安装在聚氨酯管上的试样，在具有恒定转速、衬有软木的木箱内任意翻转。经过规定次数的翻转后，在规定光源条件下，对起毛和（或）起球性能进行视觉描述评定。

4. 随机翻滚法

采用随机翻滚式起球箱使织物在铺有软木衬垫，并填有少量灰色短棉的圆筒状试验仓中随意翻滚摩擦。在规定光源条件下，对起毛起球性能进行视觉描述评定。

五、织物勾丝性

勾丝指织物中纱线或纤维被尖锐物勾出或勾断后浮在织物表面形成的线圈、纤维（束）圈状、绒毛或其他凸凹不平的疵点的现象。化纤长丝及其变形纱织物、组织结构比较稀疏的织物，特别是针织物在穿着或使用过程中容易产生勾丝现象。

勾丝不仅影响织物的外观，而且影响内在质量和耐久性。织物抵抗勾丝现象的能力称为抗勾丝性，它是织物，特别是针织物的重要服用性能。

（一）影响因素

勾丝的影响因素主要有纤维性能、纱线结构、织物组织结构、后整理及使用条件等，其中以织物组织结构的影响最为显著。

1. 纤维性能

一般纤维或纱线表面摩擦系数越小，勾丝越易发生。所以，圆形截面纤维比非圆形截面纤维易勾丝，合纤长丝（如涤丝、锦丝等）因表面光滑，且通常不加捻或加弱捻而比短纤维更易勾丝。但弹性较好的纤维或纱线，由于本身的弹性变形可以缓和外力的勾挂作用，当外力释去后，又可依靠自身弹性回复而局部回缩进去，最终使勾丝现象减轻，其抗勾丝性良好。

2. 纱线结构

纱线结构稀松的织物比结构紧密的织物易产生勾丝现象。纱线捻度较低的织物、花式线及膨体纱织物易产生勾丝现象。单纱织物比股线织物易产生勾丝现象。

3. 织物组织结构

织物组织结构是织物勾丝性最显著的影响因素。结构紧密的织物比结构稀松的织物、表面平整的织物比表面凹凸不平的织物，抗勾丝性好，因为这类织物不易被尖硬物体刺入、勾挂住纤维或纱线，并且纤维或纱线间的摩擦力较大，较难被勾出。浮线短的织物比浮线长的织物抗勾丝性好，平纹织物较斜纹织物和缎纹织物抗勾丝性好。机织物较针织物抗勾丝性好，并且纬编针织物更易于勾丝，一般减少织物的线圈长度，增大织物的纵密和横密，有利于提高针织物的抗勾丝性。

4. 织物后整理

经过热定型和树脂整理加工的织物，表面比较光滑平整、紧密，可在一定程度上改善勾丝现象。此外，织物使用中经常洗涤也有利于抗勾丝，因为某段纤维或纱线被勾出后，留在织物中的部分被伸直拉紧，经过洗涤搓揉作用后，会有不同程度的回缩，较小的勾丝就有可能完全回缩进去而消失。

（二）试验标准

GB/T 11047—2008《纺织品　织物勾丝性能评定　钉锤法》，规定了采用钉锤法测定织物勾丝性能的试验方法和评价指标，适用于针织物和机织物及其他易勾丝的织物，特别适用于化纤长丝及其变形纱织物，不适用于具有网眼结构的织物、非织造布和簇绒织物。

（三）试验方法与原理

筒状试样套于转筒上，用链条悬挂的钉锤置于试样表面上。当转筒以恒速转动时，钉锤在试样表面随机翻转、跳动，使勾挂试样，试样表面产生勾丝。经过规定的转数后，对比标准样照对试样的勾丝程度进行评级。

六、织物形态稳定性

织物的形态稳定性指由于材料的特性及其在加工过程中产生的潜在应力或热收缩力，从而在使用或再加工条件下（热、湿、洗涤）发生尺寸和外观形态变化的性质。

形态稳定性差的织物，洗涤或受热后尺寸收缩或伸长，外形变化不大的织物服用性能受到影响，外形变化大的织物不能继续使用或穿着。服装在洗涤或受热后应具有良好的形态稳定性，即尺寸稳定性和外观稳定性，不因洗涤或受热而产生收缩或伸长，不因洗涤而产生褶皱、褶裥消退及接缝不平整等现象。因此，尺寸变化与外观变化是评定织物品质的重要考核指标。

织物的尺寸变化程度可以用尺寸变化率表示，并常作为纺织品质量考核指标，一般表现为收缩现象，如洗涤收缩、熨烫收缩等。

织物的尺寸稳定性不仅影响服装的外观和使用性能，也会影响使用寿命。保证服装尺寸的稳定性，是服装加工力求达到的目标。

在裁制时，尤其是裁制多种织物缝合而成的服装时，必须考虑缩水率的大小，以保证成衣的规格、造型和穿着的要求。

而服装中面、衬、里料之间收缩的配伍性也是服装设计与制作中不可忽视的重要因素。黏合衬的尺寸稳定性明显地影响服装的外观和使用价值。因为在缝纫加工、压烫或洗涤时，黏合后的组合体内，黏合衬和面料的收缩会互相影响，如果两者收缩率一致，则可保持黏合形态不变，穿用过程中保持服装外观平挺，不起皱。如两者收缩率不一致，则在加工过程中会发生起皱或卷曲现象，直接影响服装的外观。

(一) 织物尺寸稳定性

1. 水洗后尺寸变化

水洗后尺寸变化指织物在常温水中浸渍或洗涤干燥后发生的尺寸变化，以前称缩水。但实际并不全是收缩，有时尺寸还会伸长，所以现在基本上都称为洗涤后尺寸变化，用正数表示伸长，用负数表示收缩。

水洗后尺寸变化对成衣或其他纺织品的规格影响很大，特别是容易吸湿膨胀的纤维织物。水洗后尺寸变化是消费者十分关心且投诉较多的质量问题之一，因此，绝大多数织物和服装产品标准都把水洗后尺寸变化列入品质评定的考核指标。

（1）缩水的原因：缩水与织物结构以及纤维原料、纱线的性能、加工条件等因素有关，水洗收缩的原因主要是由于纤维制品的吸湿膨胀和应力松弛而引起，对于具有缩绒性的毛纤维织物及毛含量较高的混纺织物来说还有缩绒引起的收缩。

①膨胀收缩：由于亲水性较好的天然纤维和再生纤维吸湿后横向膨胀变大（溶胀），纱线直径变粗，使织物中经纬纱线的屈曲程度增大，尺寸缩短。经纬纱之间互相挤压，有的厚度增加。当织物干燥后，纱线直径虽相应减小，但由于纱线表面切向滑动阻力限制纱线的自由移动，纱线的屈曲不能恢复到原来状态。

②松弛收缩：在纺纱、织造、染整加工过程中，纤维受到一定程度机械外力的作用而使纤维、纱线和织物相应地产生伸长变形，致使留下潜在应变，并有极其缓慢的松弛回缩。但纤维和纱线间的摩擦阻力会阻碍应变的恢复，染整中的烘燥又会使应变来不及充分恢复而被暂时固定下来。洗涤时织物及纺织品处于松弛的湿热状态下，有应力松弛回缩至原来稳定状态的趋势，洗涤液的作用有助于克服阻碍其恢复的摩擦力并促进松弛过程，因此织物洗涤后会产生松弛收缩。

③毡化收缩：缩绒性是毛织物缩水的一个重要原因。缩绒会使织物表面织纹不清，发生毡化，从而引起形态尺寸不稳定。因此，现在采用破坏或填平羊毛纤维的鳞片，限制织物中羊毛相互移动的办法对毛织物进行防缩绒。

织物的经、纬向缩水分别引起长度和幅宽尺寸的改变，一般织物经向较纬向缩水大。随着纺织品洗涤次数的增加，水洗后尺寸变化率也随之增大，并向某一极限值接近，经多次洗涤后的水洗后尺寸变化率达到最大值。对纺织品最大水洗后尺寸变化率的确定，可预先估计出纺织品在洗涤过程中的最大尺寸变化，预留缩水量，从而保证服装尺寸的合适与稳定。

（2）影响缩水的因素：

①纤维种类：各种纤维织物的缩水率不一致。一般亲水性纤维（天然纤维和再生纤维）织物的缩水率大，疏水性纤维（合成纤维）织物的缩水率小，甚至不缩水。如棉、麻、毛、丝、黏纤织物等的缩水率较大，而涤纶、丙纶等织物的缩水率很小，可忽略不计。

②纱线结构：纱线捻度较大，织物缩水率大。

③织物种类和组织结构：织物组织稀疏、紧密度小的织物缩水率大。如女线呢、松结构花呢织物的缩水率很大，针织物的缩水率也比较大。

④织物后整理：采用物理或化学防缩整理，可以提高织物的防缩能力。

（3）试验标准：

GB/T 8630—2002《纺织品　洗涤和干燥后尺寸变化的测定》，适用于测定织物、服装和其他纺织制品。

GB/T 8631—2001《纺织品　织物因冷水浸渍而引起的尺寸变化的测定》，适用于测定在使用过程中受冷水静态浸渍后织物的尺寸变化。

GB/T 8632—2001《纺织品　机织物　近沸点　商业洗烫后尺寸变化的测定》，规定了一种测定各种机织物经近沸点商业洗烫后尺寸变化的方法。主要用于测定棉织物。如用于亚麻、再生纤维素纤维等织物则应参考使用。

（4）试验方法：织物水洗后尺寸变化的测试方法很多，常用方法有洗衣机洗涤法、冷水浸渍法和商业洗烫法。

①洗衣机洗涤法：试样在洗涤和干燥前，在规定的标准大气中调湿并测量标记间距离，按规定的条件洗涤和干燥后，再次调湿并测量其标记间距离，计算试样的尺寸变化率。

②冷水浸渍法：试样在浸渍和干燥前，在规定的标准大气中调湿并测量标记间距离，按规定的条件浸渍和干燥后，再次调湿并测量其标记间距离，计算试样的尺寸变化率。

③商业洗烫法：在转鼓式洗衣机内按规定条件洗涤试样。洗涤后，脱去多余水分，不经预烘而直接用平板压烫机烫干。分别测量洗烫前、后试样经向和纬向标记间距离，计算试样的尺寸变化率。

2. 干洗后尺寸变化

干洗是一种在有机溶剂中对纺织品进行清洗的过程，它可以溶解纺织品上油脂和分散性粒子状污垢，而基本上不会产生水洗或湿清洗中的溶胀和起皱。为更好地去除尘土和污渍，可在溶剂中加入少量的水作为表面活性剂。对于某些对水敏感的制品，最好直接使用溶剂干洗而不要使用兑水溶剂。实际中，经常使用表面活性剂帮助去除污渍和防止颜色变化，但需注意表面活性剂配方中或多或少都含有水分。

正常情况下，干洗后要进行恢复性整烫。大部分情况下，这些整烫是某种形式的蒸汽整烫和（或）热压整烫。许多纺织品和服装的性能会因进行干洗、蒸汽和（或）热压等整烫而发生渐进性的改变。某种情况下，重复干洗会引起制品尺寸和其他变化，并会影响其使用寿命。通常，1 次干洗和整烫引起的变化量可能非常有限，但经过 3~5 次干洗和整烫后，大部分潜在的变化将会显现出来。

（1）试验标准：FZ/T 01013—1991《纺织品　过氯乙烯干洗尺寸变化的测定机械法》，规定了用商业用干洗机来测定织物和服装在使用过氯乙烯干洗后尺寸变化的干洗方法。适用于正常材料和敏感材料干洗后尺寸变化的测定。测定经过 1 次干洗和整理的试样的尺寸变化。

GB/T 19981.1—2005《纺织品　织物和服装的专业维护、干洗和湿洗　第 1 部分：干洗和整烫后性能的评价》，适用于鉴别由干洗和整烫引起的织物和服装性能的变化。对于评价尺寸变化，本方法为 1 次干洗和整烫，如需测定渐进变化量，可将本方法重复规定的次数，一般不超过 5 次。

（2）试验方法：

①纺织品干洗尺寸变化：标记并测量经过调湿处理的织物或服装，用规定的溶剂对试样进行干洗和整理，再进行调湿和测量标记间的距离，计算试样的尺寸变化率。

②织物和服装的干洗、整烫后性能的评价：将试样使用具有分浴洗、漂，离心脱液，翻转烘干和适当整烫等功能的商用设备进行干洗和整烫，然后与不做干洗和整烫的原始试样进行对比，评价经干洗、整烫后尺寸、颜色和其他方面的变化，确定制品可否进行所选方法的干洗。

3. 受热后尺寸变化

受热后尺寸变化指织物在受热时发生的不可逆的收缩现象，称为热收缩。如遇熨烫、热水、沸水、热空气和饱和蒸汽等时的收缩。由于纤维制品受热，纤维内部结构发生变化，特别是对玻璃化温度较低的合成纤维如涤纶、锦纶、腈纶等，以及以合成纤维为主的混纺织物，热收缩均比较明显，并随温度的提高而增大，故洗涤和熨烫时要掌握适当的温度。

毛织物在服装加工及服用过程中要经过汽蒸及干热熨烫，这往往会引起尺寸的变化，因此它是毛纺织品的一项重要质量指标，与服装的加工及穿着中的外观保持密切关系。

（1）试验标准：

GB/T 17031.2—1997《纺织品　织物在低压下的干热效应　第 2 部分：受干热的织物尺寸变化的测定》，规定了受干热的织物尺寸变化的测定方法，适用于制衣过程中预测织物的特性。

FZ/T 20021—1999《织物经汽蒸后尺寸变化试验方法》，适用于机织物和针织物及经汽蒸处理尺寸易变化的织物。

（2）试验方法：

①干热织物尺寸变化：测定经干热处理的织物尺寸的变化。

②汽蒸后尺寸变化：测定织物在不受压力情况下，受蒸汽作用后的尺寸变化。该尺寸变化与织物在湿处理中的湿膨胀和毡化收缩变化无关。

（二）织物外观稳定性

洗后外观指通过将洗后服装或其他纺织织物与标准样照进行比较，所获得的对服装或其他纺织制品定量的总体视觉印象。

广义的洗后外观，对一般织物主要包括水洗尺寸变化和洗后外观平整度两项。对服装主要包括水洗后尺寸变化、洗后外观平整度、洗后褶裥外观及洗后接缝外观4项。狭义的洗后外观是指洗后外观平整度、洗后褶裥外观及洗后接缝外观。

1. 基本概念与影响因素

（1）外观平整度：指通过将洗后织物与标准样照比较，获得的对试样平滑性的定量化视觉印象。织物的外观平整度取决于纤维的缩水性及在湿态下的折皱弹性。通常，纤维的吸湿性小，织物的缩水率小，且湿态下织物折皱弹性好，织物洗后的外观平整度好，所以合成纤维织物的外观平整度优于天然纤维及部分再生纤维织物。天然纤维和人造纤维与合成纤维混纺，可改善织物的免烫性。

（2）褶裥保持性：指通过将洗后织物与标准样照比较，获得的对熨烫褶裥的定量化视觉印象。织物上的褶裥，一般是用蒸汽湿热定型处理的方法形成的。也就是利用适当的热、湿和压力，先破坏纤维分子链间原有的交联键，再使分子链重新排列，然后迅速冷却干燥，让纤维因受热而产生的折痕变形固定下来，水在这里起增塑剂作用，它使纤维分子间隔扩大而增大分子热运动。褶裥保持性主要取决于纤维的可塑性和弹性回复率及熨烫条件（如熨烫温度、熨烫压力、熨烫时间和加湿）。

①纤维的可塑性和弹性回复率：纤维素纤维织物在熨烫时容易产生褶裥，但不能持久，尤其经不住用水洗涤，这是因为其形态的固定主要取决于氢键的作用。羊毛织物的褶裥在穿着中持久性较好，但湿洗干燥后，却几乎完全失去保持褶裥的能力。天然纤维一般通过树脂整理、化学定型或与热塑性好的合成纤维混纺，可以明显改善亲水性纤维织物的褶裥保持性。

热塑性大的合成纤维（如涤纶、腈纶等）织物具有优良的褶裥保持性，这是由于在一定的加热、加湿和加压条件下，纤维中很小或不完整的晶体可以在较低的温度下熔融，消除应力，再结晶成较大、较完整的晶体，实现永久性定型，或者纤维中整齐度较差的区域发生了从玻璃态到准晶态的转变，从而把变形牢固地稳定下来。合成纤维的疏水性，使得其织物即使被水润湿，褶裥效果也不会消失。

②熨烫条件：影响织物褶裥及其持久性效果的熨烫条件，主要有熨烫温度、熨烫压力、熨烫时间和加湿等因素。

一般熨烫温度太低，达不到热定型的目的，温度过高又会使纤维及其织物手感发硬，颜色变黄，甚至熔融、烫焦。温度的选择应根据织物中所含纤维的热学性能来确定。

熨烫压力达到一定程度时，能提高织物褶裥效果，但再增大，其褶裥效果却不会提高。对于线圈易变形的针织物来说，应选用较轻的熨烫压力。

熨烫时间的长短因熨烫温度和织物厚度而异。通常，熨烫温度较低、织物较厚时，熨烫时间要长些。熨烫温度较高、织物较薄时，熨烫时间可短些。熨烫时间长短并不与褶裥效果成正比，所以熨烫时间不宜太长，确定最佳熨烫时间还有利于节能。

加湿要与纤维、织物性能相符合，特别是丝织物以不加湿为好，因为丝织物在湿态下色牢度降低且易生霉变黄出现斑点。此外，织物的含水率一定时可使褶裥效果最好，而含水率再增加，会使熨烫表面温度降低，效果变差。提高熨烫温度则最适宜的含水率也相应增高。

（3）接缝平整度：指通过将洗后织物与标准样照比较，获得的对接缝试样平整性的定量化视觉印象。

2. 试验标准

GB/T 13769—2009《纺织品　评定织物经洗涤后　外观平整度的试验方法》。

GB/T 13770—2009《纺织品　评定织物经洗涤后　褶裥外观的试验方法》。

GB/T 13771—2009《纺织品　评定织物经洗涤后　接缝外观平整度的试验方法》。

以上标准规定了一种评定织物经一次或几次洗涤处理后其原有外观平整度保持性或压烫褶裥保持性或接缝外观平整度的试验方法。主要适用于 GB/T 8629—2001《纺织品试验用家庭洗涤和干燥程序》规定的 B 型家用洗衣机的洗涤程序，也适用于 A 型洗衣机。

3. 试验原理

（1）外观平整度：织物试样经受模拟洗涤操作的程序，采用 GB/T 8629—2001 规定的家庭洗涤和干燥程序之一或 GB/T 19981—2009 规定的专业维护、干洗和湿洗程序之一。在规定的照明条件下，对试样和外观平整度立体标准样板进行目测比较，评定试样的外观平整度级数。

（2）褶裥保持性：带有褶裥的织物试样经受模拟洗涤操作的程序，采用 GB/T 8629—2001《纺织品　试验用家庭洗涤和干燥程序》中规定的家庭洗涤和干燥程序之一或 GB/T 19981—2009 中规定的专业维护、干洗和湿洗程序之一。在规定的照明条件下，对试样和褶裥外观立体标准样板进行目测比较，评定试样的褶裥外观级数。

（3）接缝外观平整度：缝合的织物试样经受模拟洗涤操作的程序，采用 GB/T 8629—2001 中规定的家庭洗涤和干燥程序之一或 GB/T 19981—2009 中规定的专业维护、干洗和湿洗程序之一。在规定的照明条件下，对试样和接缝外观平整度标准样照或立体标准样板进行目测比较，评定试样的接缝外观平整度级数。

(三) 热熔黏合衬外观及尺寸稳定性

1. 水洗后外观及尺寸变化

（1）试验标准：FZ/T 01084—2009《热熔黏合衬　水洗后的外观及尺寸变化试验方法》，规定了与服装面料黏合的黏合衬经水洗后外观变化的评定和尺寸变化测定的试验方法。适用于各种材质的机织物、针织物和非织造布为基布的各类热熔黏合衬水洗后外观变化及尺寸变化的测定。

FZ/T 80007.2—2006《使用黏合衬服装耐水洗测试方法》，规定了服装经过一次完整的洗涤程序测试过程（1次洗涤程序和1次干燥过程）后，测定其尺寸变化率、剥离强力变化率及评定外观形态变化的试验方法。适用于使用黏合衬的各类可水洗服装的耐水洗测试，也适用于服装面料与黏合衬黏合的衣片或小样的耐水洗测试。

（2）试验方法与原理：

①热熔黏合衬水洗后的外观及尺寸变化试验方法：与服装面料黏合的组合试样，在含有洗涤剂的一定温度水溶液中进行水洗后，用标准样照评定试样外观变化的等级，测定黏合衬与服装面料黏合后的尺寸变化，计算试样的尺寸变化率。

②使用黏合衬服装耐水洗测试方法：对经调湿后的服装、衣片或小样进行标记和测量，然后按规定的程序，并在规定的洗涤剂中洗涤、干燥，再经过调湿和测量，计算其尺寸变化率及剥离强力变化率。试样的外观形态变化按各类服装的标准样照进行评定。

2. 干洗后外观及尺寸变化

（1）试验标准：

FZ/T 01083—2009《热熔黏合衬干洗后的外观及尺寸变化试验方法》，规定了与服装面料黏合的黏合衬经干洗后外观变化的评定和尺寸变化测定的试验方法。适用于各种材质的机织物、针织物和非织造布为基布的各类热熔黏合衬经干洗后外观变化和尺寸变化的测定。

FZ/T 80007.3—2006《使用黏合衬服装耐干洗测试方法》，规定了使用黏合衬服装耐干洗测试方法，用商业干洗机来测定经四氯乙烯（全氯乙烯）或烃类溶剂洗涤后服装的尺寸变化率、剥离强力变化率及评定外观形态变化的试验方法。适用于使用黏合衬的各类可干洗服装的耐干洗测试，也适用于服装面料与黏合衬黏合的衣片或小样的耐干洗测试。

（2）试验方法与原理：

①热熔黏合衬干洗后的外观及尺寸变化试验方法：与服装面料黏合的组合试样，在四氯乙烯溶剂或烃类溶剂中进行干洗后，用标准样照评定试样外观变化的等级，测定黏合衬与服装面料黏合后的尺寸变化，计算试样的尺寸变化率。

②使用黏合衬服装耐干洗测试方法：对经调湿后的服装、衣片或小样进行标记和测量，然后进行干洗，再经过调湿和测量，计算其尺寸变化率及剥离强力变化率。试样的外观形态变化按各类服装的标准样照进行评定。

3. 干热后外观及尺寸变化

（1）试验标准：

FZ/T 01082—2009《热熔黏合衬干热尺寸变化试验方法》，规定了热熔黏合衬经热处理后尺寸变化的试验方法。适用于各种材质的机织物、针织物和非织造布为基布的各类热熔黏合衬与面料黏合时产生的干热尺寸变化的测定。

（2）试验方法与原理：用连续式压烫机或平板式压烫机压烫试样，测定试样在规定的温度、压力和时间作用下受热后的尺寸变化，计算试样的尺寸变化率。

七、织物色牢度

织物色牢度指有色织物在加工和使用过程中，织物的颜色对各种物理和化学作用的抵抗能力。

色牢度并不是致毒的因素，它所以会出现在标准规范中，是鉴于染料应持久地固着在织物上，不能转移到人体上造成伤害。尽管纺织品印染使用的绝大部分染料、助剂和整理剂低毒，但是如果色牢度较差，由于水洗和摩擦等使衣服上的染料脱落到身体上，部分染料或整理剂在人体汗液和唾液蛋白酶的生物催化作用下被分解或还原出有害的基团，被人体吸收而在体内集聚，会给人体健康带来危害。特别是婴儿服装，由于婴儿喜欢咬嚼和吮吸衣物，可能通过唾液吸收有害物。

此外，染色过程中或消费者服用、洗涤时，因色牢度差也会给生态环境带来不利的影响。因此，纺织品色牢度检验对人类健康、环境保护具有积极意义。色牢度是纺织品重要的质量指标之一。

染色印花的织物在使用过程中因光、汗、摩擦、洗涤、熨烫等原因会发生褪色或变色现象。染色状态变异的性质或程度可用色牢度来表示。色牢度包括耐水、耐皂洗、耐光、耐摩擦、耐汗渍、耐唾液、耐熨烫、耐刷洗、耐海水、耐氯化水等项目。比较常用的项目有耐皂洗、耐汗渍、耐唾液、耐光、耐摩擦等。

变色牢度使用 GB/T 250—2008 评定变色用灰色样卡来评定，沾色牢度使用 GB/T 251—2008 评定沾色用灰色样卡来评定。耐光色牢度 1~8 级，其余 1~5 级。级数越高表示染色牢度越好。耐摩擦仅评沾色等级，耐晒、耐氯化水色牢度仅评变色等级。

对各种纺织品的各项色牢度的要求，是根据其用途不同而决定的，如制作内衣用的纺织品要求耐汗渍、耐皂洗色牢度较优；制作外衣用的纺织品则要求耐日光、耐气候、耐摩擦、耐皂洗等色牢度较高，里子布具有较好的耐摩擦色牢度。

对于外衣，色牢度主要影响服装的外观。对于内衣和婴幼儿服装，色牢度关系到服装的安全卫生性能。GB 18401—2010《国家纺织产品基本安全技术规范》及 GB/T 18885—2009《生态纺织品技术要求》都把与人体穿着或使用纺织品安全性直接有关的耐皂洗、耐水、耐汗渍、耐摩擦、耐唾液色牢度指标纳入标准要求范围。

随着科学技术的发展，精密光电一体化仪器的问世，用仪器评定色牢度已成为现实。这种基于色度学理论而发展起来的测定方法，避免了目测评定易受观察者的心理和生理因素，及目测经验、操作方式、光源条件等客观因素的影响，进而克服了评定结果有主观片面性、评定结果不易统计分析等缺陷，因而在测色、配色领域得到广泛应用。目前国际标准化组织和美国材料试验协会（ASTM）都制定了相应的仪器测色试验方法标准。

(一) 织物耐摩擦色牢度

织物耐摩擦色牢度指纺织品的颜色耐摩擦的坚牢程度，分为干摩擦和湿摩擦。纺织品在使用过程中经常要与其他物体进行摩擦，有时这种摩擦还是在湿态情况下进行的，若染料的色牢度不好，在摩擦过程中就会沾染其他物品，所以应对纺织品的耐摩擦色牢度进行要求。

有色材料的耐摩擦色牢度主要取决于浮色的多少和染料与纤维结合情况等因素。一般，纺织品表面的浮色越多，其耐摩擦色牢度越差。摩擦过程中主要是沾染其他物品，故耐摩擦色牢度只评价沾色程度。

1. 试验标准

GB/T 3920—2008《纺织品　色牢度试验　耐摩擦色牢度》，规定了各类纺织品耐摩擦沾色牢度的试验方法。适用于各类纤维制成的，经染色或印花的纱线、织物和纺织制品，包括纺织地毯和其他绒类织物。

2. 试验方法

将纺织试样分别与 1 块干摩擦布和 1 块湿摩擦布摩擦，用沾色用灰色样卡评定摩擦布沾色程度。

(二) 织物耐皂洗色牢度

织物耐皂洗色牢度指纺织品的颜色耐皂洗的坚牢程度。耐皂洗色牢度是大多数印染纺织品的内在质量考核指标。在人们的日常生活中，基本上所有纺织品都要进行洗涤，纺织品在一定温度的洗涤液的作用下，染料会从纺织品上脱落，最终使纺织品原本的颜色发生变化，称为变色。同时进入洗涤液的染料又会沾染其他纺织品，亦会使其他纺织品的颜色产生变化，称为沾色。

1. 试验标准

GB/T 3921—2008《纺织品　色牢度试验　耐皂洗色牢度》，规定了测定常规家庭用所有类型的纺织品耐皂洗色牢度的方法，包括从缓和到剧烈不同洗涤程序的 5 种试验。仅用于测定洗涤对纺织品色牢度的影响。

2. 试验方法

将纺织品试样与 1 或 2 块规定的标准贴衬织物缝合在一起，置于皂液或肥皂和无水碳酸钠混合液中，在规定时间和温度条件下进行机械搅动，再经清洗和干燥。以原样作为参照物，用灰色样卡或仪器评定试样变色和贴衬织物沾色。

(三) 织物耐汗渍色牢度

织物耐汗渍色牢度指纺织品的颜色耐汗液化学作用的坚牢程度。多用于评价经常接触人汗液的夏季有色衣料的染色牢度。

人的汗液是由复杂的成分组成的，其主要成分为盐，因人而异，汗液有酸性，也有碱性。纺织品短暂与汗液接触对色牢度可能影响不大，但长时间且紧贴着皮肤与汗液接触，对某些染料就会产生很大的影响。纺织染料有的不耐酸性，有的不耐碱性，耐汗渍色牢度就是用不同酸、碱的人造汗液，模拟出汗时的情况对纺织品进行试验，主要用于与皮肤接触的纺织品。

1. 试验标准

GB/T 3922—1995《纺织品　色牢度试验　耐汗渍色牢度》，适用于各种纺织品的耐汗渍色牢度试验。

2. 试验方法

将纺织品试样与 1 或 2 块规定的贴衬织物组合在一起，放在含有组氨酸的两种不同试液中，分别处理后，去除试液，放在试验装置内两块具有规定压力的平板之间，然后将试样和贴衬织物分别干燥。用灰色样卡评定试样的变色和贴衬织物的沾色。

（四）织物耐唾液色牢度

织物耐唾液色牢度指纺织品的颜色耐唾液化学作用的坚牢程度。枕头、床单、被套等经常会被口水浸湿，婴幼儿也经常会将纺织品放入口里，所以这些纺织品的颜色就存在着耐唾液色牢度的问题。

1. 试验标准

GB/T 18886—2002《纺织品　色牢度试验　耐唾液色年度》，适用于各种纺织品。

2. 试验方法

将纺织品试样与 1 或 2 块规定的贴衬织物组合在一起，在人造唾液中处理后，去除试液，放在试验装置内两块具有规定压力的平板之间，然后将试样和贴衬织物分别干燥。用灰色样卡评定试样的变色和贴衬织物的沾色。

（五）织物耐水色牢度

织物耐水色牢度指纺织品的颜色耐水浸渍的坚牢程度。

1. 试验标准

GB/T 5713—1997《纺织品　色牢度试验　耐水色牢度》，适用于各类纺织品。

2. 试验方法

将纺织品试样与 1 或 2 块规定的贴衬织物组合在一起，浸入水中，挤去水分，置于试验装置 2 块具有规定压力的平板之间，然后将试样和贴衬织物分别干燥。用灰色样卡评定试样的变色和贴衬织物的沾色。

（六）织物耐热压色牢度

织物耐热压色牢度指纺织品的颜色耐热压和耐热滚筒加工作用的坚牢程度。为了保持织物平整挺括，在织物加工和日常维护过程中常常对织物采取热压（熨烫）整理，在熨烫过程中要对织物施加高温或高温、高湿，其温度大多远远超过其染色时的温度，对某些染料亦会产生很大的影响。因此，应该对需熨烫的纺织品进行耐热压色牢度的检测。

1. 试验标准

GB/T 6152—1997《纺织品　色牢度试验　耐热压色牢度》，规定了测定各类纺织材料和纺织品的颜色耐热压和耐热滚筒加工能力的试验方法。可在干态、潮态和湿态进行热压试验，通常根据纺织品的最终用途来确定。

2. 试验方法

（1）干压：干试样在规定温度和规定压力的加热装置中受压一定的时间。

（2）潮压：干试样用 1 块湿的棉贴衬织物覆盖后，在规定温度和规定压力的加热装置中受压一定时间。

（3）湿压：湿试样用 1 块湿的棉贴衬织物覆盖后，在规定温度和规定压力的加热装置中受压一定时间。

以上试验后立即用灰色样卡评定试样的变色和贴衬织物的沾色。然后在标准大气中调湿后再作评定。

（七）织物耐光色牢度

织物耐光色牢度指纺织品的颜色耐受日光或模拟日光照射的坚牢程度。纺织品基本上是在有光照的情况下使用的，光照会使染料分子本身的结构产生变化，其表现就是颜色发生变化，有时这种变化是巨大的。光照只会使纺织品的颜色产生变化，而不会沾染到其他纺织品上，故耐光色牢度只评价变色程度。

影响纺织品耐光色牢度的因素很多，主要有染料本身的性质，尤其是光化学稳定性、纺织品的种类、组织结构与颜色深浅、光的波长分布、空气湿度以及有害气体的含量等因素。

1. 试验标准

GB/T 8427—2008《纺织品　色牢度试验，耐人造光色牢度：氙弧》，规定了一种测定各类纺织品的颜色耐相当于日光（D65）的人造光作用色牢度的方法，亦可用于测定白色（漂白或荧光增白）纺织品。

2. 试验方法

将纺织品试样与一组蓝色羊毛标样一起在人造光源下按照规定条件曝晒，然后将试样与蓝色羊毛标样对比，评定色牢度。对于白色（漂白或荧光增白）纺织品，是将试样的白度变化与蓝色羊毛标样对比，评定色牢度。

第三节　服装面辅料耐用性能测试与评价

耐用性能指织物在穿着、使用及加工过程中，受各种外力作用后仍能保持外观与性能基本不变的特性，如拉伸性能、撕破性能、顶（胀）破性能、耐磨性能等。耐用性能直接关系到服装材料的使用性能和使用寿命。

服装在穿着、洗涤、收藏保管等环节，受到各种形式的外力作用下常常会受到损坏，其形式有两种：一种是在受到较大应力和应变时产生的一次性破坏；另一种是在较小的应力和应变的反复作用下形成积累而导致破坏。服装在使用过程中一次受力破坏的机会并不多见，主要是受到不同外界条件的作用而逐渐降低其使用价值，特别是磨损，它是造成织物损坏的主要原因。

一、织物拉伸性能

拉伸断裂指织物在拉伸外力的作用下产生伸长变形，最终导致其断裂破坏的现象。

织物在穿用过程中经常承受各种方向的拉伸力，它是导致织物损坏的作用力的主要原因。织物对拉伸断裂的抵抗能力通常用抗一次拉伸断裂指标和抗多次拉伸疲劳断裂指标来表示。它们可以间接地反映织物的耐穿用性，在各类织物内在质量的评价中占有重要的地位。表征织物拉伸性能的指标有：断裂强力、断裂伸长率、断裂功和断裂比功等。

如果织物强力机上附有绘图装置，可得到织物的拉伸曲线。在拉伸曲线上，可以求得断裂强力、断裂伸长率、断裂功、织物的充满系数等指标。研究表明，断裂功与穿着耐用性有密切关系，能在较大程度上反映织物的内在质量。国际上常用经纬向断裂功之和作为织物坚韧性的指标。

断裂强力指试样拉伸至断裂时所测得的最大拉伸力，也称断裂负荷，以 N 为单位。它表示织物抵抗拉伸力破坏的能力，是评定棉、麻、丝、毛、化纤类纯纺或混纺织物内在质量的一个主要指标，是国家考核和区分织物品等的主要依据之一。也是评定日光、洗涤、摩擦及各种整理对织物内在质量影响的指标。

断裂伸长指织物试样拉伸至断裂时所产生的最大伸长，用 mm 或 cm 表示。试样断裂伸长与试样原长的百分比称为断裂伸长率，断裂伸长（率）是表示织物所能承受的最大伸长变形能力，与织物的耐用性、舒适性有密切的关系。在织物断裂强力基本不变的情况下，织物的断裂伸长越小，织物的耐穿用牢度越差。若断裂伸长性较差，会使人体活动受到约束，产生不舒适感，特别是机织物。

拉伸性能适用于对机械性能具有各向异性、拉伸变形能力较小的纺织品的评价。对于容易产生变形的针织物、编织物以及非织造织物一般采用顶破性能来评价。

（一）影响因素

1. 纤维种类和性能

纤维种类和性能是影响织物拉伸性能的决定因素。

不同品种纤维的织物，拉伸性能不同。相同品种的纤维，若其性状（如强伸性、弹性、可挠曲性、长度、细度、截面形状等）差异较大时，也会影响织物的坚牢度。例如低强高伸型涤纶纤维制成的织物虽然断裂强力较低，但断裂伸长率尤其是断裂功较大，所以该织物较为耐穿。

混纺织物抗拉伸断裂强力并非各种组分纤维抗拉伸断裂强力的简单综合，即不单纯地决定于纤维混纺比，还取决于组分纤维其他某些特性的差异。因此，国内外的涤棉混纺织物大多数混纺比选在 65/35 左右，其中原因之一就是考虑到要提高织物强力。

2. 纱线结构

（1）在织物组织和密度相同的条件下，选用股线捻向与单纱捻向相反时，则同样粗细的股线与单纱比较，股线织物的强力要超过单纱织物，其主要原因是合股后减少了纱线的扭应力，其次合股后纱线中纤维承担外力趋于均匀，使纤维强度利用系数提高，并且纱线条干、强度、捻度的不匀都有所改善。若股线捻向与单纱捻向相同时，则同样粗细的股线与单纱相比，股线织物的强力可能有减小的趋势，但其断裂伸长却有上升趋势。

（2）在织物组织和密度相同的情况下，纱线线密度的大小对织物的抗拉伸断裂特性有明显影响，因为纱线直径大小不仅使纱线本身的抗拉伸断裂特性相应变化，而且使织物的紧度也相应变化。

当织物紧度为中等偏低时，织物的强力通常与纱线直径呈近似等比变化。当织物紧度中等偏高时，纱线直径增加不多，而织物强力却提高较大，因为此时织物强力的增加取决于两个正作用因素，即纱线直径与织物紧度的同时增大都促使织物的强力提高。当织物紧度过高，纱线直径即使不断增大，织物强力也不会明显上升，这时织物强力增加取决于正、负作用因素的综合效应，即一方面纱线直径和织物紧度的增大会使织物强力提高，另一方面紧度过高又会使织物中部分纤维之间、纱线之间出现挤压过度、内应力增大、易疲劳，而且加工中经、纬纱线摩擦加剧，结果织物强力反而降低。

（3）在一定范围内适当增加纱线捻度时，有利于提高织物强度。当经纬纱捻向相同时，在经、纬交织点处纤维倾斜方向相同，因而经、纬纱容易互相啮合，纱线间阻力增加，致使织物强度有所提高。

3. 织物组织结构

（1）在其他条件相同的情况下，纱线的交织次数越多，浮长越短，被拉伸系统纱线受另一向系统纱线的挤压力越大，纱线屈曲越多、越深，则拉伸时纱线由弯曲而伸直所产生的织物伸长也就越大。一般，平纹组织织物的断裂强力和断裂伸长率大于斜纹组织织物，而斜纹组织织物的断裂强力和断裂伸长率又大于缎纹组织织物。

（2）机织物中，在经、纬纱的线密度和织物组织一定的条件下：

①纬密不变，经密增加，则不仅织物的经向强力增加，纬向强力也略有增加，这是由于经纱与纬纱的交错次数增加，经纬纱接触紧密，纱线间摩擦阻力增大的结果。

②经密不变，增加纬密，则织物的纬向强力增大，而经向强力下降，其原因在于织造工艺上需配置较大的经纱上机张力，且纬密增加会使经纱在织造中单位长度内开口次数增加，经纱之间及经纱与梭子、筘、综等机件之间的摩擦加剧，出现经纱疲劳和磨损现象。

但必须指出，对不同品种的机织物来说，经纬密度各有一极限值，在极限值范围内上述规律成立，如超过其极限值，由于密度增加后纱线所受张力、反复受力作用次数增加，屈曲程度、挤压程度过分增加，将会给织物断裂强力反而带来不利的影响。

（3）针织物的拉伸断裂强力比机织物小，纵向强力比横向强力略大；针织物的断裂伸长比机织物大，纬编织物的断裂伸长比经编织物大。就拉伸强力而言，非织造物一般比机织物和针织物小。针织物线圈长，纵、横向密度越稀，纱线间易滑移，其断裂强力较小，断裂伸长大。

4. 染整加工

织物的染整加工对织物拉伸性能有显著影响。如染整加工的各种化学作用，还可能使纤维大分子部分降解而减低断裂强力；树脂防皱整理则由于纤维内大分子滑移的受阻，产生织物断裂伸长性能变劣的副作用。

（二）试验标准

GB/T 3923.1—1997《纺织品　织物拉伸性能　第 1 部分：断裂强力和断裂伸长率的测定　条样法》，规定了采用拆纱条样和剪割条样测定织物断裂强力和断裂伸长率的方法，包括试样在试验用标准大气中平衡或湿润两种状态的试验。适用于机织物，也适用于针织物、非织造布、涂层织物及其他类型的纺织物，但不适用于弹性织物、纬平针织物、罗纹针织物、土工布、玻璃纤维织物、碳纤维织物和聚烯烃扁丝织物。

GB/T 3923.2—1998《纺织品　织物拉伸性能　第 2 部分：断裂强力的测定　抓样法》，规定了采用抓样法测定织物断裂强力的方法，包括试样在试验用标准大气中平衡或湿润两种状态的试验。适用于机织物，也适用于针织物、涂层织物及其他纺织物，不适用于弹性织物、土工布、玻璃纤维机织物、碳纤维织物及聚烯烃编织带等。

（三）试验方法与原理

目前织物的断裂强力和断裂伸长的测定方法，主要有条样法和抓样法，条样法应用最普遍，见图 4-5。

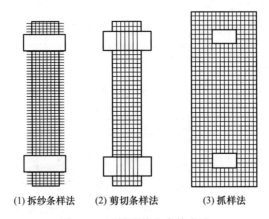

(1) 拆纱条样法　　(2) 剪切条样法　　(3) 抓样法

图 4-5　试样形状和夹持方法

1. 条样法

规定尺寸的试样整个宽度全部被夹持在规定尺寸的夹钳中，然后以恒定伸长速率被拉伸直至断脱，记录断裂强力及断裂伸长。

（1）拆纱条样：从试样两侧拆去基本相同数量的纱线而使试样达到规定试验宽度的条形试样。用于一般机织物。

（2）剪切条样：用剪切方法使试样达到规定试验宽度的条形试样。用于针织物、非织造布、涂层织物及不易拆边纱的机织物试样。

2. 抓样法

试样宽度方向的中央部位被夹持在规定尺寸的夹钳中，然后以规定的拉伸速度被拉伸试样至断脱，测定其断裂强力。

二、织物撕破性能

撕裂指在穿用过程中，织物由于被物体勾住或局部握持，在织物边缘某一部位受到集中负荷作用，使织物内局部纱线逐根受到最大负荷而断裂，结果撕成裂缝的现象。

撕裂与拉伸相比，撕裂更接近实际使用中突然破裂的情况，更能有效地反映其坚韧性能和耐用性，因此常用于军服、帐篷、吊床、雨伞等机织物及经树脂整理、助剂或涂层整理后的耐用性。它能反映出织物整理后的脆化程度，也能反映不同织物组织导致的撕破性能变化。

目前已将撕裂强度作为树脂整理的棉型织物和某些化纤产品的品质检验项目之一。撕破性能不适用于对机织弹性织物、针织物及可能产生撕裂转移的经纬向差异大的织物和稀疏织物的评价。

（一）影响因素

1. 纱线性质

纱线强伸度大的织物耐撕裂。织物撕裂强力近似地正比于单根纱线的定点断裂强力。纱线断裂伸长率则直接影响受力三角区的大小和三角区内纱线的受力根数，一般纱线断裂伸长率越高，受力三角区越大，受力纱线根数越多，织物的撕裂强力越大。故合成纤维织物的撕裂强力优于天然纤维和人造纤维织物。合成纤维与天然纤维混纺，可提高撕裂强力。

2. 织物组织结构

（1）不同织物组织，纱线的交错次数不同，纱线间相对滑移的程度也不同。通常，织物中纱线交错次数越多，经纬纱越不易滑动，受力三角区越小，三角区内受力纱线根数就越少，结果织物撕裂强力较小。因此，平纹组织织物撕裂强力较小，方平组织织物撕裂强力较大，斜纹和缎纹组织织物撕裂强力介于两者之间。

（2）织物密度与纱线的自由位移空间和纱线间的摩擦阻力有关。在纱线粗细和织物组织相同的条件下，织物的经、纬密度较低，摩擦接触点较少，彼此之间易相对滑移，形成的受力三角区较大，区内受力纱线根数较多，故撕裂强力较大。当经、纬密度接近时，织物的经、纬向撕裂强力较接近，当经、纬密度比大于1时，经向撕裂强力大于纬向，但若相差过大，撕裂可能不沿切口。如果织物经、纬密度过高，由于纱线间摩擦阻力增加，纱线可位移量小，会使三角区内受力纱线根数减少，反而不利于撕裂强力。

（3）织缩对织物撕裂强力的影响有两个方面，一方面当织缩大时，织物的伸长大，受力三角区较大，受力纱线根数增加，因而撕裂强力增加；另一方面当织缩小时，纱线弯曲程度高，摩擦阻力增加而纱线间相对可移动性减小，以致撕裂强力会降低。但总的来说，在较大的密度下，在一定范围内，织缩增大，有利于织物撕裂强力的提高。

3. 织物后整理

经树脂整理后的棉、黏纤织物，撕裂强度下降。尤其是棉织物更显著，这是因为树脂整理后，棉纤维的强力和断裂伸长率明显下降。黏纤织物虽然强力有所提高，但断裂伸长率下降。

（二）试验标准

GB/T 3917.1—2009/ISO 13937—1：2000《纺织品　织物撕破性能　第 1 部分：冲击摆锤法撕破强力的测定》，是通过突然施加一定大小的力测量从织物上切口单缝隙撕裂到规定长度所需要的力。主要适用于机织物，也可适用于其他技术生产的织物，如非织造织物。不适用于针织物、机织弹性织物以及有可能产生撕裂转移的稀疏织物和具有较高各向异性的织物。

GB/T 3917.2—2009/ISO 13937-2：2000《纺织品　织物撕破性能　第 2 部分：裤形试样（单缝）撕破强力的测定》，是在撕破强力的方向上测量织物从初始的单缝隙切口撕裂到规定长度所需要的力。主要适用于机织物，也可适用于其他技术生产的织物，如非织造织物。不适用于针织物、机织弹性织物以及有可能产生撕裂转移的稀疏织物和具有较高各向异性的织物。

GB/T 3917.3—2009《纺织品　织物撕破性能　第 3 部分：梯形试样撕破强力的测定》，是采用梯形试样法测量织物撕破强力，适用于机织物和非织造布。

GB/T 3917.4—2009/ISO 13937-4：2000《纺织品　织物撕破性能　第 4 部分：舌形试样（双缝）撕破强力的测定》，双缝隙舌形试样法织物撕破性能的测定，是在撕破强力的方向上测量织物从初始的双缝隙切口撕裂到规定长度所需要的力。主要适用于各种机织物，也可适用于其他技术生产的织物，如非织造织物。不适用于针织物、机织弹性织物。

GB/T 3917.5—2009/ISO 13937-3：2000《纺织品　织物撕破性能　第 5 部分：翼形试样（单缝）撕破强力的测定》，是将有两翼的试样按与纱线成规定角度夹持，测量由初始切口扩展而产生的撕破强力。主要适用于各种机织物，也可适用于其他技术生产的织物。不适用于针织物、机织弹性织物及非织造类产品，这类织物一般用梯形法进行测试。

（三）试验方法与原理

国际上最常用的织物撕破强力测试方法，主要有冲击摆锤法、单缝隙裤形试样法、梯形试样法、双缝隙舌形试样法和单缝隙翼形试样法。

1. 冲击摆锤法

试样固定在夹具上，将试样切开一个切口，释放处于最大势能位置的摆锤，可动夹具离开固定夹具时，试样沿切口方向被撕裂，把撕破织物一定长度所做的功换算成撕破力。

摆锤试验仪如图 4-6 所示，试样被夹持在两个夹具之间，一只夹具可动，另一只夹具固定在机架上，摆锤受重力作用下落，移动夹具附在摆锤上，试验时摆锤撕破试样但又不与试样接触。

2. 单缝隙裤形试样法

夹持裤形试样的两条腿，使试样切口线在上、下夹具之间呈直线。将拉力施于切口方向，记录直至撕裂到规定长度的撕破强力，并根据自动绘图装置绘出的曲线上的峰值或通过电子装置计算出撕破强力。

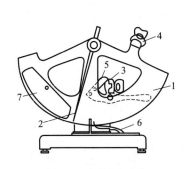

图 4-6　摆锤试验仪

1—扇形锤　2—指针　3—固定夹钳　4—动夹钳

5—开剪器　6—弹簧挡板　7—强力标尺

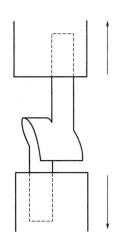

图 4-7　单缝隙裤形试样夹持

单缝隙裤形试样如图 4-7 所示，按规定长度从矩形试样短边中心剪开，形成可供夹持的两个裤腿状的织物撕裂试样。

3. 梯形试样法

用夹钳夹住梯形上两条不平行的边，对试样施加连续增加的力，使撕破沿试样宽度方向传播，测定平均最大撕破力。

梯形试样如图 4-8 所示，在矩形试样上标有规定尺寸、形成等腰梯形的两条夹持试样的标记线。梯形短边中心剪有一规定尺寸的切口。

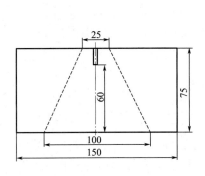

图 4-8　梯形试样

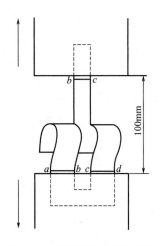

图 4-9　双缝隙舌形试样夹持

4. 双缝隙舌形试样法

将舌形试样夹入一个夹钳中，试样的其余部分对称地夹入另一个夹钳，保持两个切口线的顺直平行。在切口方向施加拉力，模拟两个平行撕破强力。记录直至撕裂到规定长度

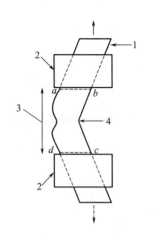

图4-10 单缝隙翼形试样夹持

1—试样 2—夹钳 3—隔距长度100mm

4—撕裂点

注：沿着夹钳端线调整直线 *ab* 和 *cd*

的撕破强力，并根据自动绘图装置绘出的曲线上的峰值或通过电子装置计算出撕破强力。

双缝隙舌形试样如图4-9所示，按规定宽度及长度在矩形试样规定的位置上切割出一便于夹持的舌状织物撕破试验试样。

5. 单缝隙翼形试样法

一端剪成两翼特定型状的试样按两翼倾斜于被撕裂纱线的方向进行夹持，施加机械拉力，使拉力集中在切口处以使撕裂沿着预想的方向进行。记录直至撕裂到规定长度的撕破强力，并根据自动绘图装置绘出的曲线上的峰值或通过电子装置计算出撕破强力。

单缝隙翼形试样如图4-10所示，一端按规定角度呈三角形的条形试样，按规定长度沿三角形顶角等分线剪开，形成翼状的织物撕裂试验试样。由于夹持试样的两翼倾斜于被撕裂纱线的方向，所以试验过程中多数织物不会产生力的转移，而且与其他撕破方法相比，更不易发生纱线滑脱。

三、织物顶破性能

顶破指将一定面积的织物周围固定，从织物的一面给以垂直的外力作用，鼓起扩张而逐渐破裂的现象，也称为胀破。织物所能够承受的最大垂直作用力，称为顶破强力（Bursting Strength）。

在服用中受集中负荷的织物，如手套、袜子、衣裤等的肘膝以及鞋面等部位，受力方式，均属顶破形式。而服装穿着时出现较多的是拱肘拱膝现象，会影响服装的挺括性和美观性。因此，可以利用顶破装置进行拱膝（肘）试验，用以判断服装穿着时形态的美观和稳定。

由于织物顶破的受力方式属于多向受力破坏，各向均等受力，不会产生"颈缩"现象，所以这项检测特别适用于针织物、三向织物、非织造布及降落伞用布。我国已把顶破强力作为考核部分针织品内在品质的指标。鞋面、帆布、降落伞用布和滤尘袋布，一般也要考核其顶破强力。

（一）影响因素

1. 织物结构

（1）机织物经、纬两向的结构和性质的差异程度对顶破强力有较大影响。

①当经、纬纱的断裂伸长率、断裂强力和经纬密度较接近时（经、纬向伸长比值或经、纬密比值越接近于1），两系统纱线同时承担最大负荷，同时开裂，织物裂口呈L形，顶破强力较大。

②当经、纬纱的断裂伸长率、断裂强力和经纬密度差异较大时，两系统纱线不能同时发挥最大作用，织物裂口呈直线形，顶破强力较小。

（2）针织物由于线圈结构，伴随垂直压力负荷会产生较大的变形，所以与机织物相比，针织物的顶破强力较小。

（3）非织造织物根据其制造方法的不同顶破强力有很大差异，但大多非织造织物顶破强力较小。

（4）针织物在顶破过程中，线圈钩接处纱线中的纤维呈弯曲状态，当拉伸负荷尚未达到纱线断裂负荷时，弯曲部分外部边缘的纤维伸长率已达到断裂伸长率，而使纤维受弯曲产生断裂。所以，在针织物中纤维断裂伸长率大、抗弯刚度高的不易受弯断裂，针织物的顶破强力高。纱线的勾接强力大，线圈密度大，顶破强力也高。

2. 织物厚度

织物厚度对顶破强力的影响最大，随着织物厚度的增加顶破强力亦会提高。

（二）试验标准

GB/T 19976—2005《纺织品　顶破强力的测定　钢球法》，是采用球形顶杆测定织物顶破强力的方法，包括在试验用标准大气中调湿和在水中浸湿两种状态的试样顶破强力试验，适用于各类织物。

GB/T 7742.1—2005《纺织品　织物胀破性能　第1部分：胀破强力和胀破扩张度的测定　液压法》，规定了采用液压方法测定织物胀破强力和胀破扩张度的方法，包括测定调湿和浸湿两种试样的胀破性能。主要适用于针织物、机织物、非织造布和层压织物，也适用于由其他工艺制造的各种织物。

GB/T 7742.2—2005《纺织品　织物胀破性能　第2部分：胀破强力和胀破扩张度的测定　气压法》。

（三）试验方法与原理

织物顶破强力的测定方法主要有钢球法，胀破强力和胀破扩张度的测定方法主要有液压法和气压法。

1. 钢球法

将试样夹持在固定基座的圆环试样夹内，圆球形顶杆以恒定的移动速度垂直地顶向试样，使试样变形直至破裂，测得顶破强力。

2. 液压法

将试样夹持在可延伸的膜片上，在膜片下面施加液体压力，使膜片和试样膨胀。以恒定速度增加液体体积，直到试样破裂，测得胀破强力和胀破扩张度。

现有数据表明，当压力不超过80kPa时，采用液压仪和气压仪两种胀破仪器得到的胀破强力结果没有明显差异。这个压力范围包括了普通服装平常穿着时的性能水平。对于要求胀破压力较高的特殊纺织品，液压仪更为适用。

四、织物耐磨性能

磨损指织物间或与其他物质间反复摩擦，织物逐渐磨损破坏的现象。织物的耐磨性是指织物具有的抵抗磨损的性能。

织物的磨损主要是摩擦的机械作用和热学作用。按摩擦的粗糙面理论，磨损主要是由于表面凹凸的啮合而产生。通常，先是突出在织物表面的屈曲波峰受磨损，当其中部分纤维断裂后，露出丝状小纤维或纤维端，使织物起毛，随着磨损过程的进行，小纤维碎屑及断裂的纤维脱落，并有部分纤维从纱中抽出，这些使纱体变细，织物变薄，到一定程度即出现破洞。

实践表明，磨损是织物损坏的主要原因之一，它直接影响织物的耐用性。服装在使用过程中会受到各种反复摩擦，如内衣、袜子、被单及外衣的领口与人体皮肤、衣服相互间或与外界间的摩擦而产生的磨损等，而引起机械、外观等性能下降，如强度、厚度减少，外观上起毛，失去光泽，褪色，并最终导致其损坏。

(一) 影响因素

影响织物耐磨性的因素很多，包括纤维性能、纱线结构、织物组织结构和后整理以及织物中水分含量等因素。

1. 纤维性能

(1) 纤维断裂伸长率、弹性回复率及断裂比功是影响织物耐磨性的决定因素。在织物磨损过程中，纤维疲劳是基本的破坏形式。因此，纤维断裂伸长率大、弹性回复率好及断裂比功大的织物，一般耐磨性较好。如天然纤维没有涤纶、锦纶、氨纶等合成纤维的耐磨性好。涤纶、锦纶、氨纶断裂伸长率高、断裂比功大，弹性回复能力高，涤纶、锦纶的强力也较大，所以锦纶织物的耐磨性最好，涤纶织物、氨纶织物次之。天然纤维中的羊毛纤维强力虽然不高，但断裂伸长率大，弹性回复率优异，耐磨性优良。棉纤维强力较高但断裂伸长率和弹性回复率较差，耐磨性中等。粘胶纤维和醋酯纤维尽管其断裂伸长率较高，但强力和弹性回复率较差，在多次拉伸中所吸收的能量大部分不能释放回复，所以耐磨性很差。利用涤纶、锦纶与粘胶纤维或棉纤维混纺可明显提高织物的耐磨性。

(2) 纤维较长的织物耐磨性较好。在相同的捻度和细度的条件下，较长的纤维比较短的纤维在纱线中位移并抽拔出来困难，并且较长纤维纺制的纱线强力、伸长率和耐疲劳性好于较短纤维，有利于织物的耐磨性。因此，精梳棉织物的耐磨性好于普梳棉织物，在同样条件下，长丝织物的耐磨性高于短纤维织物。

(3) 纤维细度适中有利于耐磨。纤维较细的纱线，在同样条件下强力、伸长率和耐疲劳性较好。但纤维过细时，其织物在摩擦中对较小的作用力也能产生较大的内应力；纤维过粗时，一方面单位成纱截面内纤维总根数减少，黏附力减弱，另一方面纤维弯曲时其外层会产生较大变形，对耐磨性不利。所以纤维细度适中，织物的耐磨性较高。这也是中长纤维织物耐磨性较好的一个原因。粗纤维较耐平磨，细纤维较耐曲磨和折边磨。

(4) 纤维的截面形状对耐磨性的影响比较复杂，很少有研究资料提及，有人指出，扁平的、椭圆形的或空心的纤维，其耐磨性高于圆形的纤维（异形纤维织物耐平磨性比圆形纤维织物好，耐曲磨及折边磨性能比圆形纤维织物差）。

2. 纱线结构

（1）纱线捻度：在一定范围内，捻度增加时，纤维间摩擦力增加，纤维从纱线中抽拔出来的机会就会相对减少，耐磨性提高。但捻度超过临界值后，织物耐磨性反而会下降，这是由于纱线捻度过高会使其硬度增加，不易压扁，摩擦时接触面积小，应力易局部集中的缘故。捻度过小时，则纱线疏松，纤维在纱线内束缚较差，容易抽拔，也不利于织物的耐磨性。因此，纱线捻度适中时耐磨性最为理想。

（2）纱线细度：较粗纱线织制的织物，耐平磨性较好，因为较粗纱线中纤维根数较多，需磨断较多根纤维才能使纱线解体，并且相对于较细纱线而言，较粗纱线表面层纤维根数较多，应力分布较为均匀。但不利于织物的耐曲磨性。条干均匀，织物耐磨性较好。

（3）纱线股数：在细度相同时，股线织物的耐平磨性优于单纱织物，当织物中纱线屈曲波峰的纤维受到严重摩擦和切割时，单纱上部分纤维是以纱芯为中心逐层剥去，而在双股线织物上，这种剥皮现象受到限制，结果屈曲波峰被切割而留下波峰两端的两束纤维端。耐曲磨尤其是折边磨时，股线织物的耐磨性远不如单纱织物，这可能是由于结构较紧密的股线中纤维的可动性较小，弯曲部位易产生应力集中而使纤维被切割破坏的缘故。故从综合耐磨性能来看，半线织物要好于全纱或全线织物。

3. 织物组织结构

织物密度、织物组织、织物重量、织物厚度等对织物的耐磨性有一定影响。此外，试验条件如温湿度、压力等对织物耐磨性也有较大影响。

（1）织物密度：其他条件一定时，增加织物经、纬密度使纱线交织点数增加，有助于提高纱线和纤维在织物中的挤压摩擦力，减少纤维从纱线中抽拔出或滑脱的机会，也可使施加于纱线屈曲波峰上的摩擦应力分布更加均匀，因而改善织物的耐平磨性。但织物经、纬密度超过最佳点时，将限制纱线在穿用过程中的位移，或者使纱线的屈曲波峰过于突出，形成硬节，反而会降低织物的耐磨性，尤其是耐曲磨性和耐折边磨性。

针织物的密度对耐磨性的影响也很显著，随着密度的增加，线圈长度缩短，致使织物表面的支持面增大可减少接触面上的局部摩擦应力，从而可提高针织物的耐磨性。

（2）织物组织：织物在不同经、纬密度时，织物组织对耐磨性表现出不同的影响。

①在经、纬密度较低的疏松织物中，平纹织物的交织点多，可增大纤维的束缚程度，且经、纬纱在织物表面露出的机会接近相等，有助于织物耐磨性的提高。

②在经、纬密度较高的紧密织物中，在同样的经、纬密度条件下，缎纹织物的耐磨性最好，斜纹织物次之，平纹织物最差。因为在此种情况下纤维的束缚程度已很高，平纹织物交织点多，纱线浮长短，容易造成支持点上应力集中，加速磨损，而交织点较少、浮长较长的斜纹织物和缎纹织物可通过摩擦时纱线的位移，减缓应力集中。

③在针织物中，织物组织对耐磨性的影响更大，但基本规律与较疏松的机织物大致相同。例如，纬平针织物的耐磨性优于罗纹织物。

（3）织物的重量与厚度：对于毛织物和针织物来说，织物单位面积重量几乎与织物的耐平磨性呈线性增长关系，但针织物的耐磨性一般低于同样单位面积重量的机织物。织物厚度较大时，耐平磨性较好；反之，耐曲磨性和耐折边磨性较好。

（4）织物结构相和支持面：结构相为0或5相的等支持面织物，经、纬纱同时受磨损，耐平磨性较好。

4. 织物后整理

织物的手感整理、抗皱整理或抗沾污整理等后整理加工，往往也改变织物的耐磨性。例如，用硅树脂或聚乙烯化合物整理织物，可增加纤维和纱线在织物结构内的移动能力，从而改进织物的耐曲磨性，但对耐平磨性影响不明显；交联树脂抗皱整理多用于纤维素纤维，虽能增加织物的弹性回复能力，但会降低纤维素纤维（尤其是棉纤维）的强力和伸长率，使其耐磨性尤其是耐曲磨性、耐折边磨性和耐滚磨性急剧下降。

（二）试验标准

GB/T 21196.1—2007《纺织品　马丁代尔法织物耐磨性的测定　第1部分：马丁代尔耐磨试验仪》，适用于机织物、针织物，绒毛高度在2mm以下的起线织物，非织造布、涂层织物耐磨性能测试。

GB/T 21196.2—2007《纺织品　马丁代尔法织物耐磨性的测定　第2部分：试样破损的测定》，是以试样破损为试验终点的耐磨性能测试方法。

GB/T 21196.3—2007《纺织品　马丁代尔法织物耐磨性的测定　第3部分：质量损失的测定》，是以试样的质量损失来确定织物耐磨性的测试方法。适用于所有纺织织物，包括非织造织物和涂层织物，不适用于特别指出磨损寿命较短的织物。

GB/T 21196.4—2007《纺织品　马丁代尔法织物耐磨性的测定　第4部分：外观变化的测定》，是以试样的外观变化来确定织物耐磨性的测试方法。适用于磨损寿命较短的纺织织物，包括非织造织物和涂层织物。

（三）试验原理

织物耐磨性能的评定有试样破损的测定、质量损失的测定及外观变化的评定等方法。

安装在马丁代尔耐磨试验仪试样夹具内的圆形试样，在规定的摩擦负荷下，以轨迹为李莎茹图形的平面运动与标准磨料进行摩擦，试样夹具可绕其与水平面垂直的轴自由转动。根据试样破损的总摩擦次数，或根据试样的质量损失，或根据试样外观的变化，确定织物的耐磨性能。

第五章　服装面辅料加工性能与风格评价

第一节　服装面辅料加工性能测试与评价

服装材料在加工过程中，由于其自身性能和设备状态影响其加工特性，从而影响服装的品质。因此有必要对服装材料的加工性能进行评价，从而实现不断改善与提高服装品质的目的。

服装材料的加工性能主要是指其缝制加工性能，即织物的热定型性、可缝性等。服装材料缝制加工性能好应达到以下要求：在加工各工序中应易于操作，易于处理，缝制后的制品性能（如接缝强度）要好，特别是缝接衣袋和熨烫的褶裥等效果要好，并且缝制品的外观要美。

一、织物热定型性

为了使平面的服装材料能够满足人体的立体需要，常通过一定的加工方式来实现，熨烫就是方法之一。熨烫是服装获得所需平面和线条效果的一个重要手段，经熨烫的服装不仅平整、挺括、折线分明，而且富有立体感。

织物热定型指将服装与服装材料在一定的温度、湿度、压力等状态下，按照人体曲线及服装造型需要对服装材料进行处理的过程，或归、或拔、或形成褶裥。

热定型性常用热收缩率、折缝效果、光泽变化与色泽变化来进行评价。

（1）热收缩率或伸长率：采用织物受热后尺寸变化来评价。

（2）折缝效果：常采用视觉评价和角度测评。

（3）光泽变化：常用比较熨烫前后光泽度的变化来评价。

（4）色泽变化：采用热压色牢度来评价。

二、织物可缝性

缝合方式是平面服装材料满足人体曲面要求的方法之一。服装材料的可缝性是对缝制品质的反映。服装材料的可缝性包括线缝收缩、底线断线和缝制成品的接缝强度等，多以接缝过程中和接缝后的效果来进行评价。不同的服装材料、缝纫线、缝纫设备及其状态，其可缝性各不相同。

（一）线缝收缩

线缝收缩指缝制过程和穿着洗涤过程导致的线缝波纹，特别是薄型服装材料。影响线缝收缩的因素如下。

1. 织物的特性

织物的厚度、柔软性、摩擦特性，上下层织物的伸长率、弹性回复率差异，覆盖系数等均会影响服装材料的线缝收缩。

（1）织物的厚度：缝纫线穿过织物，若拔针时织物受到的应力应变大，则容易产生线缝收缩。织物很厚时，其内部容易吸收所发生的应力应变且不易屈曲，故不易形成线缝收缩，但薄织物抗变形性小，易屈曲，容易受到穿针引起的应力应变的影响而发生线缝收缩，进行硬挺整理或缝制时垫纸可减少线缝收缩。

（2）织物的柔软性：线缝收缩现象是织物在针贯穿其中的阻力与缝纫线张力作用下的变形和欲回复到原来形态的力作用的综合结果，即前者的应力大于后者时织物产生屈曲力所致的现象。织物若过于柔软，由于缝纫针的贯穿阻力或缝纫线张力的作用，其变形量大，织物受到屈曲应力而容易产生折皱。此外，针贯穿力大的织物，因缺少变形后的复原能力而易发生线缝收缩。

（3）织物的摩擦特性：织物的表面摩擦特性与缝制时上下层布的送布运动密切相关，是产生缝制错位（移位量指材料接缝后，因其摩擦力变化产生的上、下两层的缩量差异）的主要原因之一。送布运动由缝纫机的压脚、上下层布和送布牙的相互作用所组成。下层布依靠锯齿状的送布牙压力作用和送布牙几乎同步运动，并且靠上下层布的摩擦力推动下层布的送布运动。织物之间的动摩擦系数 μ_1 越大，压脚和织物之间的动摩擦系数 μ_2 越小，缝制错位越小且线迹良好。

（4）上下层织物的伸长率、弹性回复率差异：缝合伸长率、弹性回复率不同的织物时，由于它们变形的大小和回复率不同，而容易出现线缝收缩。要避免此现象发生，应采用细针、细线及较小的张力。

（5）织物覆盖系数：织物覆盖系数大时，若使缝纫线硬挤进去，织物就会沿线迹部分伸展而线迹附近两侧不伸展，结果造成线缝收缩。要防止这种现象，应尽可能使线迹稀疏，或使织物斜向，以减少织物密度。

2. 缝纫条件

缝纫条件包含缝纫机转数、缝纫机形状和针头的粗细、针孔板大小、压脚压力、摩擦阻力、送布牙的形状和齿距等。

（二）底线断线

底线断线指在缝纫过程中，由于针穿过服装材料时损伤织物的纱线而造成部分或完全纱线断裂或纤维熔融断裂。

底线断线表现为组成织物的纱断裂，或是热塑性纤维受热熔融断裂。含有底线断线的制品，不仅其接缝强力降低且容易破损，穿用或洗涤时因被针损伤，纱头挤出线迹表面而降低商品使用价值。特别是针织物的断纱还容易造成脱散。影响底线断线的因素主要是织物的特性和缝纫条件。

1. 织物的特性

底线断线和织物的特性有密切的关系。

（1）纤维和纱线特性：构成织物的纤维，若强力不高，尤其是伸长小，在抵抗缝纫针穿布时自然容易断裂。而强伸度高但耐热性差的纤维，因运行中的针温上升而容易受热熔断。织物密度越大，纱线移动越困难，因而越容易断裂。若织物由长丝组成，则单丝的损伤与缝纫线的表面光滑度或针尖的锐钝关系极大。

（2）织物组织：平纹织物的交织点多，纱线移动困难，容易被缝纫针刺断；而斜纹织物因其交织点相对较平纹的少，纱线较易位移，故不易被刺断。

（3）整理加工：织物若以树脂整理，则纱线的强伸度降低，摩擦系数加大，纱线位移困难，则会增加断纱的可能性。因此，考虑到织物断纱时的可缝性，应慎重选择加工助剂和整理方法。

2. 缝纫条件

缝纫条件包括针的形状、粗细、缝纫机转数、缝纫方向、织物重叠层数以及针板的送布等，均会影响到底线断线。

（三）接缝强度

服装上常有将两层及两层以上的材料以一定型式缝合在一起的情况。缝合后的材料在缝纫线迹处接缝，由于材料中纤维间状态、纱线间状态、组织结构状态、经（纵）向或纬（横）向接缝方式、缝纫线线密度、针迹密度等的不同均会影响接缝状态。

接缝强度测试是考核接缝状态的一种重要手段。其具体评价形式有机织物接缝处纱线抗滑移性和接缝强力两种。

1. 机织物接缝处纱线抗滑移性

经缝合的织物，由于垂直于接缝方向的拉伸作用，机织物中纬（经）纱在经（纬）纱上产生的滑移，并在接缝一侧或两侧形成缝隙或脱口的现象，即纰裂现象或脱缝现象。它反映织物制成服装后接缝的有效性，也直接影响服装的外观和视觉风格，甚至使用价值。因此，将机织物接缝处纱线抗滑移性作为考核的指标。

接缝处纱线抗滑移性的评价指标：

①纱线滑移（接缝滑移）：由于拉伸作用，机织物中纬（经）纱在经（纬）纱上产生的移动。

②经纱滑移：经纱与拉伸方向垂直，在纬向纱线上产生移动。

③纬纱滑移：纬纱与拉伸方向垂直，在经向纱线上产生移动。

④滑移量：织物中纱线滑移后形成的缝隙的最大宽度。

⑤滑移变形：织物均匀表面由于受到外界摩擦作用而使经纱（或纬纱）在另一系统纱上产生滑移而变形，并形成缝隙的现象。

机织物在使用中由于织物结构疏松、交织阻力较弱，缝份在外力（拉伸、穿脱）作用后常会出现脱缝现象，严重破坏纺织品的外观和耐用性。很多产品都要进行抗滑移性能的检测，如沙发布、窗帘、帷幕及床单等床上用品。

（1）试验标准：

GB/T 13772.1—2008《纺织品　机织物接缝处纱线抗滑移的测定　第1部分：定滑移量法》，不适用于弹性织物或织带类等产业用织物。

GB/T 13772.2—2008《纺织品　机织物接缝处纱线抗滑移的测定　第2部分：定负荷法》，适用于所有的服用和装饰用机织物和弹性机织物（包括含有弹力纱的织物），不适用于织带类等产业用织物。

GB/T 13772.3—2008《纺织品　机织物接缝处纱线抗滑移的测定　第3部分：针夹法》，规定在一定负荷下以针具夹持形式测定机织物中纱线抗滑移性的方法，避免了由缝合造成的测试偏差。不适用于弹性织物或织带类等产业用织物。

GB/T 13772.4—2008《纺织品　机织物接缝处纱线抗滑移的测定　第4部分：摩擦法》，规定以摩擦辊与织物摩擦的形式测定机织物中纱线抗滑移性的方法。主要适用于轻薄、柔软、稀松的机织物及其他易滑移织物。不适用于厚型及结构紧密的织物。

（2）试验方法与原理：测定机织物接缝处纱线抗滑移的方法有：定滑移量法、定负荷法、针夹法及摩擦法。生产中应根据织物类型、特点及应用场合选择测试方法。

①定滑移量法：用夹持器夹持试样，在拉伸试验仪上分别拉伸同一试样的缝合及未缝合部分，在同一横坐标的同一起点上记录缝合及未缝合试样的力—伸长曲线。找出两曲线平行于伸长轴的距离等于规定滑移量的点，读取该点对应的力值为滑移阻力值。

②定负荷法：矩形试样折叠后沿宽度方向缝合，然后再沿折痕开剪，用夹持器夹持试样，并垂直于接缝方向施以拉伸负荷，测定在施加规定负荷时产生的滑移量。

③针夹法：分别使用针排夹具与普通夹具夹持试样在拉伸试验仪上拉伸试样，在同一坐标轴的同一起点上记录针排夹持试样和普通夹持试样的力—伸长曲线。测定在施加规定负荷下两曲线间平行于伸长轴的距离，即为滑移量。见图5-1、图5-2。

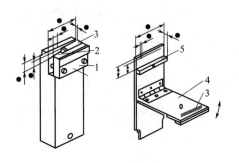

图5-1　针排夹具

1—可移动的针夹　2—刺针　3—防护板
4—带有铰链的针夹　5—挡板

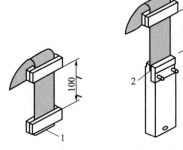

图5-2　针夹法试样夹持示意图

1—服用织物伸出夹持器的长度为（10±1）mm
2—装饰用织物超出针排的长度为（15±1）mm

④摩擦法：一对摩擦辊以规定压力相对夹持具有一定张力的试样，摩擦辊与试样以一定速度做相对单向摩擦，织物中纱线均匀状态发生滑移变形，测定经规定摩擦次数后试样摩擦区纱线的滑移变形，即滑移量，以衡量织物中纱线抗滑移变形性能。见图5-3。

2. 接缝强力

接缝强力指在规定条件下，对含有一接缝的试样施以与接缝垂直方向的拉伸，直至接缝破坏所记录的最大的力。

（1）试验标准：

GB/T 13773.1—2008《纺织品　织物及其制品的接缝拉伸性能　第1部分：条样法接缝强力的测定》，规定采用条样法对接缝的缝合处施加垂直方向的力，测定其接缝承受最大力的方法。

GB/T 13773.2—2008《纺织品　织物及其制品的接缝拉伸性能　第2部分：抓样法接缝强力的测定》，规定采用抓样法对接缝的缝合处施加垂直方向的力，测定其接缝承受最大力的方法。

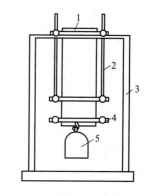

图5-3　摩擦法试样夹持示意图

1—试样　2—夹样框　3—装样架
4—张力夹　5—张力锤

以上标准适用于机织物及其制品，也适用于其他技术生产的织物。不适用于弹性机织物、土工合成材料、非织造布、涂层织物、玻璃纤维织物以及碳纤维和聚烯烃扁丝生产的织物。

（2）试验方法与原理：

①条样法接缝强力的测定：对规定尺寸的试样（中间有一条接缝）沿垂直于缝迹方向以恒定伸长速率进行拉伸，直至接缝破坏。记录达到接缝破坏的最大力值。

②抓样法接缝强力的测定：规定尺寸的夹钳将试样（中间有一条接缝）沿垂直于缝迹方向以恒定伸长速率进行拉伸，直至接缝破坏。记录达到接缝破坏的最大力值。

三、黏合衬剥离强力

剥离强力指热熔黏合衬与被黏合面料剥离时所需的力，反映黏合衬布与服装面料黏合程度的物理指标。剥离强力有未经处理的剥离强力、水洗后的剥离强力、干洗后的剥离强力、汽蒸后的剥离强力等测试指标。

（一）影响因素

1. 基布的结构
纤维种类、组织规格、预处理等因素。

2. 面料的结构
纤维种类、表面光洁程度、表面整理情况等因素。

3. 热熔胶的物理化学性能
热熔胶的黏合性、热流动性等因素。黏合衬耐水洗性能是指采用的家庭洗衣机洗涤时，水分子渗入黏合界面，使热熔胶分子和纤维分子之间距离增大，相互之间作用力减弱，剥离强力降低，加上剧烈的搅拌或揉搓，黏合后组合物会局部脱胶。热熔胶所含极性基团越多，耐水洗性能就越差。因此需经受多次水洗的服装用黏合衬，最好选用不含极性基团的高结晶度的高密度聚乙烯热熔衬。

4. 压烫加工

压烫设备、工艺参数（压烫温度、压烫压力和压烫时间）、涂层的形式、热熔胶的涂布量及均匀性等因素。

（二）试验标准

FZ/T 01085—2009《热熔黏合衬剥离强力试验方法》，规定热熔黏合衬与服装面料黏合后剥离强力的试验方法。适用于各种材质的机织物、针织物和非织造织物为基布的热熔黏合衬剥离强力的测定。

（三）试验原理

热熔黏合衬与服装面料，在一定的温度、压力和时间条件下进行压烫，利用热熔胶的黏力与服装面料发生黏合。然后将热熔黏合衬与被黏合面料剥离，记录黏合衬与面料剥离过程中受力曲线图上各峰值，并计算这些峰值的平均值和离散系数。用平均值反映黏合的牢固程度，用离散系数反映黏合的均匀程度。

第二节　服装面辅料风格的评价

一、织物风格的基本概念

由于织物风格的抽象性和复杂性，很难给"风格"一个准确、形象、全面的定义。广义地讲，织物风格是表征织物外观特征与穿着性能的综合指标，是指织物固有的物理机械性能作用于人的感觉器官（视觉、触觉、听觉等）所产生的综合效应，主要包含触觉与视觉两个方面的效应。织物风格可分为以下3方面的感觉效果。

1. 触觉风格

触觉风格是以手触摸织物时产生的感觉来衡量织物的特征，即手感（Handle Hand），亦称为织物的狭义风格，在一些国家（如日本、中国等）织物触觉风格也被简称为织物风格。

2. 视觉风格

视觉风格包括形感、光泽感和图像感等由视觉产生的效果。形感主要是指织物在特定条件下形成的线条和造型上的视觉效果，如织物的悬垂效果，形感也可称为织物的形态风格。光泽感是由织物光泽形成的视觉效果，它与反射光的强弱、反射光的方向分布及反射光的组分结构有关。图像感主要是由织物表面织纹图像所引起的一种视觉效果，常说的绉效应、绉纹、粒纹、纹路、细腻织纹、粗犷织纹等，都是刻画这种感觉效果的语言。

3. 听觉风格

听觉风格即声感，主要是指织物与织物间摩擦时所产生的声响效果。丝鸣现象是真丝绸的风格特征，由于黏滑运动的特征，还使人产生一种特殊的"糯感"。

织物的风格特性还与织物的力学性质有关。风格测试的关键是把感官特性的风格印象用织物力学特性表现出来。

二、织物风格的评定方法

织物风格的评定方法可分为感官评定和客观评定两大类。

1. 织物风格的感官评定

在多数场合，是以感官来评价织物的力学特性，即以触觉和视觉为主进行评价。采用手触摸织物时产生的感觉以及对织物外观的视觉印象来评估织物的风格，所以又称为主观评定。主观评定具有简便快速等优点，但是检验结果受人为因素影响，如评判人员的经验及心理和生理因素，往往因人、因地、因时而异，有一定的局限性。

感官评定现仍广泛用于精纺呢绒，如采用"一捏、二摸、三抓、四看"的评定方法。

2. 织物风格的客观评定

根据织物的主观评定和服用中的力学性质和作用特征，采用相应的模拟测试方法。通过仪器测试出能反映风格特征的物理力学量来，然后用数学方法得到能评价风格优劣的定量指标。

多年来国内外学者致力于风格的客观评定，以消除主观因素的影响，目前已形成多种有关风格的测试方法和综合评定方法，使风格的评定实现仪器化、数值化和标准化，为风格的客观评价奠定了基础。

三、织物风格仪

目前，织物风格仪有多台多指标式风格测试仪、单台多指标式风格测试仪、单台单指标式风格测试仪等类型。

(一) 多台多指标式风格测试仪

多台多指标式风格测试仪的代表型号有 KES—FB 系列织物风格仪和 FAST 织物测试系统。

1. KES—FB 系列织物风格仪

川端系统（Kawabata Evaluation System for Fabric）是 20 世纪 70 年代初日本的川端季雄等研制出的多机台多项指标式风格测试仪。

（1）风格评价：以川端为首的日本专家认为，主观评定织物手感的过程为用手触摸织物（心理学过程）：鉴别织物的基本力学性能指标，如弯曲刚度、剪切刚度等；用基本风格，如硬挺、滑糯、丰满等综合表达织物性能；全面评价织物服用性能，以综合风格表示。因此，川端等人把织物风格的客观评定分为 3 个层次，即织物的物理指标、基本风格（HV）和综合风格（THV）。

①物理指标：力学量风格，拉伸参数、弯曲参数、表面性能参数、剪切参数、压缩参数、重量及厚度。

②基本风格：硬挺度、光滑度、丰满度、滑爽度等。

基本风格值（HV）表示织物基本性能和基本风格，每一基本风格值划分为 0~10，共 11 个级别，10 级最强，0 最弱。也就是说，基本风格只有大小、强弱之分，没有好坏之分，与用途有关。如冬季西服面料的基本风格为硬挺度、滑糯度和丰满度，夏季西服面料的基本风格为滑爽度、硬挺度、平展度和丰满度。由基本风格值进一步计算得到综合风格值 THV，THV 划分为 0~5，共 6 个级别。

③综合风格：棉型感、毛型感、丝绸感等。

（2）仪器发展：20 世纪 70 年代初，日本的川端、松尾分别研制出测试包括拉伸、剪切、弯曲、压缩、摩擦等力学性能的多机台多项指标式的 KES—F 型织物风格仪。

KES—F 系统包括拉伸—剪切试验仪（KES—F1）、弯曲试验仪（KES—F2）、压缩试验仪（KES—F3）和表面性能试验仪（KES—F4）。

自 1972 年 KES—F 型织物风格仪问世至今，该仪器主要经历了两次升级换代：1978 年 4 月，改进型号 KES—FB 型织物风格仪问世；2000 年，全自动测试系统 KESFB—AUTO—A 系统的研制工作完成，并投入商品化生产。

以川端方法为基础研制的 KES—FB 系列织物风格仪，能测定织物的拉伸、剪切、弯曲、压缩、表面、厚度等六项基本力学性能，共 16 个力学指标，从而计算出织物的基本风格和综合风格，最后判断织物的风格特性。

与 KES—F 系统相比，KES—FB 系统的所有性能测试均采用 20cm×20cm 的织物试样，简化了制样过程。由于 KES—FB 系统具有很多繁琐的手工操作，需要操作者具备丰富的经验，否则会不可避免地产生测试误差。而 KESFB—AUTO—A 系统不需要手工操作，操作者仅需在试样板上放好一块织物试样，按压“开始（Start）”按钮，初始设置和测试就可以自动完成，自动化程度高，测试速度快，从而避免了人为操作的误差。所采用的通用试样尺寸为 20cm×20cm，有效试样尺寸据不同检测项目而有所差异。织物经向和纬向特性值均可根据需要分别检测、计算。

川端方法的优点是对任意给定的织物试样，只要利用 KES—FB 系列织物风格仪测出其力学性能指标，分别将其代入与用途有关的转换方程式，就可以计算出该织物的基本风格值和综合风格值。由于川端收集了日本国内几乎该类型品种的所有织物，具有广泛的代表性。因此，用仪器客观评定的结果与专家手感评定的结果比较吻合，应用十分方便。

KESFB—AUTO—A 系统测得的 17 项物理指标，见表 5-1。

表 5-1　KESFB—AUTO—A 系统测试物理指标

性　能	使　用　主　机	特　征　值
拉伸性能	FB1	延伸率
		线性度
		拉伸功
		拉伸回复率

续表

性　能	使用主机	特　征　值
剪切性能	FB1	剪切刚度
		剪切滞后值（0.5°）
		剪切滞后值（5°）
弯曲性能	FB2	弯曲刚度
		弯曲滞后矩
压缩性能	FB3	压缩线性度
		压缩功
		压缩回复率
表面性能	FB4	平均摩擦系数
		摩擦系数的平均差
		表面粗糙度
重量及厚度	天平	织物面密度
	FB3	厚度

但是由于织物风格受到民族、风土人情、习惯、爱好等心理和社会的影响，转换方程式并不完全适于其他国家。经日本、中国、澳大利亚、印度四国联合对相同织物试样进行仪器测定和专家手感评定，转换方程式在日本较符合，而在其他国家对照的结果并不完全一致。因此，各国需要由本国专家组主观评定后建立新的适合本国习惯的转换方程式。另外，随着新型材料、新型产品的不断开发，与用于转换方程式推导的原试样的主体性能可能会产生较大变化，此时也应考虑用新材料群体的特征性能的平均值及标准偏差来取代原主体参数，推出新的转换方程式，以保持仪器客观评定结果与专家手感评定结果的一致性。

2. FAST（Fabric Assurance by Simple Testing）织物测试系统

FAST 织物测试系统是由澳大利亚联邦科学和工业研究机构（CSLRO）研制的客观评价织物风格的简易系统，也称为 FAST 风格评价系统。由 FAST—1 压缩弹性仪、FAST—2 弯曲性能仪、FAST—3 拉伸性能仪 3 台测试仪及 FAST—4 织物尺寸稳定试验方法组合而成。

测定织物的压缩、弯曲、拉伸、剪切等四项基本力学性能和尺寸稳定性，共 8 个指标。根据这些性能指标绘出"织物指纹印"，用以评价织物的外观、手感和预测织物的可缝性、成型性。此系统具有简单易操作的特点，实用性很强，可对织物及服装生产厂家提供重要的信息，为纺织、服装工业的生产自动化提供有效的质量控制和保证手段。

（1）测量指标及指标的意义：

①织物厚度和表观厚度：织物厚度和表观厚度是评价不同手感的重要指标，也可用于评估起绒加工的一致性。松弛整理前、后的表观厚度差异是织物后整理是否稳定的一个指标。

②织物弯曲刚度：织物弯曲刚度高，虽然面料不会在服装制作时造成困难，但织物手感很硬。织物弯曲刚度低，面料缝纫时在缝线处易起褶皱，采用自动化裁剪系统时不易裁剪。

③织物延伸性：织物延伸性低会造成超喂，缝纫困难，缝纫易起皱。延伸性高会导致拼对花型困难，特别是对格条织物等，码放面料时不平整，易引起服装外观上格条难以对齐。

④织物剪切刚度：是表征织物是否易于扭曲的指标。剪切刚度低的面料易于被扭曲，会在码放（铺料）和自动化操作等方面出现偏差。剪切刚度高，不利于缝纫加工。

成形性指标是由 FAST—2 和 FAST—3 织物风格仪获得的测试数据计算得出，成形性能是指"二维面料在制成三维空间曲面服装时，面料实现空间造型的能力"或是指"面料在被施加平行压力时吸收压缩而不会产生折皱的能力"。缝纫过程中，由针和线把压力施加在织物上，不能吸收这种压力的面料为成形性差的面料，在缝纫过程中会产生缝纫折皱。

松弛而收缩率过高的织物，经过最终压烫后会在尺寸上产生偏差，并会出现缝纫折皱。湿膨胀过高的织物将导致服装成型和外观性差，甚至使黏合的面料和里布分层。

（2）评价方法：FAST—1 压缩弹性仪、FAST—2 弯曲性能仪和 FAST—3 拉伸性能仪可以自动记录试验结果，FAST—4 织物尺寸稳定试验方法则由手工记录结果。全部试验结果可以自动地以控制图（织物指纹图）的形式打印出来。根据织物指纹图可以估计出织物是否适合最终用途。如果织物性能指标超出控制范围，可以事先采取措施，使织物符合最终用途指标的要求。

3. KES—FB 系统与 FAST 系统的对比

两系统的测试指标不一，测试原理有异，测试条件也不一样。

KES—FB 系统从全面反映织物的特性出发，测试并采用曲线表征织物在小应力、小变形条件下的拉伸、剪切、弯曲、压缩性能及变形回复过程。具有表面性能测试部分，采用综合风格值 THV 评价织物。

FAST 系统只是有选择地测试织物在小应力、小变形条件下的压缩、弯曲、拉伸、剪切等四项基本力学性能及尺寸的稳定性，基本力学性能的测试实质是织物在一些特征性小应力作用下的变形测试，没有涉及变形回复过程。具有尺寸稳定性测试部分，采用"织物指纹图"评价织物。

（二）单台多指标式风格测试仪

20 世纪 80 年代初，我国也研制出单台多指标式风格测试仪。可以测试织物的弯曲、摩擦、压缩、交织阻力、起拱变形等力学性质及单位面积重量与表观密度，以判断织物的风格。

这类测试方法一般都可得到十几个指标，如何根据这些指标评价风格的优劣也是一项研究课题，目前应用较多的有线性回归分析、聚类分析、模糊分析等综合分析方法。

（三）单台单指标式风格测试仪

目前，通常使用的是测试织物强力、折皱弹性、硬挺度、悬垂性等单项性能的测试仪器。

第六章　服装面辅料功能性测试与评价

服装面辅料的功能性能够赋予服装更高的使用价值和附加值，因此，对服装面辅料的功能性的测试与评价十分必要。

第一节　服装面辅料舒适功能性测试与评价

一、织物吸湿速干性能

织物吸湿速干性指纺织品吸收气态水和液态水的能力，并通过各种途径把水分排出晾干的能力。吸湿速干性是影响服装舒适性的重要内容。对于夏季服装、内衣和运动服等不但要求吸汗性要好，而且要求速干性要佳。

人体在着装状态下或多或少必有出汗现象，如果服装只是具备吸汗的功能，却不能快速导汗，湿气凝结在纤维中，使衣物变得潮湿，不仅影响服装的保暖性，而且会对皮肤产生接触冷感，人体就会感觉很不舒服。液态的汗液直接与织物接触，以液态水的形式润湿织物的内表面并且被织物吸收掉，再依靠纱线之间或者纤维之间的缝隙所形成的毛细作用将水分输送到织物的外表面，最后蒸发扩散至外部空间。因此，汗液在经过润湿、吸湿、扩散、蒸发这四个阶段就完成了从吸汗、排汗到快干的过程。其原理就是纤维表面有沟槽能产生毛细效应，这样就将人体所产生的汗液经过芯吸效应，然后扩散传输，快速迁移到织物的外表面蒸发掉，达到吸湿速干的目的。

（一）单项组合试验法

1. 试验标准

GB/T 21655.1—2008《纺织品　吸湿速干性的评定　第1部分：单项组合试验法》，规定纺织品吸湿速干性能的单项试验指标组合的测试方法及评价指标。适用于各类纺织品及其制品。

2. 试验原理

以织物对水的吸水率、滴水扩散时间和芯吸高度表征织物对液态汗的吸附能力；以织物在规定空气状态下的水分蒸发速率和透湿量（率）表征织物在液态汗状态下的速干性。

（二）动态水分传递法

1. 试验标准

GB/T 21655.2—2009《纺织品　吸湿速干性的评定　第2部分：动态水分传递法》，

规定纺织品吸湿速干性能的液态水动态传递性能的试验和评估方法。适用于各类纺织品及其制品。

2. 试验原理

织物试样水平放置，液态水与其浸水面接触后，会发生液态水沿织物的浸水面扩散，并从织物的浸水面向渗透面传递，同时在织物的渗透面扩散，含水量的变化过程是时间的函数。当试样浸水面滴入测试液后，利用与试样紧密接触的传感器，测试液态水动态传递状况，计算得出一系列性能指标，如浸润时间、吸水速率、最大浸湿半径、液态水扩散速度、单向传递指数和液态水动态传递综合指数，以此评估纺织品的吸湿速干、排汗等性能。

（1）浸润时间：水接触到织物表面，到织物开始吸收水分所需的时间。

（2）吸水速率：织物单位时间含水量的增加率，在含水率变化曲线上为测试时间内含水率变化曲线的斜率平均值。

（3）最大浸湿半径：织物开始浸湿到规定时间结束时润湿区域最大半径。

（4）液态水扩散速度：织物表面浸湿后扩散到最大浸湿半径时沿半径方向液态水的累计传递速度。

（5）单向传递指数：液态水从织物浸水面传递到渗透面的能力，以织物两面吸水量的差值与测试时间之比表示。

（6）液态水动态传递综合指数：液态水在织物中动态传递综合性能的表征。以织物的渗透面吸水速度、单向传递指数和渗透面液态水扩散速度的加权值表示。

二、织物防水透湿性能

织物防水透湿性指织物能够阻止透过一定压力或动能的液态水，但两侧存在湿度压力差时却能透过水蒸气的能力。

防水透湿性与人体着装时的舒适感具有密切关系，不仅能满足寒冷、雨雪、大风等恶劣天气服装的干爽舒适的穿着需要，还能满足各种运动场合的穿着需要，也能够满足化学有毒、传染环境的穿着需要，起到隔绝、过滤、透湿的作用。如果人体蒸发的汗气不能排出体外，微气候区的水蒸气含量就会提高，导致其相对湿度增加，甚至在较低温度下水气会冷凝，从而使穿着者感到不舒适。防水透湿服装逐渐被广泛应用于军用服、运动服、休闲装、特种功能服装、秋冬服装及鞋类等。

防水性与透水性是两种相反的性能，不同用途的织物对防水性、透水性的要求不同。用做雨衣、帐篷、帆布等织物应具有良好的防水性，而过滤用布应具有良好的透水性。

（1）防水性：织物抵抗被水润湿和渗透的性能。织物防水性能的表征指标有沾水等级、静水压、水渗透量等。抵抗被水润湿的性能，即织物表面抗湿性是指织物表面憎水性能，常用来评价织物防水（泼水）整理效果，沾水等级是检测雨衣、泼水整理、帐篷、篷盖布等面料防水性能指标不可少的。抗渗水性能是织物抗水压的能力或抵抗水渗透到织物内部的能力。

（2）拒水性：在指定的人造淋雨器下，织物经规定时间抗拒吸收雨水的能力，也可评价织物的吸水量和透过织物的流出量。

（一）影响因素

织物的防水性随纤维种类、织物组织结构和织物后整理等不同而异。织物不易于被水沾湿的特性主要与织物的表面性能有关。

1. 纤维种类

一般吸湿性较好的纤维织物都具有较好的透水性，疏水性纤维织物具有较好的防水性。而纤维表面存在的蜡质、油脂等可产生一定的防水性。

2. 织物组织结构

织物组织结构紧密而厚的织物，防水性好，如卡其、华达呢紧密度较大，防水防风，可制作风雨衣。

3. 织物后整理

经过一般的防水整理，织物的防水性能优越，但透气、透湿性下降。而经过防水透湿整理，织物既防水，又透气、透湿。防水透湿整理主要是利用微多孔质薄膜层压或涂层，使织物中微孔直径介于水蒸气分子和水滴直径之间，即 $0.2 \sim 20\mu m$，比雨滴直径（$100 \sim 6000\mu m$）小得多，而远远大于水蒸气的直径（$0.0004\mu m$），因而水蒸气分子可通过而水滴不能通过，从而具备防水透湿功能。

（二）试验标准

GB/T 4744—1997《纺织织物 抗渗水性测定 静水压试验》，规定了测定织物抗渗水性的试验方法。适用于紧密织物，如帆布、油布、苫布、帐篷布、防雨服装布等。

GB/T 4745—2012《纺织品 防水性能的检测和评价 沾水法》，规定了采用沾水试验测定织物防水性能的方法，并给出了防水性能的评价。适用于经过或未经过防水整理的织物，不适用于测定织物的渗水性以及预测织物的防雨渗透性能。

GB/T 23321—2009《纺织品 防水性 水平喷射淋雨试验》，规定了测定织物抵抗一定冲击强度喷淋水渗透性的方法。通过测量织物抵抗喷淋水的渗透性来预测其抗雨水的渗透性能。适用于各种经过及未经过防水（或拒水）后整理的纺织织物，特别适用于具有较强防水性能的织物。

GB/T 14577—1993《织物拒水性测定 邦迪斯门淋雨法》，规定了用邦迪斯门淋雨法测定织物拒水性的方法。适用于评价织物在运动状态下经受阵雨的拒水性整理工艺效果。

（三）试验方法与原理

1. 静水压试验

以织物承受的静水压来表示水透过织物所遇到的阻力。在标准大气条件下，试样的一面承受一个持续上升的水压，直到有三处渗水为止，测定此时的静水压。

2. 沾水法

将试样安装在环形夹持器上，保持夹持器与水平直线成 45°，试样中心位置距喷嘴下方一定距离。用一定量的蒸馏水或去离子水喷淋试样。通过试样外观与沾水现象描述及图片的比较，确定织物的沾水等级，并以此评价织物的防水性能。

3. 水平喷射淋雨试验

将背面附有吸水纸（质量已知）的试样在规定条件下用水喷淋 5min，然后重新称量吸水纸的质量，通过吸水纸质量的增加来测定试验过程中渗过试样的水的质量。

4. 邦迪斯门淋雨法

试样放在样杯上，在规定条件下经受人造淋雨，然后，用参比样照与润湿试样进行目测对比评价拒水性。称量试样在试验中吸收的水分，记录透过试样收集在样杯中的水量。

第二节　服装面辅料防护功能性测试与评价

一、织物防紫外线性能

织物防紫外线性能指织物能耐受紫外线照射的性能。紫外线是波长范围在 $100 \sim 400nm$ 之间的电磁波，其辐射能量约占太阳总辐射能量的 1%，占太阳到地面总辐射量的 6%。按紫外线波长分为：

长波紫外线（UVA：$320 \sim 400nm$）：占紫外线总量的 95% ~ 98%，能量较小，能够穿透玻璃、某些衣物和人的表皮，适量的照射可以促进维生素 D 的合成，但照射过度会损伤皮肤及皮下组织，使肌肉失去弹性、皮肤粗糙、形成皱纹，使皮肤变黑，诱发皮肤疾病，引起免疫抑制等。

中波紫外线（UVB：$280 \sim 320nm$）：占紫外线总量的 2% ~ 5%，能量大，可穿过人的表皮，引起晒伤、皮肤肿瘤及皮炎等。

短波紫外线（UVC：$200 \sim 280nm$）：能量最大，作用最强，可引起晒伤、基因突变及肿瘤，但未到达地面之前，几乎已被臭氧层完全吸收，对人类不会造成任何伤害。因此需要防护的主要是中、长波紫外线。

一般情况下，人体皮肤所能接受紫外线的安全辐射量每天应在 $20kJ/m^2$ 以内，而紫外线到达地面的辐射量阴天时为 $40 \sim 60kJ/m^2$，晴天时为 $80 \sim 100kJ/m^2$，炎夏烈日时可达 $100 \sim 200kJ/m^2$，普通衣料对紫外线的遮蔽一般在 50% 左右，远远达不到防护要求。

近年来，由于人类生产和生活大量地排放氟利昂，使地球的保护伞即大气层正日益遭到破坏，特别是在地球两极及我国青藏高原上空出现了臭氧空洞，地球的保护圈即臭氧层变薄变稀，使到达地面的紫外线辐射量增多。

一般情况下，适量的紫外线辐射具有杀菌作用，并能促进维生素 D 的合成，有利于人体的健康。但在烈日持续照射下，人体皮肤会失去抵御能力，易发生灼伤，出现红斑或水泡。过多地遭受紫外线辐射还会诱发皮肤病，甚至皮肤癌，可促进白内障的生长，可引起角膜炎和结膜炎，并降低人体免疫功能。另外，紫外线会使海洋生物中的浮游生物和鱼贝类减少，影响植物的光合作用和生长等。据资料显示，臭氧层每减少 1%，紫外线辐射强度就增大 2%，患皮肤癌的可能性将提高 3%。因此，为了减少紫外线对人体的过量辐射，纺织品的防紫外线性能越来越显得重要。用来描述抗紫外线性能的相关概念如下：

（1）日光紫外线辐射（UVR）（Solar Ultraviolet Radiation）：波长为 280～400nm 的电磁辐射。

（2）日光紫外线 UVA（Solar UVA）：波长在 315～400nm 的日光紫外线辐射。

（3）日光紫外线 UVB（Solar UVB）：波长在 280～315nm 的日光紫外线辐射。

（4）紫外线防护系数（UPF）（Ultraviolet Protection Factor）：皮肤无防护时计算出的紫外线辐射平均效应与皮肤有织物防护时计算出的紫外线辐射平均效应的比值。

（一）防紫外线的机理

普通纤维主要通过吸收对紫外线起到阻隔作用。防紫外线织物，主要是用屏蔽剂对纤维或织物进行防紫外线处理来增强纺织品吸收或反射紫外线的能力。

常用的紫外线屏蔽剂有无机紫外线屏蔽剂和有机紫外线屏蔽剂两类。无机紫外线屏蔽剂主要是对紫外线进行反射，通常利用不具有活性的陶瓷、金属氧化物等细小颗粒与纤维或织物结合，达到增加织物表面对紫外线反射和散射的作用。如氧化锌、二氧化钛、氧化铁、滑石粉等。有机紫外线屏蔽剂主要是吸收紫外线并使之变成热能或波长较短的电磁波，达到防紫外线的效果。如水杨酸类、二苯甲酮类、苯并三唑类、氢基丙烯酸类等。

（二）试验标准

GB/T 18830—2009《纺织品　防紫外线性能的评定》，规定了纺织品的防日光紫外线性能的试验方法，防护水平的表示、评定和标识。适用于评定在规定条件下织物防护日光紫外线的性能。

（三）试验原理

用单色或多色的 UV 射线辐射试样，收集总的光谱透射射线，测定出总的光谱透射比，并计算试样的紫外线防护系数值。

可采用平行光束照射试样，用一个积分球收集所有透射光线；也可采用光线半球照射试样，收集平行的透射光线。

二、织物静电性能

静电指绝缘体上所带的电荷积聚在物体表面因不能泄漏掉而产生的电荷积聚现象，并且静电的带电体会产生相应的静电场，这就是静电现象。织物防止静电产生或积累的性能，称为防静电性能。

纺织材料一般为绝缘物质，具有较高的电阻率，尤其是大多数合成纤维的回潮率较低，而比电阻大大高于天然纤维，其纺织品容易在加工和使用中产生静电。天然纤维及再生纤维的纺织品有较好的抗静电性，但在干燥环境下，仍会明显地产生静电。在纺织品加工或使用过程中，纤维材料相互间或同其他物体接触摩擦，都会产生带电现象。纤维材料受压缩或拉伸，或者周围存在带电体，或者在空气中烘干，也会产生带电现象。若电荷不断积累而未能消除，就会造成静电现象。

织物受摩擦时会产生静电，静电不仅使纺织品加工困难，还会影响使用性能或产生危害。在服装与服装、服装与人体之间摩擦所带电压可达数千伏甚至数万伏，容易产生排斥、纠缠、吸尘、贴肤、刺痛等静电障碍，影响服装的舒适性及外观性。更为严重的是在相对湿度较低的环境中，静电现象还会放电产生火花，其能量足以使周围易燃、易爆气体着火或爆炸，引起重大事故。

因此，消除静电的隐患已成为人们生产、生活中亟待解决的一个问题，测定纺织品的静电性也显得十分必要。通常用来描述静电性能的指标如下：

（1）静电电压：试样上积聚的相对稳定的电荷所产生的对地电位。

（2）静电压半衰期：试样上静电压衰减至原始值一半时所需要的时间。

（3）电荷面密度：试样单位面积上所带的电量。

（4）电荷量：试样与标准布摩擦一定时间后所带电荷。

（5）体积电阻：在一给定的通电时间之后，施加于与一块材料的相对两个面上相接触的两个引入电极之间的直流电压对于该两个电极之间的电流的比值，在该两个电极上可能的极化现象忽略不计（在电化1min后测定）。

（6）体积电阻率：沿试样体积电流方向的直流电场强度与稳态电流密度的比值。

（7）表面电阻：在一给定的通电时间之后，施加于材料表面上的标准电极之间的直流电压对于电极之间的电流的比值，在电极上可能的极化现象忽略不计（在电化1min后测定）。

（8）表面电阻率：沿试样表面电流方向的直流电场强度与单位长度的表面传导电流之比。

（一）影响因素

影响织物静电性能的因素主要有纤维的结构与导电性能、织物结构、织物后整理、环境温湿度、摩擦形式与条件等。

1. 纤维的结构与导电性能

服装材料的带电性与纤维种类关系很大，见表6-1。导电性好的纤维，不易积累静电，静电现象不严重，反之亦然。一般，纤维素纤维的静电现象不明显，羊毛或蚕丝有一定的静电干扰，而合成纤维和醋酯纤维的静电现象较严重。在纺织时加入金属纤维或导电纤维等，从而增加织物的导电性，产生良好的抗静电作用。

表6-1 各种纤维回潮率与比电阻

纤维种类	回潮率（%）	比电阻（$\Omega \cdot cm$）
氯纶	0	10^{15}
涤纶	0.4	10^{14}
腈纶	2	10^{14}
锦纶	4.5	10^{12}

纤维种类	回潮率(%)	比电阻(Ω·cm)
醋酯纤维	6.5	10^{12}
粘胶纤维	11	10^7
棉	8	10^7

2. 织物结构

一般织物的结构越紧密，内聚能越高，或者织物表面平滑度越低，越易受到较强烈的摩擦而使温度升高，摩擦时越易首先活化失去电子，从而带正静电荷。

3. 织物后整理

织物后整理加工的影响也很大，羊毛和合纤服装在穿脱时产生静电火花现象，即静电积累严重。为了克服和消除静电干扰，出现了各种防静电整理，在生产工艺上采用在纤维内部添加导电物质或抗静电剂，或在纺织时加入导电纤维或金属丝等以获得抗静电效果。如对羊毛或合成纤维制品进行亲水性整理或加入金属纤维或导电纤维等，从而增加织物的导电性，产生良好的抗静电作用。

4. 环境温湿度

环境相对湿度对纤维和织物的抗静电性能影响显著，纤维的比电阻、静电电压半衰期都随着相对湿度的增高而降低。环境温度对纤维和织物的抗静电性能影响比起相对湿度的影响要小得多。

对于极性和强极性的纤维及其织物，随着环境温度的上升，一般带电荷量减少。而非极性和弱极性的纤维及其织物的抗静电性能受温度影响很小，可以忽略。

5. 摩擦形式与条件

纤维的摩擦起电，首先与其材料和磨料的种类有关，此外，纤维的摩擦方式、压力和速度也会影响静电的发生。

通常，对称摩擦即两接触物体从整体上相互受到均匀的摩擦，造成的电荷移动小，静电产生不明显。非对称摩擦即一个物体的整体与另一物体的局部发生的摩擦，其电荷移动量大，起电效果显著。纺织品在测试中，若张力增加即正压力增加，使接触面积及摩擦功增加，则带电量也增加，一般相对摩擦速度越大，产生的静电荷量也越大。

（二）试验标准

静电防护织物指标的测试是一个比较复杂的问题，采用不同的试验方法或仪器获得的结果往往有很大差异。试验条件稍有变化也会产生不同的结果，影响试验结果的可比性，因此，必须统一标准。但国际标准化组织尚未制定统一的标准。

GB/T 12703.1—2008《纺织品　静电性能的评定　第1部分：静电压半衰期》，规定了纺织品静电压半衰期的试验方法及评价指标。适用于各类纺织品，不适用于铺地织物。

GB/T 12703.2—2009《纺织品　静电性能的评定　第2部分：电荷面密度》，规定了纺织织物电荷面密度的测试方法及静电性能的评价。适用于各类纺织品，不适用于铺地织物。

GB/T 12703.3—2009《纺织品　静电性能的评定　第 3 部分：电荷量》，规定了服装及其他纺织制品摩擦带电荷量的测试方法。适用于各类服装及其他纺织制品，其他产品可参照采用。

GB/T 12703.4—2010《纺织品　静电性能的评定　第 4 部分：电阻率》，规定了纺织品体积电阻率和表面电阻率的测试方法。适用于各类纺织织物，不适用于铺地织物。

GB/T 12703.5—2010《纺织品　静电性能的评定　第 5 部分：摩擦带电电压》，规定了纺织织物摩擦带电电压的试验方法。适用于各类纺织织物，不适用于铺地织物。

GB/T 12703.6—2010《纺织品　静电性能的评定　第 6 部分：纤维泄漏电阻》，规定了各类短纤维泄漏电阻的测试方法。适用于各类短纤维泄漏电阻的测试。

GB/T 12703.7—2010《纺织品　静电性能的评定　第 7 部分：动态静电压》，规定了纺织生产动态静电压的测试方法。适用于纺织厂各道工序中纺织材料和纺织器材静电性能的测定。

(三) 试验方法与原理

纺织品静电性能的评定方法很多，但静电压半衰期法运用最为普遍。

1. 静电压半衰期法

使试样在高压静电场中带电至稳定后断开高压电源，使其电压通过接地金属台自然衰减，测定静电压值及其衰减至初始值一半所需的时间。

2. 电荷面密度法

将经过摩擦装置摩擦后的试样投入法拉第筒，以测量试样的电荷面密度。

3. 电荷量法

用摩擦装置模拟试样摩擦带电的情况，然后将试样投入法拉第筒，以测量试样的带电电荷量。

4. 电阻率法

测量高电阻常用的方法是直接法或比较法。

(1) 直接法：测量加在试样上的直流电压和流过它的电流 (伏安法) 而求得未知电阻。

(2) 比较法：确定电桥 (电桥法) 线路中试样未知电阻与电阻器已知电阻之间的比值，或是在固定电压下比较通过这两种电阻的电流。

5. 摩擦带电电压法

在一定的张力条件下，使试样与标准布相互摩擦，以规定时间内产生的最高电压对试样摩擦带电情况进行评价。

6. 纤维泄漏电阻法

利用阻容充放电原理，用不同纤维电阻 (R) 跨接于充以电荷的固定电容 (C) 两端，以其放电速度来测量纤维电阻值。

7. 动态静电压法

根据静电感应原理，将测试电极靠近被测体，经电子电路放大后推动仪表显示出其数值。

三、织物燃烧性能

随着人们安全意识的增强，对于某些服装以及其他用途的纺织品都必须具备阻燃性能。因此，燃烧性能的测试与评价已成为纺织品的重要检验项目。

日常生活中，起因于纺织品的火灾占有很大比例，这关系到人们生命财产的安全。日常穿着的服装，经常会遇到火柴、香烟和火星，当与衣物接触后，往往将衣物烧成破洞或灼伤人的皮肤。由于这类小损伤难以修补，故使服装的使用价值降低。在一些特殊的作业场合，要求服装有较好的抗熔融性，如焊接工作场所。

纺织品燃烧从着火、燃烧至最终产物是一系列复杂的物理和化学变化过程。首先可燃物质受到火（热）源的作用，水分蒸发，温度升高，然后产生热分解，形成可燃物质与空气混合而着火燃烧，并释放出大量的热能。热能对纤维又进行作用，促使燃烧反应连续进行。实质就是固相分解转向气相氧化。这样，可燃物、火（热）和氧气3个要素构成燃烧循环。从燃烧过程、燃烧条件等分析可知，要达到阻燃的目的，就必须切断由可燃物、火（热）和氧气3要素构成的燃烧循环。

纺织品的阻燃性可以是纺织品材料本身固有的一种特性，也可以是纺织品经过一定的阻燃整理后所获得的特性，最小点燃时间、火焰蔓延时间、损毁面积等描述燃烧性的指标对人们能否在危险出现时安全地撤离有实际意义，已越来越受到人们的重视。通常用来描述燃烧性的指标如下：

（1）极限氧指数（LOI）：在规定的试验条件下，氧氮混合物中材料刚好保持燃烧状态所需要的最低氧浓度。

（2）续燃：在规定的试验条件下，移开（点）火源后，材料持续的有焰燃烧。

（3）续燃时间：在规定的试验条件下，移开（点）火源后，材料持续有焰燃烧的时间。

（4）阴燃：当有焰燃烧终止后，或如为无焰燃烧时移开（点）火源后，材料持续的无焰燃烧。

（5）阴燃时间：在规定的试验条件下，当有焰燃烧终止后，或移开（点）火源后，材料持续无焰燃烧的时间。

（6）损毁长度：在规定的试验条件下，在规定方向上材料损毁面积的最大长度。

（7）点火时间：点火源的火焰施加到试样上的时间。

（8）火焰蔓延时间：在规定的试验条件下，燃烧材料上的火焰扩展一定距离或表面面积所需的时间。

（9）点燃：燃烧开始。

（10）最小点燃时间：在规定的试验条件下，材料暴露于点火源中获得持续燃烧所需的最短时间。

（11）表面燃烧：仅限于材料表面的燃烧。

（12）表面燃烧时间：在规定条件下，织物上的绒毛燃烧至规定距离所需的时间。

（13）易燃性：在规定的试验条件下，材料或制品进行有焰燃烧的能力。

（14）火焰蔓延速率：在规定的试验条件下，单位时间内火焰蔓延的距离。

（15）损毁面积：在规定的试验条件下，材料因受热而产生不可逆损伤部分的总面积。包括材料损失、收缩、软化、熔融、炭化、烧毁及热解等。

（16）接焰次数：纺织品在45°状态下受热熔融至规定长度时接触火焰次数的测定。

（一）影响因素

纺织品的燃烧取决于纤维的化学组成、织物组织结构、织物的阻燃整理加工及使用环境等。

1. 纤维的化学组成

通常按燃烧时引燃的难易、燃烧速度、自熄性等特征，可将纤维定性地区分为阻燃纤维和非阻燃纤维。前者包括不燃纤维和难燃纤维，后者包括可燃纤维和易燃纤维。

纤维大分子的含氢量是影响其燃烧性能的一个重要因素，一般含氢量越高，极限氧指数越低，就越易燃烧。一般含氮量高的纤维，其极限氧指数也高。天然纤维中的羊毛和蚕丝，因其含有一定量的氮而有一定的阻燃性。但是，含氮量不是影响纤维燃烧性能的唯一因素，例如腈纶含氮量可达22%，而其极限氧指数却很低。氯、溴、磷、硫、锑等是较为重要的阻燃元素，若纤维的组成中含有这些元素，则可降低其可燃性。

纤维素纤维和腈纶易于燃烧，且燃烧迅速。蛋白质纤维、锦纶、维纶是可燃的，但燃烧速度较慢。氯纶、聚乙烯醇—氯乙烯共聚纤维（维氯纶）等是难燃的，但与火焰接触可燃烧，离开火源后自行熄灭。石棉、玻璃纤维等是不燃的，与火焰接触也不燃烧。

织物的抗熔融性与天然纤维分解和合成纤维熔融所需吸收的热量有关，所需热量多，难以熔融；所需热量少，则易熔融。涤纶、锦纶等属于热塑性合成纤维，接触火花或热体时，接触部位吸收热量，开始熔融形成孔洞；天然纤维和粘胶纤维在受热作用时不软化、不熔融，温度过高时即分解或燃烧。纤维的导热系数也与抗熔融性有关，导热系数大，则传递热量快，纤维易于燃烧和熔融。

纤维的组成与纤维燃烧时的发烟性、燃烧气的成分及毒性也有着密切的关系。因此，纤维的发烟性和燃烧气的毒性已成为评定阻燃纤维的重要指标。一般分子组成中碳氢比值较高的纤维，其发烟量也较高，含卤的纤维发烟量较不含卤的纤维高，但并不一定含卤越多，发烟量越高。绝大多数纤维材料燃烧时产生一氧化碳和二氧化碳等气体，但合成纤维燃烧时除生成上述产物外，还随其本身所含元素的不同而产生各种特有的毒气。

2. 织物组织结构

由于织物组织结构不同，其燃烧性也有较大差别。织物接触火焰到起火的时间，与织物组织结构无关，而与织物的单位面积质量成正比。织物的直线燃烧速度，则与织物的单位面积重量成反比。纤维经交织、混纺、复合，对织物的燃烧性有影响，这与单一纤维织物的燃烧性有显著差别。

一般，织物的组织结构紧密，透气性小，不易与周围的空气充分接触，氧气的可及性低，燃烧也就困难。同类组织规格的织物，单位面积重量越大，越不易燃烧。对纤维有熔融性的织物而言，密度小和轻薄的织物容易产生熔融现象。

3. 织物阻燃整理加工

阻燃指降低材料在火焰中的可燃性，减慢火焰蔓延速度，当火源移去后能很快自熄，不再阴燃。

4. 使用环境

纺织品最终使用时的环境因素，如环境温度、湿度等，对其燃烧性也有一定的影响。通常纺织品的极限氧指数随着环境温度的升高而降低，特别是对棉织物的影响尤为显著。纺织品的含湿量随着环境相对湿度的上升而增加，它会明显地降低燃烧速度，抑制火焰的蔓延。

（二）试验标准

GB/T 5454—1997《纺织品 燃烧性能试验 氧指数法》，规定试样置于垂直的试验条件下，在氧、氮混合气流中，测定试样刚好维持燃烧所需最低氧浓度（也称极限氧指数）的试验方法。适用于测定各种类型的纺织品（包括单组分或多组分），如机织物、针织物、非织造布、涂层织物、层压织物、复合织物、地毯类等（包括阻燃处理和未经处理）的燃烧性能。仅用于测定在实验室条件下纺织品的燃烧性能，控制产品质量，而不能作为评定实际使用条件下着火危险性的依据，或只能作为分析某特殊用途材料发生火灾时所有因素之一。

GB/T 5455—1997《纺织品 燃烧性能试验 垂直法》，规定了测定各种阻燃纺织品阻燃性能的试验方法，用以测定纺织品续燃、阴燃及炭化的倾向。适用于阻燃的机织物、针织物、涂层产品、层压产品等阻燃性能的测定。

GB/T 5456—2009《纺织品 燃烧性能 垂直方向试样火焰蔓延性能的测定》，规定了纺织品垂直方向火焰蔓延时间的试验方法。适用于各类单组分或多组分（涂层、绗缝、多层、夹层制品及类似组合）的纺织织物和产业用制品，如服装、窗帘帷幔及大型帐篷（凉棚、门罩）。只能用于评定在实验室控制条件下的材料或材料组合接触火焰后的性能。试验结果不适用于供氧不足的场合或在大火中受热时间过长的情况。

GB/T 8745—2001《纺织品 燃烧性能 织物表面燃烧时间的测定》，规定了纺织织物表面燃烧时间的测定方法。适用于表面具有绒毛（如起绒、毛圈、簇绒或类似表面）的纺织织物。

GB/T 8746—2009《纺织品 燃烧性能 垂直方向试样易点燃性的测定》，规定了纺织织物垂直方向易点燃性的试验方法。适用于各类单层或多层（如涂层、绗缝、多层、夹层和类似组合）的织物。只能用于评定在实验室控制条件下，纺织织物与火焰接触的燃烧性能，但不适用于供氧不足的场合或在大火中受热时间过长的情况。

GB/T 14644—1993《纺织织物 燃烧性能 45°方向燃烧速率测定》，规定了服装用纺织品易燃性的测定方法及评定服装用纺织品易燃性的三种等级。适用于测量易燃纺织品穿着时一旦点燃后燃烧的剧烈程度和速度。

GB/T 14645—1993《纺织织物　燃烧性能　45°方向损毁面积和接焰次数测定》，A 法适用于纺织织物在 45°状态下的损毁面积和损毁长度测定，B 法适用于纺织品在 45°状态下受热熔融至规定长度时接触火焰次数的测定。

GB/T 20390.1—2006《纺织品　床上用品燃烧性能　第 1 部分：香烟为点火源的可点燃性试验方法》和 GB/T 20390.2—2006《纺织品　床上用品燃烧性能　第 2 部分：小火焰为点火源的可点燃性试验方法》。

QB/T 2973—2008《毛皮　物理和机械试验　阻燃性能的测定》，规定了毛皮阻燃性能的测定方法，适用于有阻燃性要求的毛皮。

GB/T 23467—2009《用假人评估轰燃条件下服装阻燃性能的测定方法》，规定了在热通量、火焰分布和持续时间均可控的模拟轰燃环境下，特征描述防护服阻燃性能的定量测量和主观观测方法。适用于防护服阻燃性能的测试与评价，也可用于预测人体组织的烧伤程度和烧伤总面积。其测试结果可以作为着火危害评估或着火风险评估的依据，该评估考虑了特定适用中着火危害或着火风险评估的相关因素。

（三）试验方法与原理

织物燃烧性能的测试近年来受到世界各国的重视。美国、日本对材料阻燃要求很高，规定了不同行业、不同材料的测试标准。国内外纺织品燃烧性能测试的方法标准很多，有日本 JIS 纺织品燃烧性试验方法标准、美国 ASTM 纺织品阻燃试验方法标准、国际标准化组织制定的纺织品燃烧性能试验标准等。

我国在研究和吸收国际标准和工业发达国家先进标准的基础上，已正式颁布适用于纺织品燃烧性能评价的试验方法标准如下。不同燃烧试验方法的使用，应根据产品标准和实际需要而定。

1. 燃烧性能—氧指数法

试样夹于试样夹上垂直于燃烧筒内，在向上流动的氧、氮气流中，点燃试样上端，观察其燃烧特性，并与规定的极限值比较其续燃时间或损毁长度。通过在不同氧浓度中一系列试样的试验，可以测得维持燃烧时氧气百分含量表示的最低氧浓度值，受试试样中要有 40%～60%超过规定的续燃和阴燃时间或损毁长度。

2. 燃烧性能—垂直法

将一定尺寸的试样置于规定的燃烧器下点燃，测量规定点燃时间后，试样的续燃、阴燃时间及损毁长度。

3. 燃烧性能—垂直方向火焰蔓延性能

用规定点火器产生的火焰，对垂直方向的试样表面或底边点火 10s，测定火焰在试样上蔓延至三条标记线分别所需的时间。

4. 燃烧性能—织物表面燃烧时间

在规定的试验条件下，在接近顶部处点燃夹持于垂直板上的干燥试样的起绒表面，测定火焰在织物表面向下蔓延至标记线的时间。

注：表面绒毛燃烧的火焰更容易向下或两边蔓延，而不易向上蔓延，这是因为燃烧产

物的覆盖作用，使火焰上方的绒毛不易燃烧。

5. 燃烧性能—垂直方向试样易点燃性

用规定点火器产生的火焰，对垂直方向的试样表面或底边点火，测定使试样点燃所需的时间，并计算平均值。

6. 燃烧性能—45°方向燃烧速率

在规定条件下，将试样斜放呈45°角，对试样点火1s，将试样有焰向上燃烧一定距离所需的时间，作为评定该纺织品燃烧剧烈程度的量度。具有表面起绒的织物，底布的点燃或熔融作为燃烧剧烈程度的附加指标，但需加以注明。

注：绒面指织物中具有各种绒头的表面，如拉绒、起绒、簇绒、植绒或类似的表面。

7. 燃烧性能—45°方向损毁面积和接焰次数

（1）A方法：在规定的试验条件下，对45°方向纺织试样点火，测量织物燃烧后的续燃和阴燃时间、损毁面积及损毁长度。

（2）B方法：在规定的试验条件下，对45°方向纺织试样点火，测量织物燃烧距试样下端90mm处需要接触火焰的次数。

8. 床上用品燃烧性能

试样放在实验衬底上，在试样的上部或下部放置发烟燃烧的香烟或施加小火焰，记录所发生的渐进性发烟燃烧或有焰燃烧。

9. 毛皮阻燃性能

用规定方法对试样进行预处理，用标准火源进行表面燃烧试验，根据燃烧结果判定样品的阻燃性能。

10. 防护服阻燃性能

用于评估不同材料、不同款式的单件或整套服装的热防护性能。将被测服装穿在仪器化假人身上，置于热通量、持续时间和火焰分布均匀可控的实验室模拟轰燃条件中，通过仪器化假人皮肤表面热传感器输出数据计算可能造成的二度、三度烧伤及总烧伤面积。烧伤面积越大，产生烧伤程度越重，则服装的热防护性能越差；反之，服装的热防护性能越好。

四、织物拒油性能

拒油性指织物抵抗吸收油类液体的特性。随着人们生活质量的提高，单一功能的纺织品已远远不能满足人们的需要，多功能的纺织品因其优良的性能正越来越受到人们的关注和喜爱。拒水拒油整理就是在织物上施加一种或数种整理剂，改变织物的表面性能，使织物不易被水和常见油污所润湿或沾污。拒水拒油纺织品可广泛应用于服装面料、厨房用布、餐桌用布、装饰用布、产业用布、军队用布、劳保用布等领域。

(一) 试验标准

GB/T 19977—2005《纺织品　拒油性　抗碳氢化合物试验》，用于评定织物对所选取的一系列具有不同表面张力的液态碳氢化合物的抗吸收性。特别适用于比较同一基布经不同整理剂整理后的拒油效果。不适用于评估试样抗油类化学品的渗透性能。

（二）试验原理

将选取的不同表面张力的一系列碳氢化合物标准试液滴在试样表面，然后观察润湿、芯吸和接触角的情况。拒油等级以没有润湿试样的试液最高编号表示。

五、织物抗菌性能

在适宜条件（基质、水分、温度、湿度、氧气）下，微生物能在纺织品及皮肤上生长和繁殖。天然纤维纺织品比合成纤维纺织品更易受到微生物侵害，这是因为前者的组成成分更容易被微生物的酶系统分解和利用，且含水量也高。微生物新陈代谢活动的结果，一方面使纺织品受到直接侵蚀，强度或弹性下降，严重时会变糟、变脆而失去使用价值；另一方面其活动产物会造成纺织品着色色变而使外观变差，微生物生长繁殖引起的腐败发酵，不仅会产生恶臭，还会刺激皮肤诱发炎症。

国外研究表明，内衣各个位置的细菌吸附，如以冬天数值为基准，则夏天约为100倍，春天约为7倍，秋天约为6倍。从部位来说，一年四季都以腋窝为最多。

抗菌是一个广义的概念，是抑菌和杀菌作用的总称。杀菌是杀死微生物营养体和繁殖体的作用。抑菌是抑制微生物生长繁殖的作用。

随着生活水平的提高及抗菌加工技术在纺织品领域的应用，抗菌功能的纺织品越来越受到消费者的欢迎。抗菌纤维及织物是指对细菌、真菌及病毒等微生物有杀灭或抑制作用的纤维及织物，其目的不仅是为了防止纺织品被微生物沾污而损伤，更重要的是为了防止传染疾病，保证人体的健康，降低公共环境的交叉感染率，使纺织品获得卫生保健的新功能。

（一）试验标准

GB/T 20944.1—2007《纺织品　抗菌性能的评价　第1部分：琼脂平皿扩散法》，规定了采用琼脂平皿扩散法测定纺织品抗菌性能的定性试验和评价方法。适用于机织物、针织物、非织造织物和其他平面织物。纤维、纱线等可参照执行。

GB/T 20944.2—2007《纺织品　抗菌性能的评价　第2部分：吸收法》，规定了采用吸收法测定纺织品抗菌性能的定量试验和评价方法。适用于羽绒、纤维、纱线、织物和制品等各类纺织产品。

GB/T 20944.3—2007《纺织品　抗菌性能的评价　第3部分：振荡法》，规定了采用振荡法测定纺织品抗菌性能的定量试验和评价方法。适用于羽绒、纤维、纱线、织物，以及特殊形状的制品等各类纺织产品，尤其适用于非溶出型抗菌纺织品。

（二）试验方法与原理

抗菌性能的评价分为定性评价方法（琼脂平皿扩散法）和定量评价方法（吸收法和振荡法）。

1. 琼脂平皿扩散法

平皿内注入两层琼脂培养基，下层为无菌培养基，上层为接种培养基。试样放在两层培养基上，培养一定时间后，根据培养基和试样接触处细菌繁殖的程度，定性评定试样的抗菌性能。

2. 吸收法

将试样与对照样分别用试验菌液接种。分别进行立即洗脱和培养后洗脱，测试洗脱液中的细菌数并计算抑菌值或抑菌率，以此评价试样的抗菌效果。

3. 振荡法

将试样与对照样分别装入一定浓度的试验菌液的三角烧瓶中，在规定的温度下振荡一定时间，测定三角烧瓶内菌液在振荡前及振荡一定时间后的活菌浓度，计算抑菌率，以此评价试样的抗菌效果。

六、织物防钻绒性能

织物防钻绒性能指织物阻止羽毛、羽绒和绒丝从其表面钻出的性能。通常用在规定条件作用下的钻绒根数表示。防钻绒性能是羽绒服装及羽绒制品质量好坏的重要考核指标之一。羽绒制品的钻绒一直以来都困扰着生产企业和消费者。织物密度、缝制质量、羽绒质量都会影响羽绒服装及羽绒制品的钻绒性能。因此，对羽绒制品，尤其是羽绒服，为了保证服装的优良服用性，评价其防钻绒性十分必要。

（一）试验标准

GB/T 12705.1—2009《纺织品 织物防钻绒性试验方法 第1部分：摩擦法》，适用于制作羽绒制品用的各种织物。

GB/T 12705.2—2009《纺织品 织物防钻绒性试验方法 第2部分：转箱法》，适用于制作羽绒制品用的各种织物。

（二）试验方法与原理

1. 摩擦法

将试样制成具有一定尺寸的试样袋，内装一定质量的羽绒、羽毛填充物。把试样袋安装在仪器上，经过挤压、揉搓和摩擦等作用，通过计数从试样袋内部所钻出的羽毛、羽绒和绒丝根数来评价织物的防钻绒性能。

2. 转箱法

将试样制成具有一定尺寸的试样袋，内装一定质量的羽绒、羽毛填充物，把试样袋放在装有硬质橡胶球的试验仪器回转箱内，通过回转箱的定速转动，将橡胶球带至一定高度，冲击箱内的试样，达到模拟羽绒制品在服用中所受的挤压、揉搓、碰撞等作用，通过计数从试样袋内部所钻出的羽毛、羽绒和绒丝根数来评价织物的防钻绒性能。

七、织物防辐射性能

（一）电离辐射

电离辐射对材料和人体的危害是直接导致材料（包括生物机体）的电离，破坏了材料和生物体的分子结构，从而造成对材料和生物体损伤。电离辐射可对受照本人造成损伤（躯体效应），并能造成不育、胚胎死亡或胎儿畸形、遗传病等（遗传效应）。

电离辐射对人体和材料的危害很大，但不同的电离辐射在穿透能力、电离能力和对人体及材料造成损伤的程度方面有不同的表现，有的电离辐射不需要专门的防护材料即可有效阻隔，有的电离辐射则还没有有效的材料能加以阻挡和拦截。

1. α粒子

α粒子是带2个正电荷的氦原子核，有很强的电离能力，但由于其质量较大，穿透能力差，在空气中的射程只有几厘米，只要一张纸或健康的皮肤就能挡住，故不需使用专门的材料进行阻隔防护。

2. β粒子

β粒子是放射性物质发生β衰变时放射出的高能电子，电离能力比α粒子小得多，但穿透能力强。β粒子和由电子加速器的高压电场加速的电子束均需用铝箔等金属薄片进行阻挡，因此金属薄片是防止高能电子入射的防护材料。

3. 质子

质子是带正电荷的亚原子粒子，高速质子流在人体中有极强的穿透能力，但单纯穿透对人体造成的损伤不大。通常作为医疗手段定位杀灭肿瘤细胞，公众和普通职业人员不易遭遇高速质子的辐照，故不存在防护问题。

4. 中子

中子是电中性的粒子，不直接导致电离，但易在衰变后引发电离。中子穿透能力极强，可穿透钢铁装甲和建筑物而杀伤人员，并可产生感生放射性物质，在一定的时间和空间上造成放射性污染。高能中子（>10MeV）可在空气中行进极长距离，其有效拦截物质是水等富含氢核的物质。在合成纤维中添加锂、硼、氢、氮、碳等中子吸收剂，并利用纤维合体可起到使中子慢化的作用，对中子有一定的拦截屏蔽作用，但通常只对低速热中子有一定的阻隔效果。例如厚度为5mm的含硼中子防护服，对热中子（0.025MeV）的防护屏蔽率为80%；含硼石蜡、含碳化硼的聚丙烯等均对热中子有一定的屏蔽效果。

5. X射线

X射线是由高速电子撞击物质的原子所产生的电磁波，波长在0.01~10nm之间，极具穿透性和杀伤力，通常用铅板、钡水泥墙等作为阻隔防御材料。接触X射线较多的医务人员大多穿着局部（多为正面）插入铅橡皮的防护服装，以阻隔X射线。铅纤维与普通纤维混纺制成的服装比插入铅橡皮的防护服装柔软。在化学纤维中添加氧化铅、硫酸钡制成的防X射线纤维，制成纺织品后对低能X射线有一定的遮蔽效果，比铅衣柔软轻便。

6. γ射线

γ射线是原子核能级跃迁蜕变时释放出的射线，是波长短于0.02nm的电磁波。γ射线有比X射线更强的穿透力和杀伤力，医疗上用来治疗肿瘤。γ射线的防护材料与X射线的防护材料类似，也采用铅板、铅纤维与普通纤维混纺，以及含铅、硼、钡等元素的纤维及其他材料，均对γ射线有一定的屏蔽作用，但防护效果不如X射线。

因此，电离辐射除α粒子外，制成纤维状或织物状的防辐射材料尚难有效遮断高能射线和粒子流的入侵，仍然以铅橡皮为最常用且相对有效的防护材料。

（二）电磁辐射

电磁辐射指能量以电磁波的形式通过空间传播的现象。人体暴露于微波等电磁辐射中，虽然不会造成生物大分子的电离，但会因热效应、非热效应和积累效应而导致对人体的损伤。

热效应指生物器官受电磁波辐照导致升温而引起生理和病理变化的作用，这种损伤得到各国学者公认，并已将对热效应的防护体现到了各国的相关标准之中。人体70%以上是水，水分子受到电磁波辐射后相互摩擦，引起机体升温，从而影响到体内器官的正常工作。

非热效应指生物器官虽未因电磁场导致升温，但人体器官如同一个精密的电磁器件，会在外界电磁场作用下因不能实现良好的电磁兼容而导致功能失调甚至器质性病变。这种损伤被一部分研究人员（如欧洲研究者）所认可，而有的学者（如美国研究者）则认为非热效应不至于对人体造成损伤。人体的器官和组织都存在微弱的电磁场，它们是稳定和有序的，一旦受到外界电磁场的干扰，处于平衡状态的微弱电磁场即将遭到破坏，人体也会遭受损伤。

积累效应指虽然人体所处环境的电磁场强度低于暴露限值，但长时间受到辐射，也会因辐射效果的日积月累而导致损伤。也有学者将积累效应归并到非热效应之中，而认为只存在热效应和非热效应两类。热效应和非热效应作用于人体后，对人体的伤害尚未来得及自我修复之前（通常所说的人体承受力），再次受到电磁波辐射的话，其伤害程度就会发生累积，久之会成为永久性病态，危及生命。

1. 电磁波种类

（1）高频电磁波：电磁辐射的防护主要针对高频电磁波，根据现有的电磁辐射防护标准，对频率为30~300MHz的电磁波有最严格的防护标准，即暴露限值最低。该频率范围以及更高的频率范围内的电磁波对人体的损伤主要是由电场造成的，对此进行防护主要采用反射电磁波的机理，而吸收电磁波的防护方式相对困难，除非允许采用很厚重的防护层，而这对于纺织品而言并不合适。不锈钢、铜、铝、镍等电导率高的金属纤维是传统的屏蔽材料，但由此制得的防护服装过于沉重，手感偏硬。

基于反射机理的防电磁辐射纤维常用的制取方法包括：

①以普通合成纤维为基材，在外层包覆（化学镀、涂覆）金属层，制成镀铜、镀镍、镀银纤维。

②原位聚合聚苯胺、聚吡咯制成导电纤维。

③通过涂层加工，将导电的各种粉体附着在纤维表面制成高电导率的纤维。

对这些纤维可制成合适的细度和长度，以使防电磁辐射纤维适合于后续纺织品或非织造布加工。

（2）低频电磁波：对于低频电磁波，虽然对人体的损伤很小，但在特殊场合（如扫雷艇产生的强大磁场）下，需将磁场集中在磁性纤维内，从而保证由磁性纤维护卫的人体内部只有很低的磁场强度。与金属纤维类似，传统的磁性纤维由铁、镍合金等高导磁材料制成，目前发展成为以铁、铁氧体粉体添加到合成纤维中制得磁性纤维。

由高电导率纤维和高磁导率纤维制成的纺织品，可获得电磁辐射防护效果。但能够直接制成具有电磁屏蔽效果纺织品更为简捷的方法包括：

①采用金属纤维或将金属化纤维与其他纤维混纺制备电磁屏蔽织物。

②对合成纤维织物直接进行金属化处理（如镀铜、镀镍、镀银等）。

③原位聚合聚苯胺、聚吡咯等导电高分子。

④施加导电涂层（涂覆导电高分子材料，含铜粉、银粉等导电粉体的涂料）等。

通常采用15%~20%的不锈钢纤维混纺制成的电磁屏蔽织物，可使织物的电磁屏蔽效能达到20dB左右，而经过金属化处理的织物，屏蔽效能可达65dB左右。

但是，对于电磁辐射防护服装而言，因服装结构上存在一系列破坏整体密闭效果的缝隙孔洞和开口，故会使服装的电磁屏蔽效能大幅低于面料的电磁屏蔽效能。整体金属化处理的织物，即使在各开口设计上已经尽可能封闭，并配置带披风的帽子，但服装的屏蔽效能也只能达到30dB左右，如进一步提高屏蔽效能，则必须采用全封闭结构，但防化服类的全封闭结构，会导致使用者热负荷增大，影响舒适性和功效性。

2. 防电磁辐射纺织品的表征指标

防电磁辐射纺织品的表征指标通常采用屏蔽效能。屏蔽效能指在同一激励电平下，有屏蔽材料与没有屏蔽材料时所接收到的功率之比或电压之比，以对数表示。屏蔽效能的值越大，表示材料的屏蔽效能越好。目前的测试方法主要有三种：近场法、远场法和屏蔽室法。

（1）近场法：主要用于测试产品对电磁波近场（磁场为主）的屏蔽效能。

（2）远场法：主要用以测试抗电磁辐射织物对电磁波远场（平面波）的屏蔽效能。

（3）屏蔽室法：一种介于远场法和近场法之间的测试方法，又称微波暗室。相对而言，对于人们在日常生活中使用的抗电磁辐射纺织产品的屏蔽效能评价，屏蔽室法更为合适。根据实用需要，对于大多数电子产品的屏蔽材料，在30~1000MHz频率范围内其屏蔽效能至少达到35dB以上，才认为是有效屏蔽。

辐射防护理念的科学化，不要过分夸大电离辐射和电磁辐射的危害，甚至混淆电离辐射与非电离辐射的差异。只有当人体受照超出了辐射量限值才会对人体造成危害。事实上，除了偶然发生的特殊情况（如高压线下、雷雨交加时），公众生活环境的电磁环境均不超标。家用电器的电磁泄漏强度往往只有国际标准的百分之几甚至千分之几；小区楼顶的通信基站发射的电磁场也呈现为往远处发射的分布，使基站下方的场强最低。因此，一般民众并不需要进行电离辐射和非电离辐射的防护。

目前防电磁波辐射织物主要是金属纤维混纺织物、电镀织物、化学镀膜织物等，这些材料均以反射为主，存在环境二次污染，且不适于穿着。多离子织物采用目前国际最先进的物理和化学工艺对纤维进行离子化处理，该产品以吸收为主，将有害的电磁辐射能量通过织物自身的特殊功能转变成热能散发掉，从而避免了环境二次污染，净化了空气，未来防电磁辐射的纺织品应以此为发展方向。

第七章　服装面辅料生态性检测与评价

人们的生活中充满了纺织品，近年来随着生活条件的不断改善和提高，人们对纺织品的要求也越来越高，除了重视穿衣的美观性、功能性和舒适性，随着人们环境保护和安全健康意识的加强，纺织品生产过程所造成的环境污染和纺织品的安全性越来越受到人们的重视，开发对生态、环境以及消费者安全无害的生态纺织品已成为一种趋势。因此，对服装面辅料的生态性测试十分必要。

第一节　生态纺织品概述

生态纺织品的兴起，被誉为纺织业的一次"绿色革命"，这场革命对传统纺织业产生了深远的影响。早在20世纪80年代，一些发达工业国家就开始对纺织品中可能存在的有害物质及其对人体健康和生态环境的影响进行了研究，欧美等世界纺织服装贸易主要进口国积极回应，开始对纺织品的生产环境和产品可能对人体产生的影响做出规定，并不断对进口纺织品提出新的要求。

一、纺织生态学

纺织生态学（Textile Ecology）主要研究纺织品与人类、纺织品生产与人类和环境、纺织品与环境的相互关系。简单地说，包括纺织品消费生态学（Human Ecology）、纺织品生产生态学（Production Ecology）和纺织品处理生态学（Disposal Ecology）3个部分。也就是说，纺织生态学是研究纺织品在生产、消费、废弃整个过程中对人类和自然环境的影响的学科。

（一）纺织品消费生态学

纺织品消费生态学是研究纺织品在使用过程中对人体及其周围环境可能产生的影响及检测方法，为纺织品开发和生产指明方向。根据人类目前已经掌握的知识，纺织品消费生态学要求存在于纺织品上的各种有害物质的含量必须控制在一定的范围以内，不会对人体造成危害，或者说对人体是安全的。目前纺织品消费生态学主要涉及的对象是衣着用纺织品和装饰用纺织品。

（二）纺织品生产生态学

纺织品生产生态学侧重于研究纤维、纺织品和服装生产过程对人类和环境的影响及其检测和控制方法。纺织品生产生态学要求纺织品生产过程必须是环境友好，不产生空气和水污染，噪音控制在允许的范围内。

(三) 纺织品处理生态学

纺织品处理生态学是研究废弃纺织品对自然环境的影响及其检测和控制方法。废弃纺织品的回收利用和无污染处理技术则是今后研究的重点内容，包括它的再循环、分解时不释放有害物质、热量消除时不危害空气纯度的保护。

在纺织品生产、消费、废弃的循环中，其消费生态与人类的关系最为密切。纺织品消费过程中的生态问题集中在两个方面，其一是纺织品对消费者可能造成的危害，其二是消费者将纺织品废弃后所造成的环境污染。纺织品对消费者的身体健康的影响，容易引起重视。废弃纺织品对人类和环境的影响往往被忽视，随着人们生活水平的提高，废弃纺织品引起的环境污染问题将更加严重，因此，废弃纺织品对生态环境的影响逐渐会得到人们的重视。

目前关于纺织品消费生态学的研究已经诞生了诸如 Oeko-Tex Standard 100 等国际化的标准，对于纺织品生产生态学则有 Oeko-Tex Standard 1000 和 ISO 14000 等系列标准，对于纺织品处理生态学的研究相对较弱。

二、生态纺织品标准

(一) 国外生态纺织品标准

事实上，目前在生态纺织品领域并不存在国际统一的标准，或者说不存在国际通行证。采用什么标准、是否需要申请某种标志或者必须提供哪家检验机构提供的检测报告，主动权掌握在买家手里。

建立统一生态纺织品标准已成为近年国际纺织品服装贸易领域的一种共识，并逐渐形成两种观点。众所周知，Oeko-Tex Standard 100 标准和 Eco-Label 标准分别代表着国际生态纺织品发展潮流中的两大理念，Oeko-Tex Standard 100 标准所反映的是部分生态的概念，而 Eco-Label 标准所倡导的是全生态的概念，二者有很大的差异。

1. Oeko-Tex Standard 100 标准

Oeko-Tex Standard 100 标准是由奥地利纺织研究院、德国海恩斯坦研究院和瑞士纺织检验公司共同建立，是由国际环保纺织协会出版的规范性文件，它是纺织生态学中最重要的标准之一，适用于纺织品和皮革产品以及各级生产中的物品，包括纺织和非纺织配件。也适用于床垫、羽毛和羽绒、泡棉、室内装饰材料及其他具有相似性质的材料。

Oeko-Tex Standard 100 标准对纺织品中有害物质定义为：可能存在于纺织产品或配件中，在正常或特定的使用条件下释放超出规定的最高限量，并且根据现有的科学知识，相关的有害物质很可能对人体健康造成某种影响。

"信心纺织品——通过 Oeko-Tex Standard 100 有害物质检测"是指应用于纺织产品或配件上的一种标签，它表明该认证产品符合本标准规定的所有条件，并且该产品及根据本标准规定的测试结果均受国际环保纺织协会成员机构的监督。对于通过 Oko-Tex Standard 100 标准测试和认证的企业，可获得授权在纺织品上悬挂注有"信心纺织品——通过 Oeko-Tex Standard 100 有害物质检测"的标签。

"信心纺织品——通过 Oeko-Tex Standard 100 有害物质检测"标签是纺织品消费安全性的一种标志，只是与纺织品所含的有害物质相关，经过国际环保纺织协会的成员国或者授权机构授予。它不是一个质量标签，也没有涉及产品的其他性质，例如，使用中是否合身、对于清洗过程的反应、关于服装的生理特性、在建筑物中的使用性能、燃烧性能等。该标签不包括由于运输和储存过程中造成的损害、包装造成的污染、促销时的处理（如香料处理）以及不适当的销售展示（室外展示）而产生的有害物质。

目前，Oeko-Tex Standard 100 标签是生态纺织品标签的典型代表，是世界上最有权威、影响最广的生态纺织品标签，已逐渐成为贸易的基本条件，因此，在全世界得到迅速推广认证。

由于"信心纺织品——通过 Oeko-Tex Standard 100 有害物质检测"产品的生产商或者销售商作为申请人，必须负责声明所制造或销售的产品符合 Oeko-Tex Standard 100 标准规定的有害物质的限量值；由于"信心纺织品——通过 Oeko-Tex Standard 100 有害物质检测"标签的产品对消费者具有很大的吸引力，会给纺织品生产商和销售商带来明显的商业利益，因此逐渐成为发达国家进口商在全世界采购纺织品的标准。

"信心纺织品——通过 Oeko-Tex Standard 100 有害物质检测"标签作为一个商标受到全面保护，在全世界范围内，该标签已经申请或者注册为商标。可用绿色、黄色、灰色和黑色印刷，可以根据标签申请者的要求，用一种或者多种语言印刷。

2. Eco-Label 标准

欧共体的 Eco-label 标准涵盖了某一产品整个生命周期对环境可能产生的影响，如纺织产品从纤维种植或生产、纺纱、织造、前处理、印染、后整理、成衣制作乃至废弃处理的整个过程中可能对环境、生态和人类健康的危害。因此，从可持续发展战略角度看，Eco-label 标准是一种极具发展潜力的、更符合环保要求的生态标准，并将逐渐成为市场的主导。此外，由于欧共体的 Eco-label 标准是以法律的形式推出，在全欧盟范围内的法律地位是不容置疑的，而且其影响力也会进一步扩大。

Eco-Label 生态标签标准是迄今为止最严格的纺织品生态标准，它从某种程度上反映了纺织品国际贸易中崇尚"绿色"的发展趋势，也是国际纺织品消费市场追求"绿色"的必然结果。

3. 其他纺织品生态标准

除了 Oeko-Tex Standard 100 标准和 Eco-Label 标准外，与纺织生态学有关的法规很多。德国首先推行"蓝色天使"标志，美国于 1988 年开始实行"能源之星"绿色标志，1995 年荷兰使用"生态标签"，如 Eco-Tex、White、Swan、Gut、Clean 等。1999 年，欧盟要求纤维、服装和鞋类产品要加贴欧洲环保标志，发达国家关于生态纺织品绿色标签的要求还很多。目前，世界许多发达国家都已建立了环境认证制度，并趋于一致，相互承认。

（二）国内生态纺织品标准

为了规范纺织产品的生产，同时与国际接轨，我国颁布了一系列生态纺织产品安全技术标准及规范。

1. GB/T 18885—2002《生态纺织品技术要求》

2002 年 11 月国家质量监督检验检疫总局发布了 GB/T 18885—2002《生态纺织品技术要求》

推荐性标准，企业可自愿采用，不具有行政强制性。规定了生态纺织品的术语和定义、产品分类、要求、试验方法、取样和判定规则。适用于各类纺织品及其附件。没有涉及原材料及生产工艺等方面，项目测试与 Oeko-Tex Standard 100-2002 相同，各项目限量值也基本一致。

2. GB 18401—2003《国家纺织产品基本安全技术规范》

2003 年 11 月国家质量监督检验检疫总局发布了 GB 18401—2003《国家纺织产品基本安全技术规范》强制性标准，规定纺织产品的基本安全技术要求、试验方法、检验规则及实施与监督。适用于在我国境内生产、销售的服装，装饰用和家用纺织产品。对以天然纤维和化学纤维为主要原料，经纺、织、染等加工工艺或再经缝制、复合等工艺制成的成品，如纱线、织物及其制成品，为保证纺织产品对人体健康无害而提出的最基本的要求。它是必须执行的标准，不论产品标识、销售合同中是否注明，无论产品是否进入市场，在我国境内生产、销售的服用和装饰用纺织产品都必须符合本规范。所以，此规范仅选择与人体健康和安全密切相关且容易进行检测的项目，以此作为保障人体健康对纺织品的最基本要求。

GB 18401—2003《国家纺织产品基本安全技术规范》是 GB/T 18885—2002《生态纺织品技术要求》中的一部分内容。符合 GB/T 18885—2002《生态纺织品技术要求》的产品就一定符合本强制性标准；但符合强制性标准的产品不一定符合 GB/T 18885—2002《生态纺织品技术要求》。

符合 GB/T 18885—2002《生态纺织品技术要求》的纺织品，基本可保证在穿着和使用过程中不会对人体健康造成危害；而 GB 18401—2010《国家纺织产品基本安全技术规范》是最基本的安全要求，因此不排除因其他有害物质存在而影响人体健康的可能性。

GB 18401—2003《国家纺织产品基本安全技术规范》仅涉及安全健康方面的指标，组织自行制定的标准、协议不应低于 GB 18401—2003《国家纺织产品基本安全技术规范》的要求，但可高于该规范。其他指标还应执行相应的产品标准。产品标准表明产品的基本特性，是生产、交费、验收和购货合同的基本依据之一。也就是说，一个具体产品的考核项目是 GB 18401—2003《国家纺织产品基本安全技术规范》与指定的产品标准要求的总合。

以上这些纺织品的国家标准的实施，可提高我国纺织行业的生态生产意识，促进纺织工业采取有效措施，将最终纺织品的有害物质降低到最小，并倡导消费者转向对纺织产品安全性和环保性的注重。

三、生态纺织品

建立统一的生态纺织品认定标准已成为近年国际纺织品服装贸易领域的一种共识，并逐渐形成两种观点。

1. 部分（或狭义）生态纺织品

以德国、奥地利、瑞士等欧洲 13 个国家的 13 个研究检验机构组成的国际环保纺织协会为代表的有限生态概念。认为生态纺织品的主要目标是在使用时不会对人体健康造成危害。基于现阶段经济和科学技术的发展水平，主张对纺织品的有害物质进行有限的限定并建立相应的品质监控体系，即所谓的部分（或狭义）生态纺织品的概念。

按照 Oeko-Tex Standard 100 标准，对纺织品上有害物质及其含量经过检验的对人体安全的可信赖的纺织品，才是消费生态学意义上的生态纺织品。GB/T 18885—2009《生态纺织品技术要求》定义生态纺织品为：采用对环境无害或少害的原料和生产过程所产生的对人体健康无害的纺织品。

2. 全（或广义）生态纺织品

欧共体 Eco-label 标准所倡导的全（或广义）生态纺织品概念。Eco-label 的评价标准涵盖某一产品整个生命周期对环境可能产生的影响，是纺织产品从纤维种植、生产、纺纱、织造、前处理、印染、后整理、成衣制作乃至废弃处理的整个生命周期过程对环境无污染，对人体无害、有益健康的纺织品。

四、生态纺织品检测认证

生态纺织品检测认证是对纺织品是否符合生态纺织品的技术要求的认定。纺织品生态标签的使用必须经过严格的检测和评定程序，由经授权的专业检验机构，按照确定的检测项目和对申请者提交的样品进行检测，并可能按附加的要求对生产环境和生产过程进行评估后才能授权在其申请的某种产品上使用该标签。我国国内企业也可通过向中国纤维产品质量认证中心提出申请意向，通过认证检查等步骤取得"生态纺织品检测"证书。

第二节　纺织品中有害物质

一、纺织品中有害物质的来源与危害

纺织品中有害物质指人们在穿着和使用过程中，在一定条件下产生的可能对人体有危害的物质。纺织品中有害物质的主要来源：

1. 原料的种植过程

为了控制病虫害使用的杀虫剂、化肥、除草剂等，其残留在纺织品服装上，会引起皮肤过敏、呼吸道疾病或其他有毒反应，甚至诱发癌症。

2. 纺织品的生产过程

纺织品的生产过程包括纤维生产、纺织加工、染整加工、服装制造。而染整加工是纺织品生产过程中生态问题最多的环节，使用各种染料、助剂及化学药剂，如氧化剂、催化剂、阻燃剂、增白荧光剂、含甲醛树脂整理剂等，其残留在纺织品服装上的含量达到一定值时，就会对人的皮肤乃至身体健康造成危害。危害轻则导致皮肤过敏、减弱人体的免疫功能，危害重则可诱发各种疾病，甚至是癌症，并且产生严重的环境污染。必须在生产过程中严格控制染料、助剂的筛选和使用，正确掌握生产工艺。

二、纺织产品的分类

GB/T 18885—2009《生态纺织品技术要求》标准的产品分类和要求参照国际环保纺织协会 Oeko-Tex Standard 100《生态纺织品通用及特殊技术要求》（2008 年第 1 版）。纺织产品的分类，见表7-1。

表7-1 纺织产品的分类

标准	Oeko-Tex Standard 100-2013《生态纺织品通用及特殊技术要求》	GB/T 18885—2009《生态纺织品技术要求》	GB 18401—2010《国家纺织产品基本安全技术规范》
	按照产品（未来）使用情况分为4类	按照产品（包括生产过程各阶段的中间产品）的最终用途分为4类	按照产品最终用途分为3类
婴幼儿用产品	指生产36个月及以下的婴幼儿使用的所有物品、原材料和配件，皮类服装除外	供年龄在36个月及以下的婴幼儿使用的产品	年龄在36个月及以下的婴幼儿穿着或使用的纺织产品，如尿布、内衣、围嘴儿、睡衣、手套、袜子、外衣、帽子、床上用品
直接与皮肤接触的产品	穿着时大部分面积与皮肤直接接触的物品，如衬衫、内衣、T恤衫等	在穿着或使用时，其大部分面积与人体皮肤直接接触的产品，如衬衫、内衣、毛巾、床单等	在穿着或使用时，产品的大部分面积直接与人体皮肤接触的纺织产品，如内衣、衬衣、裙子、袜子、床单、被套、毛巾、泳衣、帽子
非直接与皮肤接触的产品	指穿着时小部分面积与皮肤直接接触的物品，如填充物等	在穿着或使用时，不直接接触皮肤或其小部分面积与人体皮肤直接接触的产品，如外衣等	在穿着或使用时，产品不直接与人体皮肤接触，或仅有小部分面积直接与人体皮肤接触的纺织产品，如外衣、裙子、裤子、窗帘、床罩、墙布
装饰材料	包括所有用于装饰的产品和配件，如桌布、壁布、家纺布料、窗帘、装饰用布料和地毯等	用于装饰的产品，如桌布、墙布、窗帘、地毯等	

三、生态纺织品的技术要求

根据 GB/T 18885—2009《生态纺织品技术要求》与 Oeko-Tex Standard 100-2013《生态纺织品通用及特殊技术要求》，生态纺织品的技术要求见表7-2。根据 GB 18401—2010《国家纺织产品基本安全技术规范》，纺织产品的基本安全技术要求见表7-3。

表7-2 生态纺织品的技术要求

GB/T 18885—2009《生态纺织品技术要求》与 Oeko-Tex Standard 100-2013《生态纺织品通用及特殊技术要求》						
项 目		单位	婴幼儿用纺织产品	直接接触皮肤纺织产品	非直接接触皮肤纺织产品	装饰材料
pH①		—	4.0~7.5	4.0~7.5	4.0~9.0	4.0~9.0
甲醛 ≤	游离	mg/kg	20	75	300	300
可萃取的重金属 ≤	锑	mg/kg	30.0	30.0	30.0	—
	砷		0.2	1.0	1.0	1.0
	铅②		0.2	1.0③	1.0③	1.0③
	镉		0.1	0.1	0.1	0.1
	铬		1.0	2.0	2.0	2.0
	铬（六价）		低于检出值④			
	钴		1.0	4.0	4.0	4.0
	铜		25.0③	50.0③	50.0③	50.0③
	镍		1.0	4.0	4.0	4.0
	汞		0.02	0.02	0.02	0.02
杀虫剂⑤ ≤	总量（包括 PCP/TeCP）	mg/kg	0.5	1.0	1.0	1.0

续表

GB/T 18885—2009《生态纺织品技术要求》与 Oeko-Tex Standard 100-2013《生态纺织品通用及特殊技术要求》						
项 目		单位	婴幼儿用纺织产品	直接接触皮肤纺织产品	非直接接触皮肤纺织产品	装饰材料
苯酚化合物≤	五氯苯酚（PCP）	mg/kg	0.05	0.5	0.5	0.5
	四氯苯酚（TeCP，总量）		0.05	0.5	0.5	0.5
	邻苯基苯酚（OPP）		50	100	100	100
氯苯和氯化甲苯≤		mg/kg	1.0	1.0	1.0	1.0
邻苯二甲酸酯⑥≤	DINP、DNOP、DEHP、DIDP、BBP、DBP（总量）	%	0.1	—	—	—
	DEHP、BBP、DBP（总量）		—	0.1	0.1	0.1
有机锡化合物≤	三丁基锡（TBT）	mg/kg	0.5	1.0	1.0	1.0
	二丁基锡（DBT）		1.0	2.0	2.0	2.0
	三苯基锡（TPhT）		0.5	1.0	1.0	1.0
有害染料≤	可分解芳香胺染料	mg/kg	禁用④			
	致癌染料		禁用④			
	致敏染料		禁用④			
	其他染料		禁用④			
抗整理剂		—	—			
阻燃整理剂	普通	—	—			
	PBB、TRIS、TEPA、pentaBDE、octaBDE	—	禁用			
色牢度（沾色）	耐水	级	3	3	3	3
	耐酸汗液		3~4	3~4	3~4	3~4
	耐碱汗液⑦⑧		3~4	3~4	3~4	3~4
	耐干摩擦		4	4	4	4
	耐唾液		4	—	—	—
挥发性物质⑨≤	甲醛	mg/m³	0.1	0.1	0.1	0.1
	甲苯		0.1	0.1	0.1	0.1
	苯乙烯		0.005	0.005	0.005	0.005
	乙烯基环己烷		0.002	0.002	0.002	0.002
	4-苯基环己烷		0.03	0.03	0.03	0.03
	丁二烯		0.002	0.002	0.002	0.002
	氯乙烯		0.002	0.002	0.002	0.002
	芳香化合物		0.3	0.3	0.3	0.3
	挥发性有机物		0.5	0.5	0.5	0.5

GB/T 18885—2009《生态纺织品技术要求》与 Oeko-Tex Standard 100-2013《生态纺织品通用及特殊技术要求》					
项　　目	单位	婴幼儿用纺织产品	直接接触皮肤纺织产品	非直接接触皮肤纺织产品	装饰材料
异常气味⑨	—	—			
石棉纤维	—	禁用			

注　①必须经过后处理的产品：其 pH 可放宽至 4.0~10.5；装饰材料的皮革产品、涂层或层压产品：其 pH 允许在 3.5~9.0。
　　②金属附件禁止使用铅和铅合金。
　　③无机材料的附件不要求。
　　④合格限量值：对铬 Cr（Ⅵ）为 0.5mg/kg，对芳香胺为 20mg/kg，对致敏染料和其他染料为 50mg/kg。
　　⑤仅适用于天然纤维。
　　⑥适用于涂层、塑料熔胶印花、弹性泡沫塑料和塑料配件等产品。
　　⑦对洗涤褪色型产品不要求。
　　⑧对于颜料、还原染料或硫化染料，其最低的耐干摩擦色牢度允许为 3 级。
　　⑨针对除纺织地板覆盖物以外的所有制品。
　　⑩适用于纺织地毯、床上以及发泡和有大面积涂层的非穿着用的物品。

表 7-3　纺织产品的基本安全技术要求

GB 18401—2010《国家纺织产品基本安全技术规范》				
项　　目		婴幼儿用纺织产品	直接接触皮肤纺织产品	非直接接触皮肤纺织产品
甲醛含量（mg/kg）　　　　　　≤		20	75	300
pH①		4.0~7.5	4.0~8.5	4.0~9.0
色牢度②（级）　≥	耐水（变色、沾色）	3~4	3	3
	耐酸汗渍（变色、沾色）	3~4	3	3
	耐碱汗渍（变色、沾色）	3~4	3	3
	耐干摩擦	4	3	3
	耐唾液（变色、沾色）	4	—	—
异味		—		
可分解芳香胺染料③（mg/kg）		禁用		

注　①必须经过湿处理的非最终产品：其 pH 可放宽至 4.0~10.5。
　　②对经洗涤褪色工艺的非最终产品、本色及漂白产品不要求，扎染、蜡染等传统的手工着色产品不要求，耐唾液色牢度仅考核婴幼儿用纺织产品，窗帘等悬挂类装饰产品不考核耐汗渍色牢度。
　　③致癌芳香胺，限量值≤20mg/kg。

第三节　纺织品中有害物质的检测

　　纺织品中的有害物质含量大多属于微量、甚至是痕量分析的范围，因此在检测时需要采用各种具有很高灵敏度的现代化、智能化分析仪器和联用技术，如紫外-可见分光光度计、气相色谱-质谱联用仪、高效液相色谱-质谱联用仪、原子吸收分光光度仪、原子荧光分光光度仪、等离子原子发射光谱仪等。这些仪器及技术的应用使得纺织品中微量甚至是痕量有害物质的检测成为可能。

Oeko-Tex Standard 200 标准是与 Oeko-Tex Standard 100 标准配套的关于检验程序的标准，该标准包括数十项测试项目的具体操作程序和技术规范，具体有水萃取液 pH、甲醛、可萃取的重金属、有害染料、杀虫剂、苯酚化合物、氯苯和氯化甲苯、有机锡化合物、邻苯二甲酸酯、挥发性物质、异常气味等检测。

一、水萃取液 pH

（一）酸碱性物质的危害

纺织品在染色和整理过程中，必然要使用各种染料和化学助剂。经酸、碱、盐之类的化学物质加工处理后，纺织品上不可避免地带有一定的酸、碱性物质，其酸、碱度通常用 pH 来表示。pH 的偏高或偏低，不仅对纺织品本身的使用性能有影响，而且在纺织品服用过程中可能对人体健康带来一定的危害。

过强酸性残留会使纺织品的强力和弹力降低而影响服用寿命，酸性条件下霉菌、酵母菌非常容易在纺织品运输过程中快速繁殖，使纺织品发霉。而人体皮肤带有一层弱酸性物质，以保证常驻菌的平衡，有利于防止一些致病菌侵入。如果纺织品的 pH 过高，纺织品含过强的碱性物质，导致皮肤表层的天然屏障遭到破坏，一些细菌易在碱性条件下生长繁殖，会对皮肤产生刺激，并使皮肤易于受到病菌的侵害，甚至引起疾病。尤其对婴幼儿，皮肤较细嫩、抵抗力较弱，服用的纺织品酸碱性不当更容易造成伤害。因此，纺织品的水萃取液 pH 在中性至弱酸性，即 pH 略低于 7，对人体皮肤最为有益。

我国的强制性标准 GB 18401—2010《国家纺织产品基本安全技术规范》，以及其他各国的法规或标准均将纺织品的 pH 纳入控制范围，规定对婴幼儿及直接接触皮肤纺织品的 pH 应在 4.0~7.5 之间。不直接接触皮肤纺织品和装饰材料的 pH 应在 4.0~9.0 之间。

（二）试验标准

GB/T 7573—2009《纺织品　水萃取液 pH 的测定》，适用于各种纺织品。

（三）试验原理

在室温下，用带有玻璃电极的 pH 计测定纺织品水萃取液的 pH。

二、甲醛

（一）纺织品中甲醛的来源与危害

1. 纺织品中甲醛的来源

甲醛的主要功能是提高助剂在织物上的耐久性。使用范围包括树脂整理剂、固色剂、防水剂、柔软剂、黏合剂等。纺织品中的甲醛主要来源于棉、麻、粘胶等纤维素纤维织物的防缩、抗皱树脂整理的交联剂，另外，为提高染色牢度，如经直接染料和活性染料染色后用的固色剂、涂料印花的交联剂等通常使用含有甲醛的树脂。经树脂整理后的纺织品在热、湿的作用下会释放出甲醛。甲醛可能存在于树脂本身含有的未反应的游离甲醛，或是来自于织物储存潮湿的环境或人体汗液作用而使未完全交联的整理剂经水解释放出的甲醛。

2. 甲醛对人体的危害

甲醛有明显的刺激性气味。含甲醛的纺织品在使用和穿着过程中，人体的皮肤直接与衣服接触，特别是内衣及易出汗的部位在汗液和体温的作用下，会逐渐释放出部分未交联的或水解产生的游离甲醛。甲醛通过人体呼吸道及皮肤，对人体的呼吸道黏膜和皮肤及眼睛产生强烈的刺激，甲醛触及皮肤，与蛋白质结合，改变蛋白质结构并将其凝固，造成皮肤硬化、汗液分泌减少。长时间接触甲醛气体，可引起流泪、头晕、头痛、乏力、视物模糊等症状，引发呼吸道和皮肤炎症、湿疹。甲醛被视为过敏症及哮喘患者的"天敌"，甲醛还是一种致癌物质，已被列为鼻咽癌的致癌物。从织物上释放的甲醛仅为百万分之几的含量时就会引起以上症状。因此，对纺织品甲醛含量的检测和有效限定尤为必要。

我国的强制性标准 GB 18401—2010《国家纺织产品基本安全技术规范》，及其他各国的法规或标准均对纺织品的游离甲醛含量做出严格的规定，织物释放甲醛量是重要的检测项目。规定对婴幼儿及直接接触皮肤纺织品的游离甲醛含量分别应≤20mg/kg 和≤75mg/kg。不直接接触皮肤纺织品和装饰材料的游离甲醛含量应≤300mg/kg。

（二）试验标准

GB/T 2912. 1—2009《纺织品　甲醛的测定　第 1 部分：游离和水解的甲醛（水萃取法）》，规定通过水萃取及部分水解作用的游离甲醛含量的测定方法。适用于任何形式的纺织品。适用于游离甲醛含量为 20～3500mg/kg 之间的纺织品。

GB/T 2912. 2—2009《纺织品　甲醛的测定　第 2 部分：释放的甲醛（蒸汽吸收法）》，规定任何状态的纺织品在加速储存条件下用蒸汽吸收法测定释放甲醛含量的方法。适用于释放甲醛含量为 20～3500mg/kg 之间的纺织品。

GB/T 2912. 3—2009《纺织品　甲醛的测定　第 3 部分：高效液相色谱法》，规定采用高效液相色谱-紫外检测器或二极管阵列检测器测定纺织品中游离水解甲醛或释放甲醛含量的方法。适用于任何形式的纺织品，适用于甲醛含量为 5～1000mg/kg 之间的纺织品，特别适用于深色萃取液的样品。

（三）试验方法与原理

在甲醛含量的检测时，织物试样中的甲醛要经水萃取或蒸汽吸收处理。

1. 水萃取法

试样在 40℃的水浴中萃取一定时间，萃取液用乙酰丙酮显色后，在 412nm 波长下，用分光光度计测定显色液中甲醛的吸光度，对照标准甲醛工作曲线，计算出样品中游离甲醛的含量。用以考察纺织品在穿着和使用过程中因出汗或淋湿等因素可能造成的游离和水解的甲醛，以评估其对人体可能造成的损害。

2. 蒸汽吸收法

一定质量的织物试样，悬挂于密封瓶中的水面上，置于恒定温度的烘箱内一定时间，释放的甲醛用水吸收，经乙酰丙酮显色后，在412nm波长下，用分光光度计测定显色液中甲醛的吸光度。对照标准甲醛工作曲线，计算出样品中释放甲醛的含量。用以考察纺织品在储存、运输、陈列和压烫过程中所释放的甲醛，以评估其对环境和人体可能造成的危害。

3. 高效液相色谱法

试样经水萃取或蒸汽吸收处理后，以2,4-二硝基苯肼衍生化试剂，生成2,4-二硝基苯腙，用高效液相色谱-紫外检测器或二极管阵列检测器测定，对照标准甲醛工作曲线，计算出样品中的甲醛含量。

三、可萃取的重金属

（一）纺织品中重金属的来源与危害

1. 纺织品中重金属的来源

纺织品上可能残留的重金属主要有锑（Sb）、砷（As）、镉（Cd）、铬（CH）、钴（Co）、铜（Cu）、镍（Ni）、汞（Hg）等，主要来源是后期加工的某些含重金属的染料和助剂，如金属络合染料、媒介染料、固色剂、催化剂、阻燃剂、后整理剂等，以及用于软化硬水、退浆精练、漂白、印花及整理等工序的各种金属络合剂等，部分防霉抗菌防臭织物使用汞、铬和铜等处理也会带来重金属污染。纺织品中重金属少量是由天然纤维通过环境迁移、生物富集而沾污纤维，主要从土壤中吸收或食物中吸收引入，例如：棉、麻等植物纤维对水、土壤、空气中微量的铅、镉、汞等重金属的吸收、富集；羊毛、兔毛等动物纤维所含的痕量铜来源于水、牧草、饲料以及生物本身的合成。合成纤维高聚物合成时所用的催化剂会增加纺织品中重金属的含量。

服装及其配件中可能存有对环境污染和对人体健康有害的重金属也越来越被人们所重视。服装上常采用含镍合金或表面涂有含镍涂层的辅料和饰品。PVC涂层面料、塑料配件等常采用重金属镉作为稳定剂、着色剂。

2. 纺织品中重金属对人体的危害

当人体中重金属含量小于人体体重0.01%时，某些重金属是维持生命不可缺少的微量元素。但浓度过高对人体非常有害，特别是对儿童的累积毒性影响相当严重，因为儿童对重金属的消化吸收能力远远高于成人。

纺织品上的残留重金属通过与人体接触会被人体所吸收，一旦被人体吸收，就会积累于人体的肝、骨骼、肾、心及脑中，当受影响的器官中重金属累积至一定程度后就会对人体产生毒性，对健康造成巨大的损害甚至危及生命。此外，某些重金属还会严重损害人的神经系统。

事实上，纺织品上可能含有的重金属绝大部分并非处于游离状态，对人体不会造成损害。按照生态纺织品标准200，纺织品重金属的检测统一为测定可萃取的重金属。所谓可萃取重金属是指模仿人体皮肤表面环境，以人工酸性汗液对样品进行萃取。

各国的法规或标准均对纺织品中可萃取的重金属做了严格的规定，但 GB 18401—2003《国家纺织产品基本安全技术规范》未涉及。

(二) 试验标准

GB/T 17593.1—2006《纺织品　重金属的测定　第 1 部分：原子吸收分光光度法》，规定用石墨炉或火焰原子吸收分光光度计测定纺织品中可萃取重金属镉、钴、铬、铜、镍、铅、锑、锌八种元素的方法。适用于纺织材料及其产品。

GB/T 17593.2—2007《纺织品　重金属的测定　第 2 部分：电感耦合等离子体原子发射光谱法》，规定采用等离子体原子发射光谱仪对纺织品中可萃取重金属砷、镉、钴、铬、铜、镍、铅、锑八种元素同时测定的方法。适用于纺织材料及其产品。

GB/T 17593.3—2006《纺织品　重金属的测定　第 3 部分：六价铬　分光光度法》，规定采用分光光度计测定纺织品萃取液中可萃取六价铬含量的方法。适用于纺织材料及其产品。

GB/T 17593.4—2006《纺织品　重金属的测定　第 4 部分：砷、汞原子荧光分光光度法》，规定采用原子荧光分光光度计测定纺织品中可萃取砷、汞含量的方法。适用于纺织材料及其产品。

(三) 试验方法与原理

1. 原子吸收分光光度法

试样用酸性汗液萃取，在对应的原子吸收波长下，用石墨炉原子吸收分光光度计测量萃取液中镉、钴、铬、铜、镍、铅、锑的吸光度，用火焰原子吸收分光光度计测量萃取液中铜、锑、锌的吸光度，对照标准工作曲线确定相应重金属离子的含量，计算出纺织品中酸性汗液可萃取重金属含量。

2. 电感耦合等离子体原子发射光谱法

试样用酸性汗液萃取后，电感耦合等离子体原子发射光谱仪在相应分析波长下测定萃取液中铅、镉、砷、铜、钴、镍、铬、锑八种重金属元素的发射强度，对照标准工作曲线确定各重金属离子的浓度，计算出试样中可萃取重金属含量。

3. 六价铬分光光度法

试样用酸性汗液萃取，将萃取液在酸性条件下用二苯基碳酰二肼显色，用分光光度计测定显色后的萃取液在 540nm 波长下的吸光度，计算出纺织品中六价铬的含量。

4. 砷、汞原子荧光分光光度法

(1) 砷含量测定：用酸性汗液萃取试样后，加入硫脲—抗坏血酸将五价砷转化为三价砷，再加入硼氢化钾使其还原成砷化氢，由载气带入原子化器中并在高温下分解为原子态砷。在 193.7nm 荧光波长下，对照标准曲线确定砷含量。

(2) 汞含量测定：用酸性汗液萃取试样后，加入高锰酸钾将汞转化为二价汞，再加入硼氢化钾使其还原成原子态汞，由载气带入原子化器中。在 253.7nm 荧光波长下，对照标准曲线确定汞含量。

四、有害染料

有害染料包括可分解出致癌芳香胺的禁用偶氮染料、致敏染料、致癌染料及其他染料。

(一) 禁用偶氮染料

绝大多数偶氮染料本身不会对人体造成有害影响，偶氮染料本身不致癌，只有在人体穿着的条件下，还原分解成致癌芳香胺中间体后，并被人体吸收才有可能产生致癌作用。凡在一定的条件下还原出芳香胺的偶氮染料被定义为禁用偶氮染料。

目前市场上流通的合成染料品种约有 2000 种，但并不全是禁用染料，其中约 70%的偶氮染料是应用广泛的合成染料，可用于各种纤维的染色和印花。目前，已明确可分解出芳香胺并被禁用的偶氮染料有 200 多种。

纺织品使用禁用偶氮染料后，在与人体的长期接触中，染料可被皮肤吸收，并在人体内扩散。而这些染料在人体正常代谢所发生的生物化学反应条件下，可能会发生还原反应而分解出致癌芳香胺，并经过活化作用改变人体的 DNA 结构，引起人体病变和诱发癌变。禁用偶氮染料与甲醛等易消除的物质不同，其不但不溶于水，而且无色无味，从纺织品外观上无法分辨，只有通过技术检验才能发现，而且无法消除。

各国的法规或标准均对纺织品的禁用偶氮染料提出明确要求：纺织品中禁止使用能够分解出芳香胺的禁用偶氮染料。由于纺织品生产标准严格禁止使用此类染料，因此，要检测出纺织品上是否含有违禁物质，只要进行定性检测即可。目前，禁用偶氮染料的监控已成为国际纺织品贸易中最重要的品质控制项目之一，也是生态纺织品最基本的质量指标之一。

1. 试验标准

GB/T 17592—2011《纺织品　禁用偶氮染料的测定》，规定了纺织产品中可分解出致癌芳香胺的禁用偶氮染料的检测方法。适用于经印染加工的纺织产品。

2. 试验原理

纺织样品在柠檬酸缓冲溶液介质中用连二亚硫酸钠还原分解，以产生可能存在的致癌芳香胺，用适当的液—液分配柱提取溶液中的芳香胺，浓缩后，用合适的有机溶剂定容，用配有质量选择检测器的气相色谱仪进行测定。必要时，选用另外一种或多种方法对异构体进行确认。用配有二极管阵列检测器的高效液相色谱仪或气相色谱/质谱仪进行定量。

(二) 致敏染料

致敏染料指某些会引起人体皮肤、黏膜或呼吸道过敏的染料。分散染料常用于聚酯、聚酰胺和醋酯纤维的染色，部分分散染料对人体有致敏作用，有可能对健康造成潜在威胁。因此，一些国家或国际组织通过法律法规、标准对这类染料的使用做出了严格的限定，并正逐渐成为市场准入的前提。目前相关法规或法律主要规范了对皮肤的致敏。我国GB/T 18885—2009《生态纺织品技术要求》中规定了20种被限用的致敏染料，限量为50mg/kg。

1. 试验标准

GB/T 20383—2006《纺织品　致敏性分散染料的测定》。

2. 试验原理

样品经甲醇萃取后，用高效液相色谱—质谱检测器法对萃取液进行定性、定量测定；或用高效液相色谱—二极管阵列检测器法进行定性、定量测定，必要时辅以薄层层析法、红外光谱法对萃取物进行定性。

（三）致癌染料

致癌染料指未经还原等化学变化即能诱发人体癌变的染料，目前已知的致癌染料有9种，在纺织品上绝对禁用。

1. 试验标准

GB/T 20382—2006《纺织品　致癌染料的测定》。

2. 试验原理

样品经甲醇萃取后，用高效液相色谱—二极管阵列检测器法对萃取液进行定性、定量测定。

（四）其他染料

试验标准

GB/T 23345—2009《纺织品　分散黄23和分散橙149染料的测定》。

GB/T 23344—2009《纺织品　4-氨基偶氮苯的测定》。

五、杀虫剂

纺织品中残留的杀虫剂主要来源于农业生产中使用的各种药剂和纺织品储存过程中为防虫、防霉使用的特种处理剂，如天然植物纤维在种植过程中为防止病虫害和除去杂草所使用的杀虫剂、除草剂、落叶剂、杀菌剂等。纺织品中的杀虫剂通过煮练、漂白和水洗等湿加工可去除绝大部分，但仍有少量残留在纺织品上。这些杀虫剂对人体的毒性强弱不一，且与在纺织品上的残留量有关，其中有些极易经皮肤被人体吸收，成为致癌因素之一。

杀虫剂包括有机氯类、有机磷类、拟除虫菊酯类、含氯苯酚类等。

各国的法规或标准均将纺织品的杀虫剂残留量纳入控制范围，规定对婴幼儿用品应≤0.5mg/kg，其他用品应≤1.0mg/kg。目前，气相色谱法在我国已成为常规的检测方法。

1. 试验标准

GB/T 18412.1—2006《纺织品　农药残留量的测定　第1部分：77种农药》。

GB/T 18412.2—2006《纺织品　农药残留量的测定　第 2 部分：有机氯农药》。

GB/T 18412.3—2006《纺织品　农药残留量的测定　第 3 部分：有机磷农药》。

GB/T 18412.4—2006《纺织品　农药残留量的测定　第 4 部分：拟除虫菊酯农药》。

GB/T 18412.5—2008《纺织品　农药残留量的测定　第 5 部分：有机氮农药》。

GB/T 18412.6—2006《纺织品　农药残留量的测定　第 6 部分：苯氧羧酸类农药》。

GB/T 18412.7—2006《纺织品　农药残留量的测定　第 7 部分：毒杀芬》。

2. 试验原理

（1）77 种浓药：试样经乙酸乙醋超声波提取，提取液浓缩定容后，用配有火焰光度检测器的气相色谱仪测定，外标法定量，或用气相色谱—质谱测定和确证，外标法定量。

（2）有机氯农药：试样经丙酮-正己烷（1+8）超声波提取，提取液浓缩定容后，用配有电子俘获检测器的气相色谱仪测定，外标法定量，或用气相色谱—质谱测定和确证，外标法定量。

（3）有机磷农药：试样经乙酸乙醋超声波提取，提取液浓缩定容后，用配有火焰光度检测器的气相色谱仪测定，外标法定量，或用气相色谱—质谱测定和确证，外标法定量。

（4）拟除虫菊酯农药：试样经丙酮-正己烷（1+4）超声波提取，提取液浓缩定容后，用配有电子俘获检测器的气相色谱仪测定，外标法定量，或用气相色谱—质谱测定和确证，外标法定量。

（5）有机氮农药：试样用甲醇经超声波方式提取两次，合并浓缩定容后，用液相色谱—质谱/质谱测定和确证，外标法定量。

（6）苯氧羧酸类农药：用酸性丙酮水溶液提取试样，提取液经二氯甲烷液—液分配提取，再用甲醇-三氟化硼乙醚溶液甲酯化，经正己烷提取，用气相色谱—质谱测定和确证，外标法定量。

（7）毒杀芬：试样经正己烷超声波提取，提取液浓缩定容后，用配有电子俘获检测器的气相色谱仪测定，外标法定量，或采用气相色谱—质谱测定和确证，外标法定量。

六、其他有害物质

（一）苯酚化合物

1. 苯酚化合物的来源与危害

纺织品中常间接使用防霉剂。五氯苯酚（PCP）是纺织品和皮革制品中采用的主要防霉剂，并且还可以通过其他途径带入纺织品中，如化学降解的杀虫剂、加工过程中浆料的防腐剂、印花浆增稠剂中的防腐剂以及某些整理剂乳液中的分散剂等。动物实验证明，五氯苯酚是一种毒性化合物，而且还有致畸和致癌性。

2,3,5,6-四氯苯酚（TeCP）是五氯苯酚（PCP）合成过程中的副产品，化学稳定性、生物毒性以及在纺织品和皮革制品中的用途也与五氯苯酚相似，对人体和环境同样有害。

邻苯基苯酚（OPP）的用途非常广泛，作为防腐剂主要用于纤维、皮革、木材、水果、蔬菜的杀菌防腐，作为纺织印染助剂可作聚酯纤维的染色载体，具有一定的生物毒性，残留在纺织品中会对人体健康产生一定危害。

各国的法规或标准均对纺织品上苯酚化合物做了严格的规定。

2. 试验标准

（1）含氯苯酚。

GB/T 18414.1—2006《纺织品　含氯苯酚的测定　第1部分：气相色谱—质谱法》，规定了采用气相色谱—质量选择检测器测定纺织品中含氯苯酚（2,3,5,6-四氯苯酚和五氯苯酚）及其盐和酯的方法。适用于纺织材料及其产品。

GB/T 18414.2—2006《纺织品　含氯苯酚的测定　第2部分：气相色谱法》，规定了采用气相色谱—电子俘获检测器测定纺织品中含氯苯酚（2,3,5,6-四氯苯酚和五氯苯酚）及其盐和酯的方法。适用于纺织材料及其产品。

（2）邻苯基苯酚。

GB/T 20386—2006《纺织品　邻苯基苯酚的测定》，规定了纺织品中邻苯基苯酚含量的气相色谱—质量选择检测器测定方法。适用于纺织材料及其产品。

（二）氯苯和氯化甲苯

有机氯载体指聚酯纤维在常温、常压下，为了达到染色目的而使用的、有助于染色的有机氯化物。残留量不同，对人体健康的影响程度不同，有些极易被人体皮肤所吸收，并有可能致畸或致癌。目前已禁用的有机氯载体主要有氯邻苯基苯酚、甲基二氯基苯氧基醋酸酯、二氯化苯、三氯化苯及氯化甲苯。

氯苯和氯化甲苯染色工艺是聚酯纤维产品常用的，载体染色有助于分散染料在常压沸染条件下对聚酯纤维进行染色。某些廉价的含氯芳香族化合物，如三氯苯、二氯甲苯是高效的染色载体。在染色过程中加入载体，可使纤维结构膨化，有利于染料的渗透，但研究表明，这些含氯芳香族化合物对环境是有害的，对人体也有潜在的致畸和致癌性。氯苯作为一种十分有效的防蛀剂，长期以来一直被广泛使用，最新的生态纺织品标准将氯苯列入了监控范围。各国的法规或标准均对纺织品上氯苯和氯化甲苯做了严格的规定。

试验标准

GB/T 20384—2006《纺织品　氯化苯和氯化甲苯残留量的测定》，规定了采用气相色谱—质谱检测器法测定纺织品上氯化苯和氯化甲苯残留量的方法。适用于纺织产品。

（三）有机锡化合物

GB/T 20385—2006《纺织品　有机锡化合物的测定》，规定了采用气相色谱—火焰光度检测器法或气相色谱—质谱检测器法测定纺织品中三丁基锡、二丁基锡和单丁基锡的方法。适用于纺织材料及其产品。

（四）邻苯二甲酸酯

GB/T 20388—2006《纺织品　邻苯二甲酸酯的测定》，规定了采用气相色谱—质量选择检测器测定纺织品中 13 种邻苯二甲酸酯类增塑剂含量的方法。适用于含聚氯乙烯（PVA）材料的纺织品。

七、挥发性物质

纺织品上的气味是由挥发性物质挥发产生的，纺织品中的挥发性物质主要有甲苯、苯乙烯、乙烯基环己烷、4-苯基环己烷、丁二烯和氯乙烯、芳香化合物及挥发性有机物。各国的法规或标准均对纺织品上的挥发性物质释放做了严格的规定。

试验标准

GB/T 24281—2009《纺织品　有机挥发物的测定　气相色谱—质谱法》，规定了采用固相微萃取—顶空采样仪—气相色谱/质谱法测定纺织品中总有机挥发物、总芳香烃化合物以及氯乙烯、1,3-丁二烯、甲苯、乙烯基环己烯、苯乙烯和 4-苯基环己烯的方法。适用于各类纺织品。

八、异常气味

纺织品中散发出特殊气味，表明纺织品中有过量的残留化学品，或纺织品发生了化学或生物变化，由于这些气味要经过很长一段时间才会消失，在穿用期间会使人体感到不适，甚至有可能对人体健康造成危害。因此，各国的法规或标准还规定纺织品不得有发霉、高沸程石油、鱼腥、芳香烃等气味。目前，国际上对挥发物质的检测仅限于婴幼儿用品和装饰材料中的地毯、床垫及泡沫材料复合产品。

试验标准

GB/T 18885—2009《生态纺织品技术要求》中的附录 G "异常气味的测定　嗅辨法"，将纺织品试样置于规定的环境中，利用人的嗅觉来判定其带有的气味。

下篇 测试与评价实践

项目一 服装面辅料结构测试与评价

试验1 纺织纤维检测与分析

试验1-1 纺织纤维的定性分析

目的和要求

综合运用各种纤维鉴别方法，根据各种纤维的燃烧状态和特征、纵横向形态特征、在各种化学试剂中的溶解性能等，对纺织品中的纤维进行系统鉴别和定性分析。

试验1-1-1 系统鉴别法

1. 试验标准

FZ/T 01057.11—1999《纺织纤维鉴别试验方法 系统鉴别方法》。

2. 试验步骤

（1）先使用燃烧法将未知纤维初步分成蛋白质纤维、纤维素纤维、合成纤维三大类。

（2）用显微镜法利用蛋白质纤维和纤维素纤维的外观特征与结构形态将其区别。

（3）用各种化学试剂鉴别合成纤维与醋酯纤维。

该试验不仅定性还可定量对纺织品中纤维进行检测分析，结果准确而可靠。

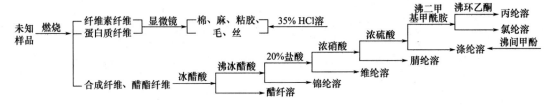

试验1-1-2 燃烧鉴别法

1. 试验标准

FZ/T 01057.2—2007《纺织纤维鉴别试验方法 第2部分：燃烧法》。

2. 试验原理

根据各种纤维靠近火焰、接触火焰、离开火焰时的状态及燃烧时产生的气味和燃烧后残留物特征来辨别纤维类别。

3. 试验仪器与工具

酒精灯、镊子、剪刀、放大镜。

4. 试验步骤

（1）从样品上取试样少许，用镊子夹住，缓慢靠近火焰，观察纤维对热的反应（如熔融、收缩）情况。

（2）将试样移入火焰中，使其充分燃烧，观察纤维在火焰中的燃烧情况。

（3）将试样撤离火焰，观察纤维离火后的燃烧状态。

（4）当试样火焰熄灭时，嗅闻其气味并记录。

（5）待试样冷却后观察残留物的状态，并用手轻捻残留物。

5. 试验结果

将试样的燃烧状态和特征对照各种纤维燃烧状态和特征，确定纤维类别。各种纤维燃烧状态和特征，见表1-1。

表1-1　各种纤维燃烧状态和特征

纤维名称	燃烧状态			燃烧时的气味	灰烬残留物特征
	接近火焰	接触火焰	离开火焰		
棉、竹纤维、莱赛尔、莫代尔	不熔不缩	立即燃烧	继续燃烧	烧纸味	呈细而软的灰黑色絮状
麻					呈细而软的灰白色絮状
粘胶、铜氨					呈少许灰白色灰烬
蚕丝	熔融卷曲	卷缩、熔融、燃烧	略带闪光燃烧，有时自灭	烧毛发味	呈松而脆的黑色颗粒
动物毛绒			燃烧缓慢，有时自灭		呈松而脆的黑色焦炭状
醋酯纤维	熔缩	熔融燃烧	继续燃烧	醋味	呈硬而脆不规则黑块
牛奶蛋白质纤维		缓慢燃烧	继续燃烧，有时自灭	烧毛发味	呈黑色焦炭状，易碎
大豆蛋白质纤维			继续燃烧	特异气味	呈黑色焦炭状硬块
聚乳酸纤维		熔融缓慢燃烧			呈硬而黑的圆珠状
腈纶		熔融燃烧	继续燃烧，冒黑烟	辣味	呈黑色不规则小珠，易碎
丙纶			熔融燃烧，液态下落	石蜡味	呈灰白色蜡片状
乙纶			开始燃烧，后自灭	特异气味	呈白色胶状
氨纶					
锦纶			自灭	氨基味	呈硬淡棕色透明圆珠状
涤纶		熔融燃烧，冒黑烟	继续燃烧，有时自灭	甜味	呈硬而黑的圆珠状
氯纶			自灭	刺鼻气味	呈深棕色硬块
偏氯纶		熔融燃烧，冒烟			呈松而脆的黑色焦炭状
维纶		收缩燃烧	继续燃烧，冒黑烟	特殊香味	呈不规则焦茶色硬块
聚苯乙烯纤维				略有芳香味	呈黑而硬的小球状

续表

纤维名称	燃烧状态			燃烧时的气味	灰烬残留物特征
	接近火焰	接触火焰	离开火焰		
碳纤维	不熔不缩	像烧铁丝一样发红	不燃烧	略有辛辣味	呈原有状态
酚醛纤维				稍有刺激性焦味	呈黑色絮状
玻璃纤维		变软,发红光	不燃烧,变硬	无味	变形,呈硬珠状
石棉		发光,不燃烧	不燃烧,不变形		不变形,略变深
金属纤维		燃烧并发光			呈硬块状
芳纶1414		燃烧,冒黑烟	自灭	特异气味	呈黑色絮状
聚砜酰胺纤维		卷曲燃烧		带有浆料味	呈不规则硬而脆的粒状

试验1-1-3　显微镜鉴别法

1. 试验标准

FZ/T 01057.3—2007《纺织纤维鉴别试验方法　第3部分：显微镜法》。

2. 试验原理

用显微镜观察未知纤维的纵面和横截面的形态，对照纤维的标准照片和形态描述来鉴别未知纤维的类别。

3. 试剂与试验仪器

（1）试剂：无水乙醇、甘油、乙醚、液态石蜡、火棉胶、切片石蜡等。

（2）试验仪器和工具：生物显微镜、哈氏切片器、刀片、小旋钻、镊子、挑针、剪刀、剖刀、毛笔、载玻片、盖玻片。

4. 试验步骤

（1）纵面形态观察：将适量纤维均匀平铺于载玻片上，加上一滴透明介质（甘油），盖上盖玻片（注意不要带入气泡），放在生物显微镜的载物台上，在放大100~500倍的条件下观察其形态，与标准照片或标准资料对比。

（2）横截面形态观察：将切好的纤维横截面切片置于载玻片上，加上一滴透明介质（甘油），盖上盖玻片（注意不要带入气泡），放在生物显微镜的载物台上，在放大100~500倍的条件下观察其形态，与标准照片或标准资料对比。

5. 试验结果

对照各种纤维纵面和横截面的特征及形态的显微镜照片，判断试样的纤维种类。各种纤维纵面和横截面的特征，见表1-2。

表1-2　各种纤维纵面和横截面形态特征

纤维名称	纵面形态	横截面形态
棉	扁平带状，稍有天然转曲	有中腔，呈不规则的腰圆形
丝光棉	近似圆柱状，有光泽和缝隙	有中腔，近似圆形或不规则腰圆形

纤维名称	纵面形态	横截面形态
苎麻	纤维较粗,有长形条纹及竹状横节	腰圆形,有中腔
亚麻	纤维交细,有竹状横节	多边形,有中腔
大麻	纤维直径及形态差异很大,横节不明显	多边形、扁圆形、腰圆表等,有中腔
罗布麻	有光泽,横节不明显	多边形、腰圆形等
黄麻	有长形条纹,横节不明显	多边形,有中腔
竹纤维	纤维粗细不匀,有长形条纹及竹状横节	腰圆形,有空腔
桑蚕丝	有光泽,纤维直径及形态有差异	三角形或多边形,角是圆的
柞蚕丝	扁平带状,有微细条纹	细长三角形
羊毛	表面粗糙,有鳞片	圆形或近似圆形(或椭圆形)
白羊绒	表面光滑,鳞片较薄且包覆较完整,鳞片间距较大	圆形或近似圆形
紫羊绒	除具有白羊绒形态特征外,有色斑	圆形或近似圆形,有色斑
兔毛	鳞片较小与纤维纵向呈倾斜太,髓腔有单列、双列、多列	圆形、近似圆形或不规则四边形,有髓腔
羊驼毛	鳞片有光泽,有的有通体或间断髓腔	圆形或近似圆形,有髓腔
马海毛	鳞片较大有光泽,直径较粗,有的有斑痕	圆形或近似圆形,有的有髓腔
驼绒	鳞片与纤维纵向呈倾斜状,有色斑	圆形或近似圆形,有色斑
牦牛绒	表面光滑,鳞片较薄,有条状褐色色斑	髓圆形或近似圆形,有色斑
粘胶纤维	表面平滑,有清晰条纹	锯齿形
莫代尔纤维	表面平滑,有沟槽	哑铃形
莱赛尔纤维	表面平滑,有光泽	圆形或近似圆形
铜氨纤维	表面平滑,有光泽	圆形或近似圆形
醋酯纤维	表面光滑,有沟槽	三叶形或不规则锯齿形
牛奶蛋白改性聚丙烯腈纤维	表面光滑,有沟槽或微细条纹	圆形
大豆蛋白纤维	扁平带状,有沟槽和疤痕	腰子形(或哑铃形)
聚乳酸纤维	表面平滑,有的有小黑点	圆形或近似圆形
涤纶	表面平滑,有的有小黑点	圆形或近似圆形及各种异形截面
腈纶	表面光滑,有沟槽和(或)条纹	圆形、哑铃状或叶状
变性腈纶	表面有条纹	不规则哑铃形、蚕茧形、土豆形等
锦纶	表面光滑,有小黑点	圆形或近似圆形及各种异形截面
维纶	扁平带状,有沟槽	腰子形(或哑铃形)
氯纶	表面平滑	圆形、蚕茧形

续表

纤维名称	纵面形态	横截面形态
偏氯纶	表面平滑	圆形或近似圆形及各种异形截面
氨纶	表面平滑,有些呈骨形条纹	圆形或近似圆形
芳纶 1414	表面平滑,有的带有疤痕	圆形或近似圆形
乙纶	表面平滑,有的带有疤痕	圆形或近似圆形
丙纶	表面平滑,有的带有疤痕	圆形或近似圆形
聚四氟乙烯纤维	表面平滑	长方形
碳纤维	黑而匀的长杆状	不规则的炭末状
金属纤维	边线不直,黑色长杆状	不规则的长方形或圆形
石棉	粗细不匀	不均匀的灰黑糊状
玻璃纤维	表面平滑、透明	透明圆珠形
酚醛纤维	表面有条纹,类似中腔	马蹄形
聚砜酰胺纤维	表面似树叶状	似土豆形

附：用哈氏切片器制作切片

Y172 型切片器的结构如下图所示，具有两块金属板，金属板 1 上有凸舌，金属板 2 上有凹槽，两块金属板相啮合，凹槽和凸舌之间留有一定大小的空隙，试样就填在此空隙中。

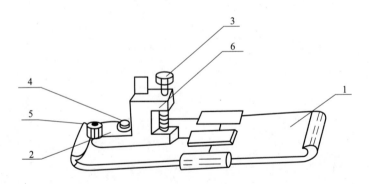

哈氏切片器结构示意图

1—金属板凸舌　2—金属板凹槽　3—刻度螺丝　4—紧固螺丝　5—定位销　6—螺座

①松开紧固螺丝 4，拔出定位销 5，将螺座 6 旋转到与金属板凹槽 2 成垂直的位置，抽出金属板凸舌 1。

②将一小束纤维试样梳理整齐（将试样固定在羊毛或麻纤维中，以使纤维切片一直保持平直，防止纤维倒伏而影响切片质量），紧紧夹入哈氏切片器的凹槽中间，将金属板凸舌 1 插入并压紧纤维，纤维数量以轻拉纤维束时稍有移动为宜。

③用锋利刀片切去露在金属板正反两面的纤维，将螺座6转向工作位置，定位销5定位，并旋紧紧固螺丝4。

④稍微转动刻度螺丝3，使螺杆下端与纤维试样接触，再顺螺丝方向旋转螺丝刻度2~3格，使试样稍稍伸出金属板表面，然后在露出的纤维表面用挑针滴一小滴5%火棉胶溶液。稍放片刻，将露出的纤维切去。

⑤再稍微旋一下刻度螺丝3（刻度1.5格），用挑针滴一小滴5%火棉胶溶液，稍放片刻，用刀片小心地切下切片备用。

试验1-1-4　化学溶解法

1. 试验标准

FZ/T 01057.4—2007《纺织纤维鉴别试验方法　第4部分：溶解法》。

2. 试验原理

利用纤维在不同温度下的不同化学试剂中的溶解特性来鉴别纤维。

3. 试剂与试验仪器

（1）试剂：浓硫酸、浓盐酸、浓硝酸、甲酸、冰乙酸、氢氟酸、氢氧化钠、次氯酸钠、硫氰酸钾、二甲基甲酰胺（DMF）、环己酮、丙酮、苯酚、四氯乙烷、1,4-丁内酯、二甲亚砜、二氯甲烷、四氯化碳、四氢呋喃、氢氧化铜、氢氧化铵（浓氨水）、乙酸乙酯，均为分析纯或化学纯。

（2）试验仪器和工具：

①天平：感量10mg。

②温度计：0~100℃。

③电热恒温水浴锅：37~100℃。

④封闭电炉。

⑤比重计、量筒、试管、试管夹、小烧杯、镊子、玻璃棒、酒精灯等。

4. 试验步骤

每个样品取两份试样进行试验。

（1）将少量纤维试样置于试管或小烧杯中，注入适量溶剂或溶液，在常温（20~30℃）下摇动5min（试样和试剂的用量比至少为1∶50），观察纤维的溶解情况。

（2）对有些在常温下难于溶解的纤维，需做加温沸腾试验。将装有试样和溶剂或溶液的试管或小烧杯加热至沸腾并保持3min，观察纤维的溶解情况。

5. 试验结果

对照各种纤维的溶解性能，判断试样的纤维种类。各种纤维的溶解性能，见表1-3。

表 1-3　各种纤维的溶解性能

(1)

纤维	溶液（溶剂）											
	95%~98% 硫酸		70% 硫酸		60% 硫酸		40% 硫酸		36%~38% 盐酸		15% 盐酸	
	24~30℃	煮沸	24~30℃	煮沸	24~30℃	煮沸	24~30℃	煮沸	24~30℃	煮沸	24~30℃	煮沸
棉	S	S_0	S	S_0	I	S	I	P	I	P	I	P
麻	S	S_0	S	S_0	P	S_0	I	S_0	I	P	I	P
蚕丝	S	S_0	S_0	S_0	S	S_0	I	S_0	P	S	I	P
动物毛绒	I	S_0	I	S_0	I	S_0	I	S_0	I	P	I	I
粘胶纤维	S_0	S_0	S	S_0	P	S_0	I	S	S	S_0	I	P
莱赛尔纤维	S_0	S_0	S	S_0	S	S_0	I	S_0	S	S_0	I	P
莫代尔纤维	S_0	S_0	S	S_0	S	S_0	I	S	S	S_0	I	P
铜氨纤维	S_0	S_0	S_0	S_0	S_0	S_0	I	S_0	I	S_0	I	P
醋酯纤维	S_0	S_0	S_0	S_0	S	S_0	I	I	S	S_0	I	S
三醋酯纤维	S_0	S_0	S_0	S_0	S	S_0	I	I	S	S_0	I	S
大豆蛋白纤维	P	S_0	P	S_0	P	S_0	I	S_0	P	S_0	P	S_0
牛奶蛋白改性聚丙烯腈纤维	S	S_0	I	S_0	I	S_0	I	I	I	I	I	I
聚乳酸纤维	S	S_0	I	S	I	I	I	I	I	I	I	I
涤纶	S	S_0	I	P	I	I	I	I	I	I	I	I
腈纶	S	S_0	S	S_0	I	S_0	I	I	I	I	I	I
锦纶 6	S	S_0	S	S_0	S	S_0	S_0	S_0	S_0	S_0	S	S_0
锦纶 66	S_0	S_0	S	S_0	S	S_0	S	S_0	S_0		I	
氨纶	S	S_0	S	S	I	S_0	I	P	I	I	I	I
维纶	S	S_0	S	S_0	S	S_0	P	S_0	S_0		I	S
氯纶	I	I	I	I	I	I	I	I	I	I	I	I
偏氯纶	I	I	I	I	I	I	I	I	I	I	I	I
乙纶	I	□	I	□	I	□	I	I	I	I	I	I
丙纶	I	□	I	□	I	□	I	I	I	I	I	I
芳纶	P	S	I	I	I	I	I	I	I	I	I	I
聚苯乙烯纤维	I	S	I	□	I	□	I	□	I	I	I	I
碳纤维	I	I	I	I	I	I	I	I	I	I	I	I
酚醛纤维	I	I	I	I	I	I	I	I	I	I	I	I
聚砜酰胺纤维	S	S_0	I	S	I	I	I	I	I	I	I	I
噁二唑纤维	P	S_0	I	I	I	I	I	I	I	I	I	I
聚四氟乙烯纤维	I	I	I	I	I	I	I	I	I	I	I	I
石棉	I	I	I	I	I	I	I	I	I	I	I	I
玻璃纤维	I	I	I	I	I	I	I	I	I	I	I	I

（2）　　　　　　　　　　　续表

纤　维	溶液（溶剂）											
	1mol/L 次氯酸钠		5%氢氧化钠		65%~68%硝酸		88%甲酸		99%冰乙酸		氢氟酸	
	24~30℃	煮沸	24~30℃	煮沸	24~30℃	煮沸	24~30℃	煮沸	24~30℃	煮沸	24~30℃	煮沸
棉	I	P	I	I	I	S_0	I	I	I	I	I	—
麻	I	P	I	I	I	S_0	I	I	I	I	I	—
蚕丝	S	S_0	I	S_0	S	S_0	I	I	I	I	I	—
动物毛绒	S	S_0	I	S_0	△	S_0	I	I	I	I	I	—
粘胶纤维	I	P	I	I	I	S_0	I	I	I	I	I	—
莱赛尔纤维	I	I	I	I	I	S_0	I	I	I	I	I	—
莫代尔纤维	I	I	I	I	I	S_0	I	I	I	I	I	—
铜氨纤维	I	I	I	I	I	S_0	I	I	I	I	I	—
醋酯纤维	I	I	I	P	S	S_0	S_0	S_0	S_0	S_0	I	—
三醋酯纤维	I	I	I	P	S	S_0	S_0	S_0	S_0	S_0	I	—
大豆蛋白纤维	I	S	I	I	S	S_0	I	S	I	I	I	—
牛奶蛋白改性聚丙烯腈纤维	I	P	I	I	S	S_0	I	S	I	I	I	—
聚乳酸纤维	I	I	I	I	□	S_0	I	□	I	P	I	—
涤纶	I	I	I	I	I	I	I	I	I	I	I	—
腈纶	I	I	I	I	S	S_0	I	I	I	I	I	—
锦纶6	I	I	I	I	S_0	S_0	S_0	S_0	I	S_0	I	—
锦纶66	I	I	I	I	S_0	S_0	S_0	S_0	I	S_0	I	—
氨纶	I	I	I	I	I	S	I	S_0	I	S	I	—
维纶	I	P	I	I	S_0	S_0	S	S_0	I	I	I	—
氯纶	I	I	I	I	I	I	I	I	I	I	I	—
偏氯纶	I	I	I	I	I	I	I	I	I	I	I	—
乙纶	I	I	I	I	I	□	I	I	I	I	I	—
丙纶	I	I	I	I	I	I	I	I	I	I	I	—
芳纶	I	I	I	I	I	I	I	I	I	I	I	—
聚苯乙烯纤维	I	□	I	I	I	I	I	□	I	□	I	—
碳纤维	I	I	I	I	I	I	I	I	I	I	I	—
酚醛纤维	I	I	I	I	I	I	I	I	I	I	I	—
聚砜酰胺纤维	I	I	I	I	I	I	I	I	I	I	I	—
噁二唑纤维	I	I	I	I	I	I	I	I	I	I	I	—
聚四氟乙烯纤维	I	I	I	I	I	I	I	I	I	I	I	—
石棉	I	I	I	I	I	I	I	I	I	I	S	—
玻璃纤维	I	I	I	I	I	I	I	I	I	I	S	—

（3）　　　　　　　　　　　　　　　　　续表

纤 维	铜氨		65%硫氰酸钾		N,N-二甲基甲酰胺		丙酮		四氢呋喃	
	24~30℃	煮沸	24~30℃	煮沸	24~30℃	煮沸	24~30℃	煮沸	24~30℃	煮沸
棉	S	—	I	I	I	I	I	I	I	I
麻	S	—	I	I	I	I	I	I	I	I
蚕丝	S	—	I	I	I	I	I	I	I	I
动物毛绒	I	—	I	I	I	I	I	I	I	I
粘胶纤维	S_0	—	I	I	I	I	I	I	I	I
莱赛尔纤维	P	—	I	I	I	I	I	I	I	I
莫代尔纤维	S	—	I	I	I	I	I	I	I	I
铜氨纤维	S	—	I	I	I	I	I	I	I	I
醋酯纤维	I	—	I	I	S	S_0	S_0	S_0	S_0	S_0
三醋酯纤维	I	—	I	I	S	S_0	P	P	P	S_0
大豆蛋白纤维	I	—	I	I	I	I	I	I	I	I
牛奶蛋白改性聚丙烯腈纤维	I	—	I	S_0	I	P	I	I	I	I
聚乳酸纤维	I	—	I	P	I	S/P	I	P	P	P
涤纶	I	—	I	I	I	S/P	I	I	I	I
腈纶	I	—	I	S_0	S/P	S_0	I	I	I	I
锦纶6	I	—	I	I	I	S/P	I	I	I	I
锦纶66	I	—	I	I	I	I	I	I	I	I
氨纶	I	—	I	I	I	S_0	I	I	I	I
维纶	I	—	I	I	I	I	I	I	I	I
氯纶	I	—	I	I	S_0	S_0	I	P	S_0	S_0
偏氯纶	I	—	I	I	I	S_0	I	I	S_0	S_0
乙纶	I	—	I	I	I	I	I	I	I	I
丙纶	I	—	I	I	I	I	I	I	I	I
芳纶	I	—	I	I	I	I	I	I	I	I
聚苯乙烯纤维	I	—	I	□	I	I	I	I	P	S
碳纤维	I	—	I	I	I	I	I	I	I	I
酚醛纤维	I	—	I	I	I	I	I	I	I	I
聚砜酰胺纤维	I	—	I	I	S_0	S_0	I	I	I	I
噁二唑纤维	I	—	I	I	I	I	I	I	I	I
聚四氟乙烯纤维	I	—	I	I	I	I	I	I	I	I
石棉	I	—	I	I	I	I	I	I	I	I
玻璃纤维	I	—	I	I	I	I	I	I	I	I

（4） 续表

纤 维	苯酚		苯酚四氯乙烷		吡啶		1,4-丁内酯		二甲亚砜		环己酮	
	50℃	煮沸	24~30℃	煮沸	24~30℃	煮沸	24~30℃	煮沸	24~30℃	煮沸	24~30℃	煮沸
棉	I	I	I	I	I	I	I	I	I	I	I	I
麻	I	I	I	I	I	I	I	I	I	I	I	I
蚕丝	I	I	I	I	I	I	I	I	I	I	I	I
动物毛绒	I	I	I	I	I	I	I	I	I	I	I	I
粘胶纤维	I	I	I	I	I	I	I	I	I	I	I	I
莱赛尔纤维	I	I	I	I	I	I	I	I	I	I	I	I
莫代尔纤维	I	I	I	I	I	I	I	I	I	I	I	I
铜氨纤维	I	I	I	I	I	I	I	I	I	I	I	I
醋酯纤维	S	S_0	S_0	S_0	S_0	S_0	S_0	S_0	S	S_0	S	S_0
三醋酯纤维	I	I	S_0	S_0	S_0	S_0	P	S_0	S	S_0	S	S_0
大豆蛋白纤维	I	I	I	I	I	I	I	I	P	I	I	I
牛奶蛋白改性聚丙烯腈纤维	I	I	I	P	I	I	I	I	P	S_0		
聚乳酸纤维	I	S_0	I	P	P	S	I	S_0	I	S	I	S
涤纶	I	S_0	P_{SS}	S_0	I	I	I	S	I	S	I	I
腈纶	I	I	I	□	I	I	I	S_0	S	S_0	I	I
锦纶6	S_0	S_0	S_0	S_0	I	I	I	S_0	I	S_0	I	I
锦纶66	S_0	S_0	S_0	S_0	I	I	I	S_0	I	S_0	I	I
氨纶	I	I	P	□	I	S	I	S_0	S	S_0	I	S_0
维纶	I	P_{SS}	I	P_{SS}	I	I	I	I	S	S_0	I	I
氯纶	I	□	I	S_0	I	S	S	S_0	S	S_0	S	S_0
偏氯纶	I	S_0	I	S_0	△	S_0	I	S	I	S_0	I	S_0
乙纶	I	□	P_{SS}	□	I	I	I	□	I	□	I	S
丙纶	I	I	I	P	I	I	I	I	□	I	I	S
芳纶	I	I	I	I	I	I	I	I	I	I	I	S
聚苯乙烯纤维	P	S	P	S	P	S	I	I	I	S	S	S_0
碳纤维	I	I	I	I	I	I	I	I	I	I	I	I
酚醛纤维	I	I	I	I	I	I	I	I	I	I	I	I
聚砜酰胺纤维	I	I	I	I	I	I	I	I	I	I	I	I
噁二唑纤维	I	I	I	I	I	I	I	I	I	I	I	I
聚四氟乙烯纤维	I	I	I	I	I	I	I	I	I	I	I	I
石棉	I	I	I	I	I	I	I	I	I	I	I	I
玻璃纤维	I	I	I	I	I	I	I	I	I	I	I	I

（5）

续表

纤　维	溶液（溶剂）							
	四氯化碳		二氯甲烷		二氧六环		乙酸乙酯	
	24~30℃	煮沸	24~30℃	煮沸	24~30℃	煮沸	24~30℃	煮沸
棉	I	I	I	I	I	I	I	I
麻	I	I	I	I	I	I	I	I
蚕丝	I	I	I	I	I	I	I	I
动物毛绒	I	I	I	I	I	I	I	I
粘胶纤维	I	I	I	I	I	I	I	I
莱赛尔纤维	I	I	I	I	I	I	I	I
莫代尔纤维	I	I	I	I	I	I	I	I
铜氨纤维	I	I	I	I	I	I	I	I
醋酯纤维	I	I	I	S	S_0	S_0	S	S
三醋酯纤维	I	I	S	S_0	S_0	S_0	I	P
大豆蛋白纤维	I	I	I	I	I	I	I	I
牛奶蛋白改性聚丙烯腈纤维	I	I	I	I	I	I	I	I
聚乳酸纤维	I	P	P	P	P	P	I	S
涤纶	I	I	I	I	I	I	I	I
腈纶	I	I	I	I	I	I	I	I
锦纶6	I	I	I	I	I	I	I	I
锦纶66	I	I	I	I	I	I	I	I
氨纶	I	I	I	I	I	I	I	I
维纶	I	I	I	I	I	I	I	I
氯纶	I	P	S	S_0	S	S_0	P	S_0
偏氯纶	I	I	I	I	I	S_0	I	I
乙纶	I	I	I	I	I	I	I	I
丙纶	I	P	I	I	I	I	I	I
芳纶	I	I	I	I	I	I	I	I
聚苯乙烯纤维	S_0	—	P	P	P	P	S	S_0
碳纤维	I	I	I	I	I	I	I	I
酚醛纤维	I	I	I	I	I	I	I	I
聚砜酰胺纤维	I	I	I	I	I	I	I	I
噁二唑纤维	I	I	I	I	I	I	I	I
聚四氟乙烯纤维	I	I	I	I	I	I	I	I
石棉	I	I	I	I	I	I	I	I
玻璃纤维	I	I	I	I	I	I	I	I

注　①符号说明：S_0—立即溶解；S—溶解；P—部分溶解；P_{SS}—微溶；□—块状；I—不溶解；△—溶胀。
　　②鉴别石棉和玻璃纤维时，尽量用其他鉴别方法，必要时用氢氰酸溶解。
　　③在使用如乙酸乙酯、二甲亚砜等易燃性溶剂时，为了防止溶剂燃烧或爆炸须将试样和溶剂放入小烧杯中，在封闭电炉上加热，并于通风橱内进行试验。

试验1-2　纺织纤维的定量分析

目的和要求

采用手工分解法和显微镜法对可手工分解或不宜采用化学分析方法的混合纺织品进行定量物理分析。根据不同纤维在不同化学试剂中的溶解特性，采用化学溶解法对混合纺织品进行定量化学分析。

试验1-2-1　化学溶解法

1. 试验标准

GB/T 2910—2009《纺织品　定量化学分析》。

2. 试验原理

根据定性分析的结果，用适当的预处理方法去除非纤维物质，选择合适的试剂将已知干燥质量的混合物中的一种组分或几种组分溶解，将剩余纤维清洗、烘干和称重，由溶解失重或不溶纤维的重量从而求出各组分纤维的含量。

3. 试剂与试验仪器

（1）试剂：所用全部试剂均为分析纯，温度为40~60℃的石油醚，蒸馏水或去离子水。

（2）试验仪器：

①玻璃砂芯坩埚：容量30~40mL，微孔直径90~150μm的烧结圆形过滤坩埚。坩埚应带有一个磨砂玻璃瓶塞或表面玻璃皿。

②干燥器：装有变色硅胶。

③干燥烘箱：能保持温度为（105±3）℃。

④分析天平：精度为0.0002g或以上。

⑤索氏萃取器：其容量（mL）是试样质量（g）的20倍。

⑥抽滤装置。

4. 试样准备

（1）取样：使样品具有代表性，样品中可能包括不同组分，足以提供试验所需试样。

（2）样品预处理：两种情况下浴比均为1∶100。

①将样品放在索氏萃取器内，用石油醚萃取1h，每小时至少循环6次。

②待样品中的石油醚挥发后，把样品浸入冷水中浸泡1h，再在（65±5）℃的水中浸泡1h。不时地搅拌溶液，挤干，抽滤，或离心脱水，以除去样品中的多余水分，然后自然干燥样品。

如果用石油醚和水不能萃取掉非纤维物质，则需用适当方法去除，而且要求纤维组分无实质性改变。对某些未漂白的天然植物纤维（如黄麻、椰壳纤维），石油醚和水的常规预处理并不能除去全部的天然非纤维物质。但即便如此也不再采用附加预处理，除非该样品含有不溶于石油醚和水的整理剂。

（3）试样制备：从预处理过的样品中取样，每个试样至少 2 份，每份试样约 1g。将纱线或分散的布样切成 10mm 左右长。

5. 试验步骤

（1）试样干燥质量测定：把试样放入称量瓶内，连同放在旁边的瓶盖一起放入烘箱内烘干，烘干后盖好瓶盖，再从烘箱内取出并迅速移入干燥器内冷却，称重，直至恒重。再将试样移入标准规定的玻璃器具中，立即将称量瓶再次称重，从差值中求出试样的干燥质量。

（2）各组分纤维的溶解或分离：不同组分的纤维采取不同的溶解方法和溶解顺序。

①将已知干燥质量的试样放入烧瓶或烧杯中，根据纤维的化学性质加入适量的化学试剂，保持一定的温度、时间等必要的溶解条件，使其中一种纤维充分溶解。

②用已知干燥质量的玻璃砂芯坩埚过滤，将不溶纤维移入玻璃砂芯坩埚中，并多次充分清洗排液，最后用抽滤装置抽干。

（3）不溶纤维干燥质量测定：将不溶纤维放入过滤坩埚，连同放在旁边的瓶盖一起放入烘箱内烘干，烘干后拧紧坩埚磨口瓶塞并迅速移入干燥器内冷却，称重，直至恒重，求出不溶纤维干燥质量。并用显微镜观察残余物，检查可溶解的纤维是否完全被除去。

注：①在烘箱中烘干，烘干温度为（105±3）℃，时间一般在 4~16h，烘至恒重（连续两次称得试样重量的差异不超过 0.1%）。

②在干燥器中冷却，冷却时间不得少于 2h，直至完全冷却，将干燥器放在天平旁边。

③称重：从干燥器中取出称量瓶、坩埚，在 2min 内称完，精确至 0.0002g。

④在干燥、冷却和称量操作中，不要用手直接接触称量瓶、坩埚、试样及残留物。

6. 试验结果

试验结果以两次试验的平均值表示，若两次试验测得的结果绝对差值大于 1% 时，应进行第三个试样试验，试验结果以三次试验平均值表示，修约至小数点后一位。

（1）二组分纤维混合物定量化学分析：混合物中不溶组分的含量，有 3 种计算方法。

①以净干质量为基础的计算方法：

$$P = \frac{100 m_1 d}{m_0}$$

式中：P——不溶组分净干质量百分率（%）；

m_0——试样的干燥质量（g）；

m_1——残留物的干燥质量（g）；

d——不溶组分的质量变化修正系数。

②以净干质量为基础结合公定回潮率的计算方法：

$$P_M = \frac{100 P (1+0.01 \alpha_2)}{P (1+0.01 \alpha_2) + (100-P)(1+0.01 \alpha_1)}$$

式中：P_M——结合公定回潮率的不溶组分百分率（%）；

　　P——净干不溶组分百分率（%）；

　　α_1——可溶组分的公定回潮率（%）；

　　α_2——不溶组分的公定回潮率（%）。

③以净干质量为基础，结合公定回潮率及预处理中非纤维物质去除率和纤维物质的损失率的计算方法：

$$P_A = \frac{100P[1+0.01(\alpha_2+b_2)]}{P[1+0.01(\alpha_2+b_2)]+(100-P)[1+0.01(\alpha_1+b_1)]}$$

式中：P_A——混合物中净干不溶组分结合公定回潮率及非纤维物质去除率的百分率（%）；

　　P——净干不溶组分百分率（%）；

　　α_1——可溶组分的公定回潮率（%）；

　　α_2——不溶组分的公定回潮率（%）。

　　b_1——预处理中可溶纤维物质的损失率和/或可溶组分中非纤维物质的去除率（%）；

　　b_2——预处理中不溶纤维物质的损失率和/或不溶组分中非纤维物质的去除率（%）。

第二种组分的百分率 $P_{2A} = 100 - P_A$

注：当采用特殊预处理时，则要测出两种组分在特殊预处理中的 b_1 和 b_2 值。如若可能，宜提供每一种组分的纯净纤维进行特殊预处理测得。除去正常含有的天然伴生物质或加工过程中带来的物质外，纯净纤维不含非纤维物质，这些物质通常是以漂白或未漂白状态存在的，在待分析材料中可以找到。

（2）三组分纤维混合物定量化学分析：混合物中各组分的含量，计算结果以纤维净干质量为基础，首先结合公定回潮率计算，其次结合预处理中和分析中的质量损失计算。使用二组分混合物分析法来分析有代表性的三组分混合物方法。

①纤维净干质量百分率计算：不考虑预处理中纤维的质量损失。

方案1：公式适用于混合物试样，第1块试样去除一个组分，第2块试样去除另一个组分。

$$P_1 = \left[\frac{d_2}{d_1} - d_2\frac{r_1}{m_1} + \frac{r_2}{m_2}\left(1-\frac{d_2}{d_1}\right)\right] \times 100$$

$$P_2 = \left[\frac{d_4}{d_3} - d_4\frac{r_2}{m_2} + \frac{r_1}{m_1}\left(1-\frac{d_4}{d_3}\right)\right] \times 100$$

$$P_3 = 100 - (P_1 + P_2)$$

式中：P_1——第1组分净干质量百分率（第1个试样溶解在第1种试剂中的组分）（%）；

　　P_2——第2组分净干质量百分率（第2个试样溶解在第2种试剂中的组分）（%）；

　　P_3——第3组分净干质量百分率（在两种试剂中都不溶解的组分）（%）；

m_1——第 1 个试样经预处理后的干重（g）；

m_2——第 2 个试样经预处理后的干重（g）；

r_1——第 1 个试样经第 1 种试剂溶解去除第 1 个组分后，残留物的干重（g）；

r_2——第 2 个试样经第 2 种试剂溶解去除第 2 个组分后，残留物的干重（g）；

d_1——质量损失修正系数，第 1 个试样中不溶的第 2 组分在第 1 种试剂中的质量损失；

d_2——质量损失修正系数，第 1 个试样中不溶的第 3 组分在第 1 种试剂中的质量损失；

d_3——质量损失修正系数，第 2 个试样中不溶的第 1 组分在第 2 种试剂中的质量损失；

d_4——质量损失修正系数，第 1 个试样中不溶的第 3 组分在第 1 种试剂中的质量损失。

方案 2：公式适用于从第 1 个试样中去除组分（a），留下残留物为其他两种组分（b+c），第 2 个试样中去除组分（a+b），留下残留物为第 3 个组分（c）。

$$P_1 = 100 - (P_1 + P_2)$$

$$P_2 = 100 \times \frac{d_1 r_1}{m_1} - \frac{a_1}{a_2} \times P_3$$

$$P_3 = \frac{d_4 r_2}{m_2} \times 100$$

式中：P_1——第 1 组分净干质量百分率（第 1 个试样溶解在第一种试剂中的组分）（%）；

P_2——第 2 组分净干质量百分率（第 2 个试样在第 2 种试剂中和第 1 个组分同时溶解的组分）（%）；

P_3——第 3 组分净干质量百分率（在两种试剂中都不溶解的组分）（%）；

m_1——第 1 个试样经预处理后的干重（g）；

m_2——第 2 个试样经预处理后的干重（g）；

r_1——第 1 个试样经第 1 种试剂溶解去除第 1 个组分后，残留物的干重（g）；

r_2——第 2 个试样经第 2 种试剂溶解去除第 1、第 2 组分后，残留物的干重（g）；

d_1——质量损失修正系数，第 1 个试样中不溶的第 2 组分在第 1 种试剂中的质量损失；

d_2——质量损失修正系数，第 1 个试样中不溶的第 3 组分在第 1 种试剂中的质量损失；

d_4——质量损失修正系数，第 1 个试样中不溶的第 3 组分在第 1 种试剂中的质量损失。

方案 3：公式适用于从 1 个试样中去除两个组分（a+b），留下残留物为第 3 个组分（c），然后从 1 个试样中去除组分（b+c），留下残留物为第 1 个组分（a）。

$$P_1 = \frac{d_3 r_2}{m_2} \times 100$$

$$P_2 = 100 - (P_1 + P_3)$$

$$P_3 = \frac{d_2 r_1}{m_1} \times 100$$

式中：P_1——第 1 组分净干质量百分率（第 1 个试样溶解在第 1 种试剂中的组分）（%）；

P_2——第 2 组分净干质量百分率（第 1 个试样溶解在第 1 种试剂中的组分和第 2 个试样溶解在第 2 种试剂中的组分）（%）；

P_3——第 3 组分净干质量百分率（第 2 个试样在第 2 种试剂中溶解的组分）（%）；

m_1——第 1 个试样经预处理后的干重（g）；

m_2——第 2 个试样经预处理后的干重（g）；

r_1——第 1 个试样经第 1 种试剂溶解去除第 1、第 2 组分后，残留物的干重（g）；

r_2——第 2 个试样经第 2 种试剂溶解去除第 2、第 3 组分后，残留物的干重（g）；

d_2——质量损失修正系数，第 1 个试样中不溶的第 3 组分在第 1 种试剂中的质量损失；

d_3——质量损失修正系数，第 2 个试样中不溶的第 1 组分在第 2 种试剂中的质量损失。

方案 4：公式适用于同一个试样，从混合物中连续溶解去除两种纤维组分。

$$P_1 = 100 - (P_2 + P_3)$$

$$P_2 = \frac{d_1 r_1}{m_2} \times 100 - \frac{d_1}{d_2} \times P_3$$

$$P_3 = \frac{d_3 r_2}{m} \times 100$$

式中：P_1——第 1 组分净干质量百分率（第 1 个溶解的组分）（%）；

P_2——第 2 组分净干质量百分率（第 1 个溶解的组分）（%）；

P_3——第 3 组分净干质量百分率（不溶解的组分）（%）；

m——试样经预处理后的干重（g）；

r_1——经第 1 种试剂溶解去除第 1 组分后，残留物的干重（g）；

r_2——经第 1、第 2 种试剂溶解去除第 1、第 2 组分后，残留物的干重（g）；

d_1——质量损失修正系数，第 2 组分在第 1 种试剂中的质量损失；

d_2——质量损失修正系数，第 3 组分在第 1 种试剂中的质量损失；

d_3——质量损失修正系数，第 1 组分在第 1、第 2 种试剂中的质量损失。

②各组分结合公定回潮率修正和在预处理中质量损失修正系数的百分率计算：

$$A = 1 + \frac{a_1 + b_1}{100}$$

$$B = 1 + \frac{a_2 + b_2}{100}$$

$$C = 1 + \frac{a_3 + b_3}{100}$$

$$P_{1A} = \frac{P_1 A}{P_1 A + P_2 B + P_3 C} \times 100$$

$$P_{2A} = \frac{P_2 A}{P_1 A + P_2 B + P_3 C} \times 100$$

$$P_{3A} = \frac{P_3 A}{P_1 A + P_2 B + P_3 C} \times 100$$

式中：P_{1A}——第 1 净干组分结合公定回潮率和预处理中质量损失的百分率（%）；

      P_{2A}——第 2 净干组分结合公定回潮率和预处理中质量损失的百分率（%）；

      P_{3A}——第 3 净干组分结合公定回潮率和预处理中质量损失的百分率（%）；

      P_1——第 1 组分净干百分率（%）；

      P_2——第 2 组分净干百分率（%）；

      P_3——第 3 组分净干百分率（%）；

      a_1——第 1 组分的公定回潮率（%）；

      a_2——第 2 组分的公定回潮率（%）；

      a_3——第 3 组分的公定回潮率（%）；

      b_1——第 1 组分在预处理中质量损失百分率（%）；

      b_2——第 2 组分在预处理中质量损失百分率（%）；

      b_3——第 3 组分在预处理中质量损失百分率（%）。

注：①当采用特殊预处理时，如可能，宜提供每一种组分的纯净纤维进行特殊预处理测得 b_1、b_2、b_3 的值。

②纯净纤维不含非纤维物质，除去正常含有的天然伴生物质或加工过程中带来的物质，这些漂白或未漂白状态存在的物质在待分析材料中可以找到。

③待分析的加工材料不是用干净独立的纤维组成的，则宜使用相似的干净的纤维混合物测定得到 b_1、b_2、b_3 的平均值。一般预处理使用石油醚和水萃取，则预处理中质量损失修正系数 b_1、b_2、b_3 除了未漂白的棉、未漂白的苎麻、未漂白的大麻为 4% 和聚丙烯为 1% 外，通常可以忽略。

④对其他纤维来说，按惯例，一般预处理在计算中不考虑质量损失。

表 1-4　使用两组分混合物分析法来分析有代表性的三组分混合物方法

编号	纤维组成			应用方法	采用方案
	第 1 组分	第 2 组分	第 3 组分	GB/T 2910 各部分/按次序 溶解使用的溶解试剂	
1	羊毛或其他 动物毛纤维	粘胶、铜氨或 某些莫代尔纤维	棉	4/碱性次氯酸钠法 6/甲酸/氯化锌法	1 和/或 4
2		聚酰胺纤维	棉、粘胶、铜氨、 莫代尔纤维	4/碱性次氯酸钠法 7/80%质量分数甲酸法	1 和/或 4
3			聚酯、聚丙烯、 聚丙烯腈或 玻璃纤维		

编号	纤维组成			应用方法	采用方案
	第1组分	第2组分	第3组分	GB/T 2910各部分/按次序溶解使用的溶解试剂	
4	羊毛、其他动物毛纤维或蚕丝	棉、粘胶、铜氨、莫代尔纤维	聚酯	4/碱性次氯酸钠法 11/75%质量分数硫酸法	4
5		某些含氯纤维	棉、粘胶、铜氨、莫代尔纤维	4/碱性次氯酸钠法 13/二硫化碳/丙酮法 体积比为55.5/44.5	1和/或4
6	羊毛、其他动物毛纤维或蚕丝		聚酯、聚丙烯腈、聚酰胺或玻璃纤维		
7	蚕丝	羊毛或其他动物毛纤维	聚酯纤维	18/75%质量分数硫酸法 4/碱性次氯酸钠法	2
8	粘胶、铜氨或某些莫代尔纤维	棉	聚酯	6/甲酸/氯化锌法 11/75%质量分数硫酸法	2和/或4
9	聚酰胺纤维	棉、粘胶、铜氨或莫代尔纤维	聚酯	7/80%质量分数甲酸法 11/75%质量分数硫酸法	4
10		聚丙烯腈纤维	棉、粘胶、铜氨或莫代尔纤维	7/80%质量分数甲酸法 12/二甲基甲酰胺法	1和/或4
11	聚丙烯腈纤维	羊毛、其他动物毛纤维或蚕丝	聚酯	12/二甲基甲酰胺法 4/碱性次氯酸钠法	1和/或4
12			棉、粘胶、铜氨、莫代尔纤维		
13		蚕丝	羊毛和其他动物毛纤维	12/二甲基甲酰胺法 18/75%质量分数硫酸法	4
14		粘胶、铜氨或某些莫代尔纤维	棉	12/二甲基甲酰胺法 6/甲酸/氯化锌法	4
15		棉、粘胶、铜氨、莫代尔纤维	聚酯	12/二甲基甲酰胺法 11/75%质量分数硫酸法	4
16		聚酰胺纤维	聚酯	12/二甲基甲酰胺法 7/80%质量分数甲酸法	1和/或4
17	醋酯纤维	羊毛、其他动物毛纤维或蚕丝	棉、粘胶、铜氨、莫代尔、聚酰胺、聚酯、聚丙烯腈纤维	3/丙酮法 4/碱性次氯酸钠法	4
18		蚕丝	羊毛、其他动物毛纤维	8/70%体积比丙酮法 18/75%质量分数硫酸法	4
19		粘胶、铜氨、某些莫代尔纤维	棉	3/丙酮法 6/甲酸/氯化锌法	4
20		棉、粘胶、铜氨、莫代尔纤维	聚酯	3/丙酮法 11/75%质量分数硫酸法	4
21		聚酰胺纤维	棉、粘胶、铜氨或莫代尔纤维	3/丙酮法 7/80%质量分数甲酸法	4
22			聚酯或聚丙烯腈纤维		
23		聚丙烯腈纤维	棉、粘胶、铜氨、莫代尔纤维	3/丙酮法 12/二甲基甲酰胺法	4
24			聚酯		

续表

编号	纤维组成			应用方法	采用方案
	第1组分	第2组分	第3组分	GB/T 2910 各部分/按次序溶解使用的溶解试剂	
25	三醋酯纤维	羊毛、其他动物毛纤维或蚕丝	棉、粘胶、铜氨、莫代尔、聚酰胺、聚酯、聚丙烯腈纤维	10/二氯甲烷法 4/碱性次氯酸钠法	4
26		蚕丝	羊毛、其他动物毛纤维	10/二氯甲烷法 18/75%质量分数硫酸法	4
27		粘胶、铜氨、某些莫代尔纤维	棉	10/二氯甲烷法 6/甲酸/氯化锌法	4
28		棉、粘胶、铜氨、莫代尔纤维	聚酯	10/二氯甲烷法 11/75%质量分数硫酸法	4
29		聚酰胺纤维	棉、粘胶、铜氨、莫代尔纤维	10/二氯甲烷法 7/80%质量分数甲酸法	4
30		聚丙烯腈纤维	棉、粘胶、铜氨、莫代尔纤维	10/二氯甲烷法 12/二甲基甲酰胺法	4
31	某些含氯纤维	粘胶、铜氨、莫代尔纤维	棉	13/二硫化碳/丙酮法 体积比为 55.5/44.5 6/甲酸/氯化锌法 或 12/二甲基甲酰胺法 6/甲酸/氯化锌法	1 和/或 4
32		棉、粘胶、铜氨、莫代尔纤维	聚酯	12/二甲基甲酰胺法 11/75%质量分数硫酸法 或 13/二硫化碳/丙酮法 11/75%质量分数硫酸法	4
33		聚酰胺纤维	棉、粘胶、铜氨或莫代尔纤维	12/二甲基甲酰胺 7/80%质量分数甲酸法 或 13/二硫化碳/丙酮法 体积比为 55.5/44.5 7/80%质量分数甲酸法	1 和/或 4
34			聚丙烯腈纤维	13/二硫化碳/丙酮法 体积比为 55.5/44.5 7/80%质量分数甲酸法	1 和/或 4
35		聚丙烯腈纤维	聚酰胺纤维	13/二硫化碳/丙酮法 体积比为 55.5/44.5 12/二甲基甲酰胺法	2 和/或 4

试验 1-2-2　手工分解法

1. 试验标准

（1）GB/T 2910.1—2009《纺织品　定量化学分析　第 1 部分：试验通则》。

（2）GB/T 2910.2—2009《纺织品　定量化学分析　第 2 部分：三组分纤维混合物》。

（3）FZ/T 01101—2008《纺织品　纤维含量的测定　物理法》。

2. 试验原理

鉴别出纤维组分的纺织品，通过适当的方法去除非纤维物质后，用手工分解法将纺织品中目测能分辨区分的各个纤维组分分开、烘干、称重，从而计算各组分纤维的质量含量。

3. 试剂与试验仪器

（1）试剂：温度为 40~60℃的石油醚，蒸馏水或去离子水。

（2）试验仪器：

①称量瓶、干燥器、索氏萃取器、挑针、捻度仪。

②干燥烘箱：能保持温度为（105±3）℃。

③分析天平：精度为 0.0002g 或以上。

4. 试样准备

取样和样品预处理：同试验 2-1 化学溶解法。

5. 试验步骤

（1）各组分纤维的分解：

①纱线的分析：取预处理的试样不少于 1g。对于较细的纱线，取最小长度 30m。将纱线剪成合适的长度，用挑针分解纤维（必要时，使用捻度仪），分解不同的纤维。

②织物的分析：取预处理的试样不少于 1g。对于机织物要小心修剪试样边缘，防止散开，平行地沿经纱或纬纱裁剪，或沿针织物的横列和纵行裁剪，分解不同的纤维。

（2）各组分纤维的干燥质量测定：将分解后的纤维放入已知干燥质量的称量瓶内，连同放在旁边的瓶盖一起放入烘箱内烘干，烘干后盖好瓶盖，再从烘箱内取出并迅速移入干燥器内冷却，称重，直至恒重，求出各组分纤维的干燥质量。

6. 试验结果

计算结果修约至 0.1。

（1）净干质量含量的计算：

$$P_{gzi} = \frac{m_{gi}}{\sum n_{gi}} \times 100$$

式中：P_{gzi}——试样中第 i 组分纤维的净干质量含量（%）；

m_{gi}——试样中第 i 组分纤维的净干质量（g）。

（2）以净干质量为基础结合公定回潮率的计算：

$$P_{Ci} = \frac{m_{gi}(1+W_i)}{\sum \left[n_{gi} + (1+W_i) \right]} \times 100$$

式中：P_{Ci}——试样中第 i 组分纤维的结合公定回潮率的质量含量（%）；

m_{gi}——试样中第 i 组分纤维的净干质量（g）；

W_i——第 i 组分纤维的公定回潮率（%）。

试验1-2-3 显微投影法

1. 试验标准

FZ/T 01101—2008《纺织品 纤维含量的测定 物理法》。

FZ/T 30003—2009《麻棉混纺产品定量分析方法 显微投影法》。

GB/T 16988—1997《特种动物纤维与绵羊毛混合物含量的测定》。

GB/T 14593—2008《山羊绒、绵羊毛及其混合纤维定量分析方法》。

SN/T 0756—1999《进出口麻/棉混纺产品定量分析方法 显微投影法》。

2. 试验原理

鉴别出纤维组分的纺织品，使用显微投影仪或数字式图像分析仪分辨和计数一定数量的纤维，测量纤维的直径或横截面积，结合不同纤维的密度，从而计算出各种纤维的质量含量。

3. 试剂与试验仪器

（1）试剂：胶棉液或固体石蜡，无水甘油或液体石蜡。

（2）试验仪器：

①显微投影仪：放大倍数为500倍，数字式图像分析仪。

②分析天平：精度为0.0002g或以上。

③干燥烘箱：能保持温度为（105±3）℃。

④纤维切片器：哈氏切片器。

⑤干燥器，载玻片、盖玻片、表面皿等，楔形尺、方格描图纸等，索氏萃取器。

4. 试样准备

（1）取样：

①散纤维：取10g样品均分3份试样。

②纱线：在管纱或筒子纱或绞纱中截取5cm长的纱段150根，再均分为3份试样。

③针织物：将针织物拆成纱线，截取5cm长的纱段150根，再均分为3份试样。

④机织物：抽取3块5cm×5cm的样品，当组织结构较大时，应增加样品量以能覆盖整个循环。将每个样品拆分为经纱和纬纱各3份试样。

（2）预处理：同试验1-2-1化学溶解法。

（3）制样：

①测定纤维横截面试样制备：在试样中随机取适量纤维整理平行成束状，放入哈氏切片器中，切去露出的纤维，转动适当的刻度，涂上胶棉液或石蜡，待试样凝固后，切取20~30μm厚度的薄片，放置在滴有无水甘油或液体石蜡的载玻片上，盖上盖玻片，供横截面面积测量试验用。

②测定纤维纵向试样制备：将试样整理平行成束状，用纤维切片器切取合适长度约0.4mm的短纤维，将短纤维移至表面皿中，加入适量无水甘油或液体石蜡，必要时再加入适量分散剂，充分混合成稠密的悬浮液。将适量悬浮液移至载玻片上，使其均匀展开，盖上盖玻片，每个试样中抽取的纤维总根数不少于1500根，如果一载玻片纤维根数不够，可制作多个载玻片。

5. 试验步骤

（1）纤维横截面面积和直径的测定：

①用显微投影仪测定：

a. 纤维横截面面积：用显微镜测微尺（分度0.01mm）校准显微投影仪，使投影图像到达投影平面上时能放大至500倍，将制备的测定纤维横截面试样的载玻片放在显微投影仪的载物台上，在投影平面内放一张约30cm×30cm有坐标格的描图纸，用尖的铅笔将投影图像描在描图纸上。通过计数方格的个数，测定每根纤维的横截面面积，再计算每种纤维的横截面面积平均值（μm^2）。

b. 纤维直径：用显微镜测微尺（分度0.01mm）校准显微投影仪，使投影图像到达投影平面上时能放大至500倍，将准备好的测定纤维纵向试样的载玻片放在显微投影仪的载物台上，使测量的纤维都在投影圆圈内。调整投影仪的微调使纤维图像边缘的影子能清晰地投射到楔尺上，测量纤维长度中部的投影宽度作为直径，计算每种纤维的直径平方平均值（μm^2）。

②用数字化纤维检测系统测定：

a. 纤维横截面面积：将制备的测定纤维横截面试样载玻片放在显微镜载物台上，显微镜调到合适的放大倍数，使显示器上的纤维图像直径达500~1000倍，选择图像分析软件中正确的标尺和图像采集功能。调节显微镜焦距，使显示器上的图像清晰，用视频摄像头采集图像。利用鼠标完成图像冻结、面积测定等程序，将横截面面积测量结果储存于图像分析软件系统。移动载物台，选择另一图像清晰的界面继续测量面积。利用图像分析软件的统计功能自动计算每种纤维的横截面面积平均值（μm^2）。

b. 纤维直径：将制备的测定纤维纵向试样载玻片放在显微镜载物台上，显微镜调到合适的放大倍数，使显示器上的纤维图像直径达200~1000倍，选择图像分析软件中正确的标尺和图像采集功能。调节显微镜焦距，使显示器上的图像清晰，用视频摄像头采集图像。利用鼠标完成图像冻结、直径测定等程序，将直径测量结果储存于图像分析软件系统。利用图像分析软件的统计功能自动计算每种纤维的直径平方平均值（μm^2）。

（2）纤维根数的测定：利用普通生物显微镜（放大200~250倍）或显微投影仪观察纤维。将制备的测定纤维纵向试样载玻片放在显微镜载物台上（可与直径的测定同时进行），通过目镜观察进入视野的各类纤维，根据纤维的形态结构特征，鉴别其类型。

从靠近视野的最上角或最下角开始计数。当载玻片沿水平方向缓缓移动通过视野时，识别和计数通过目镜十字线中心的所有纤维。在通过视野每一个行程后，将载玻片垂直移动1~2mm后再沿水平方向缓缓移动通过视野。识别和计数纤维，重复上述操作程序，直至全部载玻片测完，每种纤维至少测量100根，若试样纤维横截面积（直径）存在明显不均匀，则测量根数不少于 300 根。若某种类纤维含量较低，试样中该类纤维总根数不足，则测量试样中所有该类纤维根数。计数纤维根数不少于 1500 根。

6. 试验结果

纤维质量含量试验结果以两次平行试验结果的算术平均值表示，若两次试验结果的差异大于 3% 时，应测定第 3 个试样，试验结果取 3 个试样的算术平均值。计算结果修约至 0.1。

（1）横截面呈圆形的纤维：

$$P_{Xi} = \frac{N_i \times d_i^2 \times \rho_i}{\sum(N_i \times d_i^2 \times \rho_i)} \times 100$$

式中：R_{Xi}——第 i 组分纤维的质量含量（%）；

N_i——第 i 组分纤维的计数测量根数；

d_i^2——第 i 组分纤维的平均直径的平方值（μm^2）；

ρ_i——第 i 组分纤维的密度（g/cm^3）。

（2）横截面呈非圆形纤维：

$$P_{Xi} = \frac{N_i \times S_i \times \rho_i}{\sum(N_i \times S_i \times \rho_i)} \times 100$$

式中：R_{Xi}——第 i 组分纤维的质量含量（%）；

N_i——第 i 组分纤维的计数测量根数；

S_i——第 i 组分纤维的横截面面积的平均值（μm^2）；

ρ_i——第 i 组分纤维的密度（g/cm^3）。纤维的密度，见表 1-5。

表 1-5　纤维的密度 [（25±0.5）℃]

纤维名称	密度值（g/cm³）	纤维名称	密度值（g/cm³）
棉	1.54	绵羊毛	1.32
苎麻	1.51	兔毛	绒毛 1.10 粗毛 0.95
亚麻	1.50	山羊绒	1.30
大麻	1.48	马海毛	1.32
粘胶纤维	1.51	牦牛绒	1.32
铜氨纤维	1.52	骆驼绒	1.31
莫代尔纤维	1.52	羊驼毛	1.31
莱赛尔纤维	1.52	蚕丝	1.36
醋酯纤维	1.32	涤纶	1.38
大豆蛋白纤维	1.29	锦纶	1.14
牛奶蛋白改性聚丙烯腈纤维	1.26	腈纶	1.18
氨纶	1.23	变性腈纶	1.28
聚乳酸纤维	1.27	丙纶	0.91
玻璃纤维	2.46	氯纶	1.38
芳纶 1414	1.46	维纶	1.24

（3）机织物试样：

$$P_{Xi} = \frac{P_{iT} \times m_T + P_{iW} \times m_W}{m_T + m_W} \times 100$$

式中：P_i——试样中第 i 组分纤维的质量含量（%）；

　　P_{iT}——试样经纱第 i 组分纤维的质量含量（%）；

　　P_{iW}——试样纬纱第 i 组分纤维的质量含量（%）；

　　m_T——试样中经纱的总质量（g）；

　　m_W——试样中纬纱的总质量（g）；

试验2　纱线结构测试与评价

试验2-1　纱线线密度的测定

目的和要求

熟练掌握纱线线密度的测试方法，学会采用绞纱法测定纱线的线密度。

1. 试验标准

GB/T 4743—2009《纺织品　卷装纱　绞纱法线密度的测定》。

2. 试验原理

在规定的条件下，称量一定长度纱线的质量，经计算得到其线密度，用特克斯（tex）表示。

3. 试验仪器和工具

（1）缕纱测长器：摇纱周长应满足由整圈数摇得所需纱长，推荐周长为（1000±2.5）mm。具有避免纱线聚集的横动导纱装置。装有能控制张力为（0.5±0.1）cN/tex 的主动喂入系统。

（2）烘箱：可使试样在温度（105±3）℃的环境中，且不受外来发热元件的直接热辐射，通入烘箱的空气应为预干燥过的空气，其换气速率至少要达到4min 一次。还应具有关断气流的装置和试样箱内称重装置。

（3）天平：容量适宜、灵敏度不低于绞纱质量千分之一的天平。

（4）辅助器具：样品架、带磨砂玻璃瓶塞的称量瓶、标明净重的抗腐蚀金属丝网称重篮等。

4. 试样准备

按照产品标准规定，无此方面标准的情况下，应根据对试验结果要求的精密度和概率水平计算确定。长丝纱至少试验 4 个卷装，短纤纱至少试验 10 个卷装，从每个卷装样品中绕取至少 1 缕绞纱。如果计算线密度变异系数，则至少应测 20 个试样。将样品在标准大气条件下调湿。

5. 试验步骤

（1）绕取试验绞纱：

①试验绞纱长度：

a. 线密度小于 12.5tex 时：200m。

b. 线密度介于 12.5~100tex 时：100m。

c. 线密度大于 100tex 时：10m。

②试样数量：按照产品标准规定，若无规定，则从每个样品卷装中抽取一缕试验绞纱。

③将已调湿好的样品卷装卷绕在纱架上。按规定的卷装张力绕取需要的圈数，得到规定的绞纱长度后，从仪器上取下试验绞纱。

④重复以上步骤，直到满足试验所需数量。

（2）选择测试程序：

按照测试前纱线处理方式，纱线线密度的测试分为：未洗净纱线和洗净纱线两大类。

①未洗净纱线对应 3 种测试程序，分别为：

程序 a：在试验用标准大气下已调湿平衡的未洗净纱线的质量。

程序 b：未洗净烘干纱线的质量。

程序 c：未洗净烘干纱线结合商业回潮率的质量。

②洗净纱线对应 4 种测试程序，分别为：

程序 a：在试验用标准大气下已调湿平衡的洗净纱线的质量。

程序 b：洗净烘干纱线的质量。

程序 c：洗净烘干纱线结合商业回潮率的质量。

程序 d：洗净烘干纱线结合商业允贴的质量。

（3）测定试验绞纱质量：

①需称量在试验用标准大气条件下已调湿平衡的纱线的质量，具体步骤如下：直接将绞纱称重，得试验绞纱质量。

②需称量烘干纱线的质量，具体步骤如下：

a. 将备好的试验绞纱放在金属丝称重篮或其他相似容器内，放入烘箱中，温度保持在（103±3）℃，直至恒重。

b. 将烘干后的绞纱迅速从烘箱内取出，放入已知重量的称量瓶内，并迅速移入干燥器中冷却，待试样完全冷却后称重，得试验绞纱质量。

6. 试验结果

计算纱线的线密度，计算结果保留 3 位有效数字。

（1）在试验用标准大气下已调湿平衡的纱线的线密度：

$$T = \frac{1000 \times m}{L}$$

式中：T——在标准大气下已调湿平衡的纱线的线密度，tex；

m——已调湿试验绞纱的质量（g）；

L——试验绞纱长度（m）。

（2）烘干纱线的线密度：

$$T_1 = \frac{1000 \times m_1}{L}$$

式中：T_1——烘干纱线的线密度，tex；

　　　m_1——烘干纱线的质量（g）；

　　　L——试验绞纱长度（m）。

（3）烘干纱线结合商业回潮率（或允贴）的线密度：

$$T_2 = \frac{T_1 \times (100+R)}{100}$$

式中：T_2——结合商业回潮率，烘干纱线的线密度，tex；

　　　R——商业回潮率（或允贴）（%）。

注：①若按正常的使用方法，应在卷装的末端抽取，否则应在卷装的外边抽取。为了避免受损的部分，要舍弃开头或末尾的几米纱。

②若只计算纱线的平均线密度，则可将 2 缕或以上的试验绞纱放在一起称重。

试验 2-2　纱线捻度的测定

目的和要求

采用直接计数法或退捻加捻法测定纱线的捻度。

1. 试验标准

GB/T 2543.1—2001《纺织品　纱线捻度的测定　第 1 部分：直接计数法》。

GB/T 2543.2—2001《纺织品　纱线捻度的测定　第 2 部分：退捻加捻法》。

2. 试验原理

（1）直接计数法：在规定的张力下，夹住一定长度试样的两端，旋转试样一端，退去纱线试样的捻度，直到被测纱线的构成单元平行，根据退去纱线捻度所需转数求得纱线的捻度。

（2）退捻加捻法：在规定的张力下，夹住一定长度试样的两端，对试样进行退捻和反向再加捻，直到试样达到其初始长度。假设再加捻的捻回数等于试样的原有捻度，这样计数器上记录的捻回数的一半代表试样具有的捻回数。

3. 试验仪器

（1）捻度试验仪：

①非自动捻度试验仪：试验仪有一对夹钳，其中一个为回转夹钳，可绕轴正反旋转，并和计数器相连接。至少有一个夹钳的位置可移动，使被测纱线的长度可在 10～500mm 的范围内变化。夹钳口不得有缝隙。有预加张力装置，可测量试样长度，其精度为±0.5mm，捻回计数装置可记录或显示旋转夹钳的回转数。如果要测试试样的收缩或伸长，可移动夹钳在移动时不应产生明显的摩擦。

②自动捻度试验仪：自动捻度试验仪的原理与非自动捻度试验仪相同，但夹持试样、施加预加张力、退捻加捻、计数、计算和打印都是自动的。

（2）分析针。

（3）观察试样的放大装置。

（4）对于绞纱试样，备有摇纱装置。

4. 试样准备

（1）以实际能达到的最小张力，从卷装的尾端及侧面退解纱线取样。为了避免不良纱段，舍弃卷装的始端和尾端各数米长。

（2）如果从同一个卷装中取>1个试样时，则各试样之间至少有1m以上的间隔。如果从同一个卷装中取>2个试样时，则应把试样分组，每组不超过5个，各组之间有数米的间隔。

（3）试样在标准大气条件下调湿。

5. 试验步骤

（1）直接计数法：

①试样长度：根据纤维种类合理选择试验隔距长度，不同类别产品隔距长度，见表2-1。

②试样数量：按照产品标准规定的数量取样。如果没有规定，可根据产品的捻度变异系数和精度要求，求得试样数量，见表2-1。

表 2-1　隔距长度和试样数量

纱线类别		隔距长度（mm）	捻度范围（捻/m）	试样数量	假定变异系数
短纤维单纱	棉纱	10 或 25	所有	50	$CV=18\%$
	精梳毛纱	25 或 50			
	粗梳毛纱	25 或 50			
	韧皮纤维	100 或 250			
复丝	名义捻度≥1250 捻/m 时　250±0.5 名义捻度<1250 捻/m 时　500±0.5		<40 40～100 >100	20 20 20	$\sigma=8.0$ 捻/m $\sigma=10.0$ 捻/m $CV=10\%$
股线或缆线	名义捻度≥1250 捻/m 时　250±0.5 名义捻度<1250 捻/m 时　500±0.5		所有	20	$CV=10\%$

注　①σ——试验结果的标准偏差，是以往同类材料大量试验的统计数。
　　②υ——试验结果的变异系数，是以往大量试验的统计数。

③捻向的确定：握持纱线的一端，并使其一小段（至少100mm）悬垂，观察此垂直纱段的构成部分的倾斜方向，与字母"S"中间部分一致的为S捻，与字母"Z"中间部分一致的为Z捻。

④捻度的测定：

a. 根据被测纱线中纤维的名义长度，调整捻度试验仪活动夹钳的位置，满足所选隔距，精确到±0.5mm。将计数器置于0。

b. 以（0.5±0.1）cN/tex 的预加张力，将试样固定在试验仪的夹钳上。

c. 旋转活动夹钳退捻，直到能够把分析针从不旋转的夹钳处平移到旋转夹钳处，可借助放大镜进行观察，确保完全退捻。

d. 记录试样的初始长度、捻向和捻回数。

e. 重复以上步骤，直到试验完所要求的试样数量。

（2）退捻加捻法：

①试样长度：试验隔距长度为（500±1）mm。

②试样数量：按照产品标准规定的数量取样。如果没有规定，当使用者实验室没有类似材料的可靠估计值时，统一规定试样数量为 16。

③捻向的确定：握持纱线的一端，并使其一小段（至少 100mm）悬垂，观察此垂直纱段的构成部分的倾斜方向，与字母"S"中间部分一致的为 S 捻，与字母"Z"中间部分一致的为 Z 捻。

④捻度的测定：

a. 允许伸长的确定：设置隔距长度 500mm，调整预加张力到（0.50±0.10）cN/tex。将试样夹持在夹钳中，并将指针置于 0 位。以每分钟 800r 或更慢的速度转动夹钳，直到纱线中纤维产生明显滑移。读取在断裂瞬间的伸长值，精确到±1mm，如果纱线没有断裂，则读取反向再加捻前的最大伸长值。按照上述方式进行 5 次试验，计算平均值。取上述伸长值的 25% 作为允许伸长的限位位置。

b. 预加张力选择：见表 2-2。

表 2-2　预加张力

纱线类型	捻系数（α）	预加张力（cN/tex）
一般纱线		0.50±0.10
精纺毛纱	<80	0.10±0.02
	80~150	0.25±0.05
	>150	0.50±0.05

c. 退捻加捻：

● 方法 A——一次法：设置隔距长度（50±1）mm。将试样固定在可移动夹钳上，注意不要使捻度有任何变化。在预加张力下将试样引入旋转夹钳，调整试样长度使指针至 0 位，拧紧夹钳。以（1000±200）r/min 的速度退捻，然后再反向加捻直到指针回复到 0 位。

● 方法 B——二次法：执行方法 A 的全部程序后，不要把计数器置于 0。取第 2 个试样并按照上述要求将其固定在夹钳之间，以（1000±200）r/min 的速度将纱线退捻，当退捻到（名义的或预备试验测得的）捻度的 1/4 时再反向加捻，直到指针回复到 0 位。

● 自动捻度试验仪法：将卷装纱或绞纱的线端固定到捻度试验仪的引纱系统，注意不要使捻度有任何变化。调整预加张力和允许伸长。从键盘输入下列参数：方法 A 或方法

B，名义捻度或预备试验测得的捻度，预加张力，每一卷装纱的试验数量，全部试验数量。
开始捻度试验。

d. 记录计数器示值，该示值代表每米表示的捻度。

e. 重复以上步骤，直到试验完所要求的试样数量。

6. 试验结果

（1）直接计数法：

①试样捻度：

$$t_s = \frac{1000x}{l}$$

式中：t_s——试样捻度（捻/m）；

  l——试样初始长度（mm）；

  x——试样捻回数。

②样品平均捻度：

$$t = \frac{\sum t_s}{n}$$

式中：t——样品平均捻度；

  $\sum t_s$——全部试样捻度的总和；

  n——试样数量。

③捻系数：

$$\alpha = t(T/1000)^{1/2}$$

式中：α——捻系数；

  t——捻度（捻/m）；

  T——纱线线密度（tex）。

（2）退捻加捻法：

①试样捻度：由于试样长度为500mm，计数器值即是以每米表示的捻度。

②样品平均捻度：

$$t = \frac{\sum t_s}{n}$$

式中：t——样品平均捻度；

  $\sum t_s$——全部试样捻度的总和；

  n——试样数量。

③捻系数：

$$\alpha = t(T/1000)^{1/2}$$

式中：α——捻系数；

  t——捻度（捻/m）；

  T——纱线线密度（tex）。

注：①以实际能达到的最小张力从纱线卷装的尾端或侧面退绕纱线。

②取第 1 个试样前，退绕并舍弃约 5m 纱线。

③在将试样固定在捻度仪的夹钳中之后，方可从卷装上剪下试样。

④如需从该卷装继续取另外的试样，则应使用固定夹头或重物压住纱头，以避免捻度损失。

试验 3 织物组织结构与规格测试与评价

试验 3-1 织物密度的测定

目的和要求

根据织物的特征，选用织物分解法或织物分析镜法或移动式织物密度镜法测定机织物的密度。

1. 试验标准

GB/T 4668—1995《机织物密度的测定》。

2. 试验原理

（1）织物分解法：分解规定尺寸的织物试样，计数纱线根数，折算至 10cm 长度内所含纱线根数。适用于所有机织物，特别是复杂组织织物。

（2）织物分析镜法：测定在织物分析镜窗口内所看到的纱线根教，折算至 10cm 长度内所含纱线根数。适用于每厘米纱线根数大于 50 根的织物。

（3）移动式织物密度镜法：使用移动式织物密度镜测定织物经向或纬向一定长度内所含纱线根数，折算至 10cm 长度内所含的纱线根数。适用于所有机织物。

3. 试样准备

样品应平整无折皱，无明显纬斜。在经、纬向均不少于 5 个不同的部位进行测定，部位的选择应尽可能有代表性。试样最小测量距离，见表 3-1。由于织物分解法裁取至少含有 100 根纱线的试样，因此，在调湿后样品的适当部位剪取略大于最小测定距离的试样。试样在试验用的标准大气中调湿至少 16h。

表 3-1 试样最小测量距离

每厘米纱线根数（根）	最小测量距离（cm）	被测量的纱线根数（根）	精确度百分率（%）（计算到 0.5 根纱线以内）
10	10	100	>0.5
10~25	5	50~125	1.0~0.4
25~40	3	75~120	0.7~0.4
>40	2	>80	<0.6

注 ①对织物分解法，裁取至少含有 100 根纱线的试样。

②对宽度只有 10cm 或更小的狭幅织物，计数包括边经纱在内的所有经纱，并用全幅经纱根数表示结果。

③当织物是由纱线间隔稀密不同的大面积图案组成时，测定长度应为完全组织的整数倍，或分别测定各区域的密度。

4. 织物分解法测定机织物的密度

（1）仪器和工具：钢尺：长度 5~15cm，尺面标有毫米刻度；分析针；剪刀。

（2）试验步骤：

①在试样的边部拆去部分纱线，用钢尺测量，使试样达到规定的最小测定距离，允差 0.5 根。

②将准备好的试样，从边缘起逐根拆点，为便于计数，可以把纱线排列成 10 根一组，即可得到织物在一定长度内经（纬）向的纱线根数。

③如果经、纬密同时测定，可剪取 1 个矩形试样，使经、纬向的长度均能满足最小测定距离。拆解试样，即可得到一定长度内的经纱根数和纬纱根数。

5. 织物分析镜法测定机织物的密度

（1）仪器和工具：织物分析镜：其窗口宽度各处应是（2±0.005）cm 或（3±0.005）cm，窗口的边缘厚度应不超过 0.1cm。

（2）试验步骤：

①将织物摊平，把织物分析镜放在上面，选择一根纱线并使其平行于分析镜窗口的一边，由此逐一计数窗口内的纱线根数。

②也可计数窗口内的完全组织个数，通过织物组织分析或分解该织物，确定一个完全组织中的纱线根数。

③将分析镜窗口的一边和另一系统纱线平行，按上述步骤计数该系统纱线根数或完全组织个数。

测量距离内纱线根数=完全组织个数×一个完全组织中纱线根数+剩余纱线根数

6. 移动式织物密度镜法测定机织物的密度

（1）仪器和工具：移动式织物密度镜：内装有 5~20 倍的低倍放大镜，可借助螺杆在刻度尺的基座上移动，以满足最小测量距离的要求。放大镜中有标志线。随同放大镜移动时，通过放大镜可看见标志线的各种类型装置都可以使用。

（2）试验步骤：将织物摊平，把移动式织物密度镜放在上面，哪一系统纱线被计数，移动力式织物密度镜的刻度尺就平行于另一系统纱线，转动螺杆，在规定的测量距离内计数纱线根数。

若起点位于两根纱线中间，终点位于最后一根纱线上，不足 0.25 根的不计，0.25~0.75 根作 0.5 根计，0.75 根以上作 1 根计。通常情况下，当标志线横过织物时就可看清和计数所经过的每根纱线，若不能，也可计数窗口内的完全组织个数，通过织物组织分析或分解该织物，确定一个完全组织中的纱线根数。

测量距离内纱线根数=完全组织个数×一个完全组织中纱线根数+剩余纱线根数

7. 结果计算

（1）将测得的一定长度内的纱线根数折算至 10cm 长度内所含纱线的根数。

（2）分别计算出经、纬密的平均数，结果精确至 0.1 根/10cm。

（3）当织物是由纱线间隔稀密不同的大面积图案组成时，则测定并记录各个区域中的密度值。

试验 3-2　织物厚度的测定

目的和要求

在规定压力下测定纺织品的厚度。

1. 试验标准

GB/T 3820—1997《纺织品和纺织制品厚度的测定》。

2. 试验原理

试样放置在基准板上，平行于该板的压脚，将规定压力施加于试样规定面积上，规定时间后测定并记录接触试样的压脚与基准板间的垂直距离，即为试样厚度测定值。适用于各类纺织品和纺织制品。

3. 试验仪器和工具

厚度仪：包括以下部件。主要技术参数，见表 3-2。

表 3-2　主要技术参数

样品类别	压脚面积（mm²）	加压压力（kPa）	加压时间（读取时间）（s）	最小测定数量（次）	说明
普通类纺织品	2000±20（推荐） 100±1 10000±100 （推荐面积不适宜时再从另外两种面积中选用）	1±0.01 非织造布： 0.5±0.01 土工布： 2±0.01 20±0.1 200±1	30±5 常规：10±2 （非织造布按常规）	5 非织造布及土工布：10	土工布在2kPa 时为常规厚度，其他压力下的厚度按需要测定
毛绒类纺织品 疏软类纺织品		0.1±0.001			
蓬松类纺织品	20000+100 40000+200	0.02±0.0005			厚度超过20的样品，也可使用特殊仪器

注　①蓬松类纺织品：当纺织品所受压力从 0.1kPa 增加至 0.5kPa 时，其厚度的变化（压缩率）≥20%的纺织品。如人造毛皮、长毛绒、丝绒、非织造絮片等。

　　②毛绒类纺织品：表面有一层致密短绒（毛）的纺织品。如起绒、拉毛、割绒、植绒、磨毛纺织品等。

　　③疏软类纺织品：结构疏松柔软的纺织品。如毛圈、松结构、毛针织物等。

　　④选用其他参数：需经有关各方同意，但应在试验报告中注明。

　　⑤另选加压时间时：其选定时间延长 20%后厚度应无明显变化。

（1）可调换压脚：其面积可根据不同类型样品调换，常规试验推荐压脚面积（2000±20）mm²，相应于圆形压脚的直径（50.5±0.2）mm。

（2）参考板：其表面平整，直径至少大于压脚50mm。

（3）移动压脚装置（移动方向垂直于参考板表面）：可使压脚工作面保持水平并与参考板表面平行，且能将规定压力施加在置于参考板之上的试样上。

（4）厚度计：可指示压脚和参考板工作面之间的距离，示值精确至 0.01mm。

（5）计时器。

4. 试样制备

样品可直接作为试样，测定部位应在距布边 150mm 以上区域内按阶梯形均匀排布，各测定点都不在相同的纵向和横向位置上，且应避开影响试验结果的疵点和折皱。

对易于变形或有可能影响试验操作的样品，如某些针织物、非织造布或宽幅织物以及纺织制品等，应按表 3-2 裁取足够数量的试样，裁样时试样尺寸不小于压脚尺寸。

试验前样品或试样应在松弛状态下在标准大气中调湿平衡，通常需调湿 16h 以上，合成纤维样品至少平衡 2h，公定回潮率为 0 的样品可直接测定。

5. 试验步骤

(1) 根据样品类型按表 3-2 选取压脚。对于表面呈凹凸不平花纹结构的样品，压脚直径应不小于花纹循环长度，如需要，可选用较小压脚分别测定并报告凹凸部位的厚度。

(2) 按表 3-2 设定压力，然后驱使压脚压在参考板上，并将厚度计置于 0 位。

(3) 提升压脚，将试样无张力和无变形地置于参考板上。

(4) 使压脚轻轻压放在试样上并保持恒定压力，到规定时间后读取厚度指示值。

(5) 重复第 3、第 4 步骤，直至测完规定的部位数或每一个试样。

6. 结果计算

计算所测得厚度的算术平均值，修约至 0.01mm。

试验 3-3　织物质量的测定

目的和要求

根据实际情况和需要，选择相应的试验方法测定机织物的单位长度质量和单位面积质量。

1. 试验标准

GB/T 4669—2008《纺织品　机织物　单位长度质量和单位面积质量的测定》。

2. 试验原理

(1) 能在标准大气中调湿的整段和一块织物的单位长度质量或单位面积质量的测定。

整段或一块织物能在标准大气中调湿，经调湿后测定织物的长度、幅宽和质量，计算单位长度质量或单位面积调湿质量。

(2) 不能在标准大气中调湿的整段织物的单位长度质量或单位面积质量的测定。

整段织物不能在标准大气中调湿，先在普通大气中松弛后测定织物的长度（幅宽）及质量，计算织物的单位长度（面积）质量，再用修正系数修正。

修正系数是从松弛后的织物中剪取一部分，在普通大气中进行测定后，再在标准大气中调湿后进行测定，对两者的长度（幅宽）及质量加以比较而确定。

(3) 小织物单位面积调湿质量的测定。

先将小织物放在标准大气中调湿，再按规定尺寸剪取试样并称量，计算单位面积调湿质量。

（4）小织物单位面积干燥质量和公定质量的测定。

先将小织物按规定尺寸剪取试样，再放入干燥箱内干燥至恒量后称量，计算单位面积干燥质量，结合公定回潮率计算单位面积公定质量。

3. 试验仪器和工具

（1）钢尺：分度值为厘米（cm）和毫米（mm），长度为 2~3m 或 0.5m。

（2）剪刀：能剪取织物至规定尺寸。

（3）天平：能准确测定整段或一块织物的质量，精确度为所测定试样质量的 ±0.2%。对于小织物单位面积干燥质量和公定质量，精确至 0.01g。

（4）工作台：表面光滑平整，宽度大于所测定织物的幅宽，长度满足测定要求。

（5）切割器：精确度为 ±1%，能切割 10cm×10cm 的方形试样或面积为 100cm² 的圆形试样。

（6）通风式干燥箱：通风形式可以是压力型或对流型。具有恒温控制装置，能控制温度（105±3）℃。干燥箱可以连有天平。

（7）称量容器：箱内热称使用金属烘篮，箱外冷称使用密封防潮罐。

（8）干燥器：箱外称量时放置称量容器，内存干燥剂。

4. 试样制备

如果织物边的单位长度（面积）质量与织物身的单位长度（面积）质量有明显差别，在测定单位长度（面积）质量时，应使用去除织物边以后的试样，并且应根据去边后试样的质量、长度和幅宽进行计算。

5. 试验步骤

（1）能在标准大气中调湿的整段和一块织物的单位长度质量或单位面积质量的测定。

①整段织物：测定整段织物在标准大气中调湿后的长度和幅宽，然后称量。若测定整段织物的长度既不可能也没有必要，也可以按照下面一块织物的长度至少 0.5m，宜为 3~4m 的织物进行测定，最好从整段织物中段取样。

②一块织物：与织物边垂直且平行地剪取整幅织物。织物的长度至少 0.5m，宜为 3~4m。测定织物在标准大气中的调湿后长度和幅宽，然后称量。

（2）不能在标准大气中调湿的整段织物的单位长度质量或单位面积质量的测定。

测定整段织物在普通大气中松弛后的长度和幅宽，在普通大气中称量。再从整段织物中段剪取长度至少 1m，宜为 3~4m 的整幅织物（一块织物），在普通大气中测定其长度、幅宽和质量。

测定普通大气中整段织物的长度、幅宽及质量和一块织物的长度、幅宽及质量要同时进行，然后需测定一块织物在标准大气中调湿后的长度、幅宽和质量。

（3）小织物的单位面积调湿质量的测定。

①样品：从织物的非边且无折皱部分剪取有代表性的样品 5 块（或按其他规定），每块约 15cm×15cm。若因大花型中含有单位面积质量明显不同的局部区域时，要选用包含此

花型完全组织整数倍的样品。

②测定：将样品无张力放在标准大气中调湿至少 24h 达到平衡。将每块样品依次排列在工作台上，在适当的位置上使用切割器切割 10cm×10cm 的方形试样或面积为 100cm² 的圆形试样，也可以剪取包含大花型完全组织整数倍的矩形试样，并测定试样的长度和宽度。对试样称量，精确至 0.001g。

(4) 小织物的单位面积干燥质量和公定质量的测定。

①样品：从织物的非边且无折皱部分剪取有代表性的样品 5 块（或按其他规定），每块约 15cm×15cm。若因大花型中含有单位面积质量明显不同的局部区域时，要选用包含此花型完全组织整数倍的样品。

②测定：

a. 剪样：将每块样品依次排列在工作台上，在适当的位置上使用切割器切割 10cm×10cm 的方形试样或面积为 100cm² 的圆形试样，也可以剪取包含大花型完全组织整数倍的矩形试样，并测定试样的长度和宽度。

b. 干燥与称量：

● 箱内称量法：将所有试样一并放入通风式干燥箱的称量容器内，在 (105±3)℃ 下干燥至恒量，称量试样的质量，精确至 0.01g（称量容器的质量在天平中已去皮）。

● 箱外称量法：把所有试样放在称量容器内，然后一并放入通风式干燥箱中，敞开容器盖，在 (105±3)℃ 下干燥至恒量（以至少 20min 为间隔连续称量试样，直至两次称量的质量之差不超过后一次称量质量的 0.20%）。将称量容器盖好，从通风式干燥箱移至干燥器内，冷却至少 30min 至室温。称量试样连同称量瓶以及称量瓶的质量，精确至 0.01g。

6. 试验结果

(1) 能在标准大气中调湿的整段和一块织物的单位长度质量或单位面积质量的测定。计算单位长度调湿质量和单位面积调湿质量，计算结果修约到个数位。

$$m_{ul} = \frac{m_c}{L_c}$$

$$m_{un} = \frac{m_c}{L_c \times W_c}$$

式中：m_{ul}——经标准大气调湿后整段或一块织物的单位长度调湿质量（g/m）；

m_{un}——经标准大气调湿后整段或一块织物的单位面积调湿质量（g/m²）；

m_c——经标准大气调湿后整段或一块织物的调湿质量（g）；

L_c——经标准大气调湿后整段或一块织物的调湿长度（m）；

W_c——经标准大气调湿后整段或一块织物的调湿幅宽（m）。

(2) 不能在标准大气中调湿的整段织物的单位长度质量或单位面积质量的测定。

①利用松弛后整段织物、松弛后一块织物和调湿后一块织物的数据，计算整段织物的调湿后的长度和幅宽。

②计算整段织物的调湿后质量，计算结果修约到个数位。

$$m_c = m_r \times \frac{m_{sc}}{m_s}$$

式中：m_c——经标准大气调湿后整段织物的调湿质量（g）；

m_r——普通大气中整段织物的质量（g）；

m_{sc}——经标准大气调湿后一块织物的调湿质量（g）；

m_s——普通大气中一块织物的质量（g）。

（3）小织物的单位面积调湿质量的测定。

计算小织物的单位面积调湿质量，计算求得 5 个试样的平均值，计算结果修约到个数位。

$$m_{un} = \frac{m}{S}$$

式中：m_{un}——经标准大气调湿后织物的单位面积调湿质量（g/m^2）；

m——经标准大气调湿后试样的调湿质量（g）；

S——经标准大气调湿后试样的面积（m^2）。

（4）小织物的单位面积干燥质量和公定质量的测定。

①计算小织物的单位面积干燥质量，计算结果修约到个数位。

$$m_{dun} = \frac{\sum (m - m_0)}{\sum S}$$

式中：m_{dun}——经干燥后小织物的单位面积干燥质量（g/m^2）；

m——经干燥后试样连同称量瓶容器的干燥质量（g）；

m_0——经干燥后空称量瓶容器的干燥质量（g）；

S——试样的面积（m^2）。

②计算小织物的单位面积公定质量，计算结果修约到个数位。

$$m_{run} = m_{dun} [A_1(1+R_1) + A_2(1+R_2) + \cdots\cdots + A_n(1+R_n)]$$

式中：　　m_{run}——小织物的单位面积公定质量（g/m^2）；

m_{dun}——经干燥后小织物的单位面积干燥质量（g/m^2）；

A_1、A_2……A_n——试样中各组分纤维按净干质量计算含量的质量分数的数值（%）；

R_1、R_2……R_n——试样中各组分纤维公定回潮率的质量分数的数值（%）。

注：①确保小织物的整个称量过程试样中的纱线不损失。

②干燥至恒量：以至少 20min 为间隔连续称量试样，直至两次称量的质量之差不超过后一次称量质量的 0.20%。

项目二 服装面辅料服用与加工性能测试与评价

试验1 服装面辅料舒适性测试与评价

试验1-1 织物吸湿性测定

目的和要求

掌握吸湿性的试验方法及原理，采用烘箱干燥法测定服装面辅料的吸湿性。

1. 试验标准

GB/T 9995—1997《纺织材料含水率和回潮率的测定 烘箱干燥法》。

2. 试验原理

试样在烘箱中暴露于流动的加热至规定温度的空气中，直至达到恒重。烘燥过程中的全部质量损失都作为水分，并以含水率和回潮率表示。

供给烘箱的大气应为纺织品调湿和试验用标准大气，如果实际上不能实现时，可把在非标准大气条件下测得的烘干质量修正到标准大气条件下的数值。

3. 试验仪器与工具

（1）烘箱：应为通风式烘箱，通风式可以是压力型或对流型；具有恒温控制装置；试样不受热源的直接辐射；烘箱应便于空气无阻碍地通过试样；当烘箱装有连接天平时，应配备能关断气流的装置。

（2）称重容器：

①箱内热称用容器：可以是金属烘篮（桶）或浅盘，其尺寸应与烘箱相匹配。

②箱外冷称用容器：可以是玻璃称量瓶或其他能密封防潮的容器。

（3）干燥器：箱外称重用，应足够容纳一个或多个称重容器。干燥器内放置干燥剂（推荐采用无水硫酸钙）。

（4）样品容器：可密封的有盖金属容器或有一定壁厚的有良好保水性的塑料袋，如厚度不小于0.1mm的聚烯烃塑料袋。

（5）天平：天平可以是烘箱的一个组成部分，天平感量≤0.01g。

4. 试样准备

取样应具有代表性，并防止样品中水分有任何变化。

5. 试验步骤

（1）烘燥时间的确定。

不同的试样应采用不等的烘燥时间及连续称重的时间间隔。为确定合适的烘燥时间及连续称重的时间间隔，可先做几次预备性试验，测出相对于烘燥时间的试样质量损失，画出其失重与烘燥时间的关系曲线（即烘燥特性曲线），从曲线上找出失重至少为最终失重的98%所需时间，作为正式试验的始称时间，用该时间的20%作为连续称重的时间间隔。箱外冷称所采用的连续称重时间间隔比箱内热称要长一些。

（2）烘燥温度的确定。

烘箱内试样暴露处的温度，见表4-1。

表4-1　烘燥温度

材　　料	烘燥温度（℃）
腈纶	110±2
氯纶	77±2
桑蚕丝	140±2
其他所有纤维	105±2

（3）烘前质量称量。

取样后应立即快速称取试样，并记录其烘前质量，精确至0.01g。如果对烘前质量有规定，则应在样品容器打开以后不超过30s的时间内将试样调整至规定质量。

（4）烘燥及烘干质量的确定。

①箱内称重法：将试样放入烘箱的称重容器内，在规定的温度下烘燥，烘至规定的烘燥时间时，关断烘箱气流，称取试样连同称重容器的质量，精确至0.01g。

重新开启烘箱气流，按规定的连续称重时间间隔称重，直至恒重。记录试样连同称重容器的最后质量和空称重容器的质量。

②箱外称重法：

a. 烘燥：把试样放在称重容器内，如果用玻璃称量瓶，连同放在旁边的瓶盖一起放入烘箱内，在规定的温度下烘燥。

b. 冷却：烘干后盖好瓶盖，再从烘箱内取出并迅速移入干燥器内冷却，盖好干燥器。在称重容器和试样冷却过程中，揭开干燥器盖子2~3次，轻轻提起称重容器的盖子片刻以平衡压力，再把干燥器盖子盖好。

c. 称重：当冷却至室温时，取出装有试样的称重容器一起称重，精确至0.01g。再将称重容器与试样放回至烘箱内，打开称重容器盖，按确定的时间间隔重复烘燥、冷却和称重，直至恒重。记录试样连同称重容器的最后质量和空称重容器的质量。

6. 试验结果

（1）计算试样的烘干质量：

$$G_0 = B - C$$

式中：G_0——试样的烘干质量（g）；

      B——烘至恒重的试样连同称重容器的质量（g）；

      C——空称重容器质量（g）。

当要求对非标准大气条件下测得的烘干试样质量 G_0 进行修正时，修正方法见注(3)。

（2）计算试样回潮率 W 和含水率 M：精确至小数点后两位：

$$M = \frac{G-G_0}{G} \times 100$$

$$W = \frac{G-G_0}{G_0} \times 100$$

式中：W——回潮率，%；

    M——含水率，%；

    G——试样的烘前质量（g）；

    G_0——试样的烘干质量（g）。

（3）计算试样含水率和回潮率的平均值，精确至小数点后一位：

注：①恒重：当连续两次称见质量的差异小于后一次称见质量的 0.1% 时，后一次的称见质量。

②非标准大气条件下烘干质量的修正。

在非标准大气条件下测得的烘干质量，修正到标准大气条件下的烘干质量。具体产品是否需要修正，由产品标准规定。

$$G_S = G_0 \times (1+c)$$

式中：G_S——在标准大气条件下的烘干质量（g）；

    G_0——在非标准大气条件下测得的烘干质量（g）；

    c——用作修正至标准大气条件下烘干质量的系数（%）。

当修正系数 $c < 0.05$ 时，不予修正。

$$c = \alpha(1 - 6.58 \times 10^{-4} \times e \times r)$$

式中：α——由纤维种类确定的常数（表4-2）；

    e——送入烘箱空气的饱和水蒸气压力（Pa）（表4-3）；

    r——通入烘箱空气的相对湿度（%）（实际测得）。

表4-2　由纤维种类确定的 α

纤维种类	α
棉、苎麻、亚麻	0.3
锦纶、维纶	0.1
涤纶、丙纶	0
羊毛、粘胶纤维及其他纤维	0.5

表 4-3 空气的饱和水蒸气压力 *e*

温度（℃）	*e*（Pa）	温度（℃）	*e*（Pa）
3	760	21	2480
4	810	22	2640
5	870	23	2810
6	930	24	2990
7	1000	25	3170
8	1070	26	3360
9	1150	27	3560
10	1230	28	3770
11	1310	29	4000
12	1400	30	4240
13	1490	31	4490
14	1600	32	4760
15	1710	33	5030
16	1810	34	5320
17	1930	35	5630
18	2070	36	5940
19	2200	37	6270
20	2330	38	6620

试验 1-2 织物透气性测定

目的和要求

掌握透气性的测定方法及测试原理，学会使用透气性测试仪。

1. 试验标准

GB/T 5453—1997《纺织品 织物透气性的测定》。

2. 试验原理

在规定的压差条件下，测定一定时间内垂直通过试样给定面积的气流流量，计算出透气率。气流速率可直接测出，也可通过测定流量孔径两面的压差换算而得。

3. 试验仪器

数字式透气仪，具体包括：

（1）试样圆台：具有试验面积为 5cm²、20cm²、50cm² 或 200cm² 的圆形通气孔，试验面积误差不超过 ±0.5%。对于较大试验面积的通气孔应有适当的试样支撑网。

（2）夹具：能平整地固定试样，应保证试样边缘不漏气。

（3）橡胶垫圈：与夹具吻合，以防止漏气。

（4）压力计或压力表：能指示试样两侧的压降为 50Pa、100Pa、200Pa 或 500Pa，精度至少为 2%。

（5）气流平稳吸入装置（风机）：能使具有标准温湿度的空气进入试样圆台，并可使透过试样的气流产生 50~500Pa 的压降。

（6）喷嘴：具有 ϕ0.8mm、ϕ1.2mm、ϕ2mm、ϕ3mm、ϕ4mm、ϕ6mm、ϕ8mm、ϕ10mm、ϕ12mm、ϕ16mm、ϕ20mm 11 种喷嘴可供选择。

4. 试样准备

试样在标准大气条件下调湿，在相同的标准大气条件下进行测试。

5. 试验步骤

（1）选择透气率/透气量：按下"设定"键，进入设置状态，"试样压差"闪烁，此时，按"透气率/透气量"切换键，选择透气率（指示灯亮）。

（2）选择和设置试验面积：为 20cm²。

（3）设置测试压差：当选择测试透气率时，服用织物设置压降为 100Pa，产业用织物设置压降为 200Pa。

（4）选择和设置喷嘴直径：根据织物的紧密与薄厚程度，可以选择和设置喷嘴直径。

（5）夹持试样：将试样自然地放在已选好的试样圆台上，为防止漏气在试样圆台一侧应垫上垫圈。试样放好后，扳下工作台下的加压手柄，试样压紧圈绷紧试样，防止漏气，密封流量筒。

（6）测试：按下"工作"键，仪器校 0（校准指示灯亮），校 0 完毕后蜂鸣器发出短声"嘟"，仪器自动进入测试状态（测试指示灯亮），启动吸风机使空气通过试样，调节流量，使压差逐渐接近设定值并达到稳定时，显示测得的透气率。在相同的条件下，在同一样品的不同部位重复测定至少 10 次。

6. 试验结果

计算织物的平均透气率（mm/s）。

注：①如果推荐的试样两侧的压降达不到或不适用，经有关各方面协商后压降可选用 50Pa、200Pa 或 500Pa，试验面积也可选用 5cm²、50cm² 或 100cm²，但应在报告中说明。

②如要对试验结果进行比较，应采用相同的试验面积和压降。

③当织物正反两面透气性有差异时，应注明测试面。

试验 1-3　织物透湿性测定

目的和要求

掌握纺织品透湿性的测定方法及测试原理，学会采用吸湿法或蒸发法测定服装面辅料的透湿性。

1. 试验标准

GB/T 12704.1—2009《纺织品　织物透湿性试验方法　第 1 部分：吸湿法》。

GB/T 12704.2—2009《纺织品　织物透湿性试验方法　第 2 部分：蒸发法》。

2. 测试方法与原理

（1）吸湿法：把盛有干燥剂并封以织物试样的透湿杯放置于规定温度和湿度的密封环境中，根据一定时间内透湿杯质量的变化计算试样透湿率、透湿度和透湿系数。

（2）蒸发法：把盛有一定温度蒸馏水并封以织物试样的透湿杯放置于规定温度和湿度的密封环境中，根据一定时间内透湿杯质量的变化计算试样透湿率、透湿度和透湿系数。

3. 试验仪器

（1）透湿仪：

①试验箱：内应配备温度、湿度传感器和测量装置，每次关闭试验箱门后，3min 内应重新达到规定的温度、湿度。具有持续稳定的循环气流速度，大小为 0.3~0.5m/s。

②透湿杯及附件：有透湿杯、压环、杯盖、螺栓及螺帽。透湿杯与杯盖应对应编号，由试样、吸湿剂（或水）、透湿杯及附件组成的试验组合体质量应<210g。

a. 内径为 60mm、深为 22mm 的透湿杯。

b. 橡胶或聚氨酯塑料垫圈。

c. 乙烯胶黏带宽度应>10mm。

（2）电子天平：精度为 0.001g。

（3）标准圆片冲刀。

（4）烘箱：保温 160℃。

（5）干燥器：干燥剂采用无水氯化钙、粒度 0.63~2.5mm，使用前需在 60℃烘箱中干燥 3h。

（6）标准筛：孔径 0.63mm 和 2.5mm 各一个。

（7）量筒：50mL。

（8）蒸馏水。

4. 试样准备

每个样品至少剪取 3 块试样，直径为 70mm。对两面材质不同的样品（如涂层），应在两面各取 3 块试样。试样在标准大气条件下调湿。

5. 实验步骤

（1）吸湿法：

①向清洁、干燥的透湿杯内装入约 35g 干燥剂，并振荡均匀，使干燥剂成一平面。干燥剂装填高度为距试样下表面位置 4mm 左右。空白试样的杯中不加干燥剂。

②将试样测试面朝上放置在透湿杯上，装上垫圈和压环，旋上螺帽，再用乙烯胶黏带从侧面封住压环、垫圈和透湿杯，组成试验组合体。

③迅速将试验组合体水平放置在已达到规定试验条件：温度（38±2）℃、相对湿度（90±2）%的试验箱内，经过 1h 平衡后取出。

④迅速盖上对应杯盖，放在 20℃左右的硅胶干燥器中平衡 30min，按编号逐一称量，精确至 0.001g，每个试样组合体的称量时间不超过 15s。

⑤称量后轻微振荡杯中的干燥剂，使其上下混合，以免长时间使用上层干燥剂使其干燥效应减弱。振荡过程中，尽量避免干燥剂与试样接触。

⑥除去杯盖，迅速将试验组合体放入试验箱内，经过试验时间 1h 试验后取出，再次按同一顺序称量。

（2）蒸发法：

①正杯法（方法 A）：

a. 用量筒精确量取与试验条件温度相同的蒸馏水 34mL，注入清洁、干燥的透湿杯内，使水距试样下表面位置 10mm 左右。

b. 将试样测试面朝下放置在透湿杯上，装上垫圈和压环，旋上螺帽，再用乙烯胶黏带从侧面封住压环、垫圈和透湿杯，组成试验组合体。

c. 迅速将试验组合体水平放置在已达到规定试验条件：温度（38±2）℃、相对湿度（50±2）%的试验箱内，经过 1h 平衡后，按编号在箱内逐一称量，精度为 0.001g。若在箱外称量，每个试验组合体称量时间不超过 15s。

d. 经过试验时间 1h 试验后，再次按同一顺序称量。

②倒杯法（方法 B）：

a. 用量筒精确量取与试验条件温度相同的蒸馏水 34mL，注入清洁、干燥的透湿杯内。

b. 将试样测试面朝上放置在透湿杯上，装上垫圈和压环，旋上螺帽，再用聚乙烯胶黏带从侧面封住压环、垫圈和透湿杯，组成试验组合体。

c. 迅速将试验组合体倒置后放置在已达到规定试验条件：温度（38±2）℃、相对湿度（50±2）%的试验箱内，经过 1h 平衡后，按编号在箱内逐一称量，精度为 0.001g。若在箱外称量，每个试验组合体称量时间不超过 15s。

d. 经过试验时间 1h 试验后，再次按同一顺序称量。

6. 试验结果

（1）透湿率（WVT）计算：

计算 3 块试样透湿量的平均值，结果修约至 3 位有效数字。

$$WVT = \frac{\Delta m - \Delta m'}{A \cdot t}$$

式中：WVT——透湿率 $[g/(m^2 \cdot h)$ 或 $g/(m^2 \cdot 24h)]$；

　　　Δm——同一试验组合体两次称量之差（g）；

　　　$\Delta m'$——空白试样的同一试验组合体两次称量之差（g）；不做空白试验时 $\Delta m' = 0$；

　　　A——有效试验面积（本试验装置为 0.00283m^2）（m^2）；

　　　t——试验时间（h）。

（2）透湿度（WVP）计算：

结果修约至 3 位有效数字。

$$WVP = \frac{WVT}{\Delta p} = \frac{WVT}{P_{CB}(R_1 - R_2)}$$

式中：WVP——透湿度 $[g/(m^2 \cdot Pa \cdot h)]$；

　　　Δp——试样两侧水蒸气压差（Pa）；

　　　　P_{CB}——在试验温度下的饱和水蒸气压力（Pa）；

　　　　R_1——试验时试验箱的相对湿度（%）；

　　　　R_2——透湿杯内的相对湿度（吸湿法可按 0% 计算，蒸发法可按 100% 计算）（%）。

　　（3）透湿系数计算（仅对均匀的单层材料有意义）：

　　结果修约至 2 位有效数字。

$$PV = 1.157 \times 10^{-9} WVF \cdot d$$

　　式中：PV——透湿系数 $[g \cdot cm/(cm^2 \cdot s \cdot Pa)]$；

　　　　　d——试样厚度（cm）。

　　注：①对试验精确度要求较高的样品，应另取 1 个试样用于空白试验。

　　②若试样透湿率过小，可延长试验时间。

　　③试验条件若需要也可采用为温度（23±2）℃、相对湿度（50±2）% 或温度（20±2）℃、相对湿度（65±2）%。

　　④干燥剂吸湿总增量不得超过 10%。

　　⑤正杯法试验过程中要保持试验组合体水平，避免杯内的水沾到试样的内表面。

　　⑥对于两面不同的试样，若无特殊指明，分别计算两面的透湿率、透湿度和透湿系数。

试验 1-4　织物吸水性测定

目的和要求

掌握纺织品毛细效应的测定方法及测试原理，学会纺织品毛细效应的测定。

1. 试验标准

FZ/T 01071—2008《纺织品　毛细效应试验方法》。

2. 试验原理

将试样垂直悬挂，其一端浸在液体中，测定经过规定时间液体沿试样的上升高度，并利用时间—液体上升高度的曲线求得某一时刻的液体芯吸速率。

3. 试验仪器与试剂

（1）毛细效应测定仪：

①容器：盛装试液高度至少 50mm。

②试样夹：置于横梁架上用于固定试样，使试样不飘浮、不伸长，每个质量约 3g。

③标尺：垂直固定在横梁架上，最小刻度为 1mm。

④秒表。

（2）试液：三级水，为了便于观察和测量，可在水中加入适量蓝黑（或红）墨水或其他适宜的有色试剂。

4. 试样准备

（1）织物试样：250mm×30mm，经、纬向各 3 份试样。

（2）长丝和纱线试样：用适当方法紧密缠绕在适当尺寸的矩形框上，或用其他方式形成：2500mm×30mm 的薄层，每个样品至少制备 3 份试样。

（3）绳、带等：幅宽<30mm 的按各自宽度，长度≥250mm，3 份试样。

试样在标准大气条件下调湿，试液在大气条件下平衡，试验在大气条件下进行。

5. 试验步骤

（1）调节试验仪器的水平，用试样夹将试样一端固定在横梁架上。

（2）在试样下端 8~10mm 处装上适当质量的张力夹，使试样保持垂直。

（3）调整试样以使试样靠近并平行于标尺，下端位于标尺 0 位以下（15±2）mm 处。

（4）将试液倒入容器内，降低横梁架使液面处于标尺的 0 位，此时开始计时。

（5）分别测量 1min、5min、10min、20min、30min 等时液体芯吸高度的最大值和（或）最小值（mm）。

6. 试验结果

（1）分别计算各向在某时刻 3 个试样液体芯吸高度的最大值、平均值和（或）最小值，保留 1 位小数。

（2）如果需要，以测试时间 $t(\text{min})$ 为横坐标，液体芯吸高度 $h(\text{mm})$ 为纵坐标，绘制光滑 t—h 曲线，曲线上某点切线的斜率即为 t 时刻的液体芯吸速率（mm/min）。

注：对吸水性好的试样，可增加测量 10s、30s 时的值。

试验 1-5　纺织品热湿传递性测定

目的和要求

掌握纺织品热阻和湿阻的测定方法及测试原理，学会服装面辅料热阻和湿阻的测定。

1. 试验标准

GB/T 11048—2008《纺织品　生理舒适性　稳态条件下热阻和湿阻的测定》。

2. 试验原理

（1）热阻。

试样覆盖于电热试验板上，试验板及其周围和底部的热护环（保护板）都能保持相同的恒温，以使电热试验板的热量只能通过试样散失，调湿的空气可平行于试样上表面流动。在试验条件达到稳态后，测定通过试样的热流量来计算试样的热阻。

本标准中描述的方法是通过从测定试样加上空气层的热阻值中减去试验仪器表面空气层的热阻值得出所测材料的热阻值（R_{ct}）。两次测定均在相同的条件下进行。

（2）湿阻。

对于湿阻的测定，需在多孔电热试验板上覆盖透气但不透水的薄膜，进入电热板的水蒸发后以水蒸气的形式通过薄膜，所以没有液态水接触试样。试样放在薄膜上后，测定在一定水分蒸发率下保持试验板恒温所需的热流量，与通过试样的水蒸气压力一起计算试样湿阻。

本标准中描述的方法是通过从测定试样加上空气层的湿阻值中减去试验仪器表面空气层的湿阻值得出所测材料的湿阻值（R_{et}）。两次测定均在相同的条件下进行。

3. 试验仪器

（1）A 型仪器——蒸发热板法。

具有温度和给水控制的测试部分，具有温度控制的热护环、气候室。

（2）B 型仪器——静态平板法。

热板、温度检测与控制器、热功率测定仪、气候室、气温检测器。

4. 试样准备

（1）厚度≤5mm 的材料。

从每份样品中至少取 3 块试样。试样尺寸应完全覆盖试验板和热护环表面。

（2）厚度>5mm 的材料。

厚度在此范围内的试样需要一个特殊的程序以避免热量或水蒸气从其边缘散发。

①在热阻的测定中，如果试样的厚度超过热护环宽度的 2 倍，则需对热量在边缘处的散失进行修正。热阻和试样厚度之间线性关系的偏差按公式 $[1+(\triangle R_{ct}/R_{ct}，m)]$ 确定和修正，通过测利用匀质材料（如泡沫材料）多层叠加（最终达到被测试样的厚度 d）所测定的 R_{ct} 值进行修正，见图 4-1。

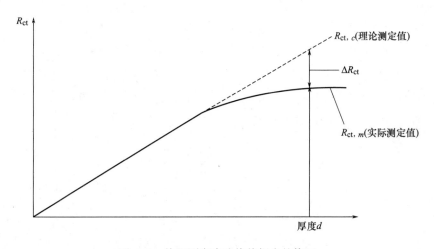

图 4-1　热阻测定中边缘热损失的修正

②如果热护环不配置像试验板那样的多孔板和定量供水系统，那么在测定湿阻时，试样垂直边被不能渗透水蒸气的框架包围，其高度大约与试样不受外力放置时的高度一样，其内部框架尺寸和试验板的多孔金属板上的各边一样。

③对含有松散填充物和不均匀厚度的试样的制备：对含有松散填充物和不均匀厚度的样品，如被褥、睡袋、羽绒服等，如果可能，每个样品应最少取 3 块试样。如果材料的不均匀度是由绗缝而引起，则至少要各准备两块试样测定热阻和湿阻。在样品的中心区域内，一块含尽可能多的绗缝数，另一块含尽可能少的绗缝数。

试验时试样要放在一个高度约和试样不受外力作用时高度一致的框架中。在测定热阻时，框架的内边尺寸至少为（$L+2b$）；在测定湿阻时，框架的内边尺寸要和试验板的金属板各边尺寸一致。试验前，试样应在热阻和湿阻测定中规定的试验环境中调湿至少12h。

5. 试验步骤

（1）仪器常数的测定。

测得的试样的热阻和湿阻中，包含有固定的仪器常数 R_{ct0} 和 R_{et0}，又称作"空板"值，测定时试验板上表面与试样台应处于同一平面。

①R_{ct0} 的测定：调节试验板表面温度（T_m）为35℃，气候室温度（T_a）为20℃，相对湿度为65%，空气流速（V_a）为1m/s（B型仪器 V_a<0.1m/s）。待测定值 T_m、T_a、R.H.、H 都达到稳定后，记录它们的值。

$$R_{ct0} = \frac{(T_m - T_a) \cdot A}{H - \Delta H_c}$$

式中：R_{ct0}——热阻的空板值（m²·K/W），结果保留3位有效数字；

ΔH_c——热阻 R_{ct} 测定中加热功率的修正值；

H——提供给测试面板的加热功率（W）；

A——试验板的面积（m²）。

②R_{et0} 的测定：在多孔试验板上覆盖一层光滑的透气而不透水的薄膜（可用厚10~50μm 的纤维素薄膜），薄膜的安放要确保平整无皱，且薄膜事先要经蒸馏水浸渍。

试验板表面温度（T_m）及周围空气温度均控制在35℃，空气流速（V_a）为1m/s。空气的相对湿度应保持为40%，其水蒸气压力（P_a）为2250Pa。假设试验板表面周围水蒸气与其表面温度相同，其所对应的饱和水蒸气压力（P_m）则为5620Pa。

待测定值 T_m、T_a、V_a、R.H.、H 都达到稳定后，记录它们的值。

$$R_{et0} = \frac{(P_m - P_a) \cdot A}{H - \Delta H_e}$$

式中：R_{et0}——湿阻的空板值（m²·Pa/W），结果保留3位有效数字；

ΔH_e——湿阻 Ret 测定中加热功率的修正值；

P_a——水蒸气压力（在气候室中的温度为 T_a 时）（Pa）；

P_m——饱和水蒸气压力（当试验板的表面温度为 T_m 时）（Pa）。

（2）试样在试验板上的放置。

①试样应平置于试验板上，通常将接触人体皮肤的一面朝向试验板。

②当试样的厚度超过3mm时，应调节试验板高度以使试样的上表面与试样台平齐（A型仪器）。

（3）热阻（R_{ct}）的测定。

①调节试验板表面温度（T_m）为35℃，气候室空气温度（T_a）为20℃，相对湿度（RH）为65%，空气流速（V_a）为1m/s（B型仪器 V_a<0.1m/s）。

②在试验板上放置试样后，待 T_m、T_a、RH、H 达到稳定后，记录它们的值。

（4）湿阻（R_{et}）的测定。

①为测定湿阻，应将能透过水蒸气而不能透过水的薄膜放置在多孔的试验板上。

②调节试验板表面温度（T_m）和空气温度（T_a）为 35℃，相对湿度（RH）为 40%，空气流速（V_a）为 1m/s。

③在试验板上放置试样后，待测定值 T_m、T_a、RH、H 达到稳定后，记录它们的值。

6. 试验结果

（1）热阻（R_{ct}）的计算：计算所测试样热阻（R_{ct}）的算术平均值，结果保留 3 位有效数字。

$$R_{ct} = \frac{(T_m - T_e) \cdot A}{H - \Delta H_c} - R_{ct0}$$

（2）湿阻（R_{et}）的计算：计算所测试样湿阻（R_{et}）的算术平均值，结果保留 3 位有效数字。

$$R_{et} = \frac{(P_m - P_n) \cdot A}{H - \Delta H_e} - R_{et0}$$

（3）其他指标的计算：可以根据热阻和湿阻的测定结果，计算透湿指数、透湿率、克罗值及热导率。

①透湿指数：

$$i_{mt} = S \cdot R_{ct} / R_{et}$$

式中：

$$S = 60 \text{Pa/K}。$$

②透湿率：

$$W_d = \frac{1}{R_{et} \cdot \Phi_{T_m}}$$

当 $T_m = 35℃$ 时，$\Phi_{T_m} = 0.627 \text{W} \cdot \text{h/g}$。

③克罗值：

$$\text{clo} = R_{ct} 0.155 = 6.451 R_{ct}$$

④热导率：

$$k = 10^{-3} \cdot d / R_{ct}$$

式中：d——织物的厚度（mm）。

注：①"空板"值测定时，测定湿阻需用定量供水装置保持试验板表面的湿润。供给试验板的水应经过两次蒸馏并经过煮沸才能使用，这样水中就没有气泡，以防止薄膜下出现气泡。

②试样在不受张力或负荷作用、多层试样各层之间无空气缝隙的情况下测试。试样不应有起泡和起皱，以免试样与试验板间、多层织物的各层之间产生不应有的空气层。可用防水胶带或一轻质金属架固定在试样边缘以保持其平整。

③热阻和湿阻测定时，通常不超过 3min 记录 1 次测定值，试验时间至少 30min 可达

到稳定（不包括预热时间）。对于间歇式加热的仪器，试验时间应为完整加热循环。

试验 2　服装面辅料外观性测试与评价

试验 2-1　织物弯曲性测定

目的和要求

掌握织物弯曲性的测试方法及测试原理，学会使用斜面法或心形法测定织物的弯曲性能。

试验 2-1-1　斜面法

1. 试验标准

GB/T 18318.1—2009《纺织品　弯曲性能的测定　第 1 部分：斜面法》，采用斜面法测定织物弯曲长度的方法。适用于各类织物。

2. 试验原理

长条状试样放在仪器的工作平台上，试样长轴与平台长轴平行，试样上方覆盖压板，下方平面上附有橡胶层的滑板沿平台长轴方向带动试样移动，使试样一端逐渐脱离平台支撑，伸出平台并在自重下弯曲。当试样头端通过平台的前缘向下弯曲到与水平呈 41.5° 倾角时，隔断光路仪器自停，此时得到试样的伸出长度（L），伸出长度约等于试样弯曲长度的 2 倍，由此计算弯曲长度。弯曲长度越大，织物越硬挺。

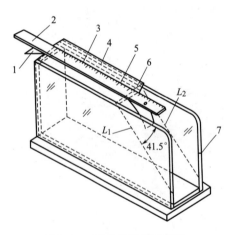

图 5-1　弯曲长度仪示意图

1—试样　2—钢尺　3—刻度　4—平台
5—标记（D）　6—平台前缘　7—平台支撑

3. 试验仪器

弯曲长度仪示意图，见图 5-1。

4. 试样准备

试样规格：（25±1）mm×（250±1）mm，经（纵）、纬（横）向各 6 块。

在标准大气条件下调湿。

5. 试验步骤

（1）试验参数设定：设定织物单位面积质量。按下"实验"键，进入试验状态。

（2）安放试样：使压板抬起，把试样放在测试平台上，试样左侧和平台边缘线平齐，放下压板。

（3）测定：

①按下"总清""复位"键使仪器处于初始状态，按"启动"键，开始试验，试样压板带动试样开始向左运动，随着试样不断从平台上伸出，试样左端呈自然逐渐下垂，直至

试样伸出端遮挡仪器左侧下部凸出部分豁口处发出的隐形光源，试样压板返回，显示器显示第 1 次测得的伸出长度。

②把试样从平台上取下，重复上述步骤，对该试样同端的另一面进行试验。

③再次重复对试样另一端的两面进行试验。

④重复上述步骤，直至完成余下 5 个试样。试验结束，按"统计"键，显示器显示统计结果。

6. 试验结果

（1）计算每个试样 4 个弯曲长度的平均弯曲长度（cm）。

$$弯曲长度 \approx 1/2 \text{ 伸出长度}$$

（2）分别计算两个方向各试样的平均弯曲长度 $C(\text{cm})$。

（3）分别计算两个方向的平均弯曲刚度，保留 3 位有效数字。

$$G = m \times C^3 \times 10^{-3}$$

式中：G——单位宽度的抗弯刚度（mN·cm）；

$\quad m$——试样单位面积质量（g/m²）；

$\quad C$——试样的平均弯曲长度（cm）。

注：①有卷边或扭转趋势的试样应当在剪取试样前调湿，如果现象明显，可将试样放在平面间轻压几个小时。特别柔软、卷曲或扭转现象严重的织物，不宜采用此法。

②用于生产控制时，试样的数量可以减少至每个方向 3 块。

试验 2-1-2　心形法

1. 试验标准

GB/T 18318.2—2009《纺织品　弯曲性能的测定　第 2 部分：心形法》，采用心形法测定纺织品弯曲环高度的方法。适用于各类纺织品，尤其适用于较柔软和易卷边的织物。

2. 试验原理

把长条形试样两端反向叠合后夹到试验架上，试样呈心形悬挂，测定心形环的高度，以此衡量试样的弯曲性能。

3. 试验仪器

（1）试样架：高度≥300mm。试样架及试样的夹持，见图 5-2。

（2）测长计：精度不低于 1mm。

4. 试样准备

试样规格：250mm×20mm，经（纵）、纬（横）向各 5 块。

在标准大气条件下调湿。

5. 试验步骤

（1）取 1 条试样将其两端反向叠合，使测试面朝外，夹到试样架夹样器上，试样形成环状并呈心形自然悬挂，试样成环部分的有效长度为 200mm。

（2）试样悬挂 1min 后，测定心形环顶端至最低点之间的距离 $L(\text{mm})$，以此作为试样的弯曲环高度。

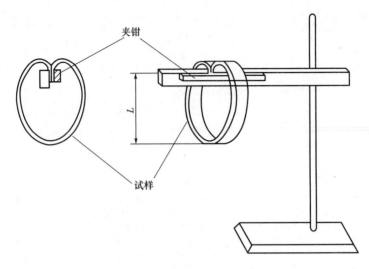

图 5-2　试样架及试样的夹持

（3）分别测定试样正、反面的弯曲环高度。

6. 试验结果

分别计算经（纵）、纬（横）向各 5 个试样正、反面 10 个测量值的平均值（mm），修约至整数位。

试验 2-2　织物悬垂性测定

目的和要求

掌握织物悬垂性的测试方法和测试原理，学会使用图像处理法测定织物的悬垂性。

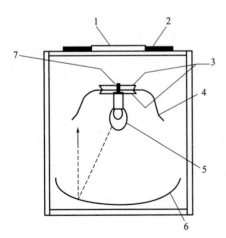

图 5-3　悬垂性测定仪示意图
1—中心板　2—纸环或白色板材
3—固定试样的夹持盘　4—悬垂的
纺织试样　5—点光源
6—抛面镜　7—定位柱

1. 试验标准

GB/T 23329—2009《纺织品　织物悬垂性的测定》。

2. 试验原理

利用图像处理法测定织物的悬垂性。将圆形试样水平置于与圆形试样同心且较小的夹持盘之间，夹持盘外的试样沿夹持盘边缘自然悬垂，将悬垂试样投影到白色片材上，用数码相机获取试样的悬垂图像，从图像中得到有关试样悬垂性的具体定量信息。利用计算机图像处理技术得到悬垂波数、波幅和悬垂系数等指标。

3. 试验仪器

（1）悬垂性测定仪。

悬垂性测定仪的示意图见图 5-3，由以下部件构成：

① 带有透明盖的试验箱。

② 2 个水平圆形夹持盘，直径为 18cm 或

12cm，试样夹在两个夹持盘中间，下夹持盘上有 1 个中心定位栓。

③ 在夹持盘下方中心、抛面镜的焦点位置有 1 个点光源，抛面镜反射的平行光垂直向上通过夹持盘周围的试样区照在仪器的透明盖上。

④ 仪器盖上有白色片材。

（2）圆形模板。

圆形模板 3 个，直径为 24cm、30cm 和 36cm，用于方便地剪裁画样和标注试样中心。

（3）秒表（或自动计时装置）。

（4）辅助装置：

① 相机架：用来将数码相机固定在测定仪上。

② 数码相机：与计算机连接，能够采用数字处理技术获取织物试样的图像。

③ 评估软件：能够浏览数码相机获取的图像，根据影像测定轮廓，并根据影像信息计算悬垂系数、悬垂波数、最大波幅、最小波幅及平均波幅，并提供最终报告。

④ 白色片材：能够清晰地映出投影图像。

4. 试样准备

（1）每个样品至少取 3 个试样，并标出每个试样的中心。分别在每个试样的两面标记"a"和"b"。试样直径的选择：

①仪器的夹持直径为 18cm 时，先使用直径为 30cm 的试样进行预试验，并计算该直径时的悬垂系数。

a. 若悬垂系数在 30%~85% 的范围内，则试样直径均为 30cm。

b. 若悬垂系数在 30%~85% 的范围外，则试样直径为：

● 悬垂系数小于 30% 的柔软织物，试样直径为 24cm。

● 对悬垂系数大于 85% 的硬挺织物，试样直径为 36cm。

②仪器的夹持直径为 12cm 时，所有试验试样的直径均为 24cm。

（2）在标准大气条件下调湿。

5. 试验步骤

（1）将数码相机和计算机连接，开启计算机评估软件进入检测状态，打开照明灯光源，使数码相机处于捕捉试样影像状态。

（2）将白色片材放在仪器的投影部位。

（3）将试样 a 面朝上，放在下夹持盘上，让定位柱穿过试样的中心，立即将上夹持盘放在试样上，其定位柱穿过中心孔，并迅速盖好仪器透明盖。

（4）从上夹持盘放到试样上起，开始计时。

（5）30s 后即用数码相机拍下试样的投影图像。

（6）用计算机处理软件得到悬垂系数、悬垂波数、最大波幅、最小波幅及平均波幅等试验指标。

（7）按上述步骤，对同一试样的 b 面朝上进行试验。

（8）重复上述步骤，直至完成所有试样的测试。

6. 试验结果

分别对不同直径的试样进行计算：

（1）计算每个试样 a 面和 b 面悬垂系数、悬垂波数、最大波幅、最小波幅及平均波幅的平均值。

（2）计算每个样品悬垂系数、悬垂波数、最大波幅、最小波幅及平均波幅的平均值。

注：不同直径的试样得出的结果没有可比性。

试验 2-3　织物折痕回复性测定

目的和要求

掌握织物折痕回复性的测试方法及测试原理，学会采用水平法和垂直法测定织物的折痕回复角。

1. 试验标准

GB/T 3819—1997《纺织品　织物折痕回复性的测定　回复角法》。

2. 试验原理

采用折痕水平回复法（简称水平法）和折痕垂直回复法（简称垂直法）测定织物的折痕回复性。

一定型状和尺寸的试样，在规定条件下折叠加压保持一定时间。卸除负荷后，让试样经过一定的回复时间，然后测量折痕回复角，以测得的角度来表示织物的折痕回复能力。

3. 试验仪器

织物折皱弹性测试仪：

（1）压力负荷：10N。

（2）承受压力负荷的面积：水平法为 15mm×15mm，垂直法为 18mm×15mm。

（3）承受压力时间：5min±5s。

（4）回复角测量器刻度盘的分度值：±1°。

4. 试样准备

（1）每个样品至少 20 个试样，其中经向与纬向各 10 个，每个方向的正面对折和反面对折各 5 个。

日常试验可只测样品的正面，即经向和纬向各 5 个。试样规格见图 5-4。

①水平法：试样尺寸为 40mm×15mm 的长方形。

②垂直法：回复翼的长为 20mm，宽为 15mm。

（2）在标准大气条件下调湿。

（3）如需要，测定高湿度条件下［温度为（35±2）℃，相对湿度为（90±2%）］的回复角，试样可不进行预调湿。

5. 试验步骤

（1）垂直法：

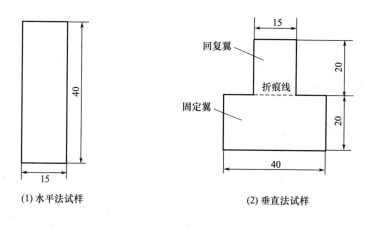

(1) 水平法试样　　　　　(2) 垂直法试样

图 5-4　试样的尺寸和形状

①打开电源开关，仪器左侧的指示灯亮，按工作键开关，试样夹推倒贴在电磁铁上。

②按 5 经 5 纬的顺序，将试样的固定翼装入试样夹内，使试样的折痕线与试样夹的折叠标记线重合。

③按下工作按钮，仪器进入自动工作程序，迅速把第 1 个试样用手柄沿折痕线对折，不要在折叠处施加任何压力，然后在对折好的试样上放上有机玻璃压板，每隔 15s 按程序依次在 10 个试样有机玻璃压板上再加上压力重锤。

④试样承受压力负荷接近规定的时间，仪器发出报警声，鸣示做好读取试样回复角度的准备，加压时间一到，投影灯亮，试样承受压力负荷达到规定的时间后，迅速卸除压力负荷，并将试样夹连同有机玻璃压板一起翻转 90°，随即卸去有机玻璃压板，同时试样回复翼打开。

⑤试样卸除负荷后达到 5min 时，用测角装置依次读得折痕回复角，读至最临近 1°。

（2）水平法：

①将试样在长度方向两端对齐折叠，然后用宽口钳夹住，夹住位置距布端不超过 5mm，移至标有 15mm×20mm 标记的平板上，使试样正确定位，随即轻轻地加上压力重锤。

②试样在规定负荷下，保证规定时间后，卸除负荷。将夹有试样的宽口钳转移至回复角测量装置的试样夹上，使试样的一翼被夹住，而另一翼自由悬垂，并连续调整试样夹，使悬垂下来的回复自由翼始终保持垂直位置。

③试样从压力负荷装置上卸除负荷后 5min 读得折痕回复角，读至最临近 1°。

6. 试验结果

分别计算下列各向的平均值，修约保留整数位。

（1）经向（纵向）折痕回复角：正面对折，反面对折。

（2）纬向（横向）折痕回复角：正面对折，反面对折。

（3）总折痕回复角：经、纬向折痕回复角平均值之和。

注：①试样经调湿后，在操作过程中，只能用镊子或橡胶指套接触。

②垂直法：回复其有轻微的卷曲或扭转，以其根部挺直部位的中心线为基准。试样如有黏附倾向，在两翼之间距折痕线2mm处放置一张厚度小于0.02mm的纸片或塑料薄片。

③水平法：回复其有轻微的卷曲或扭转，以通过该翼中心和刻度盘轴心的垂直平面作为折痕回复角读数的基准。

试验2-4 织物起毛起球性测定

目的和要求

掌握织物抗起毛起球的测试方法及等级评定，学会采用圆轨迹法、改型马丁代尔法、起球箱法及随机翻滚法测定织物的起毛起球性。

试验2-4-1 圆轨迹法

1. 试验标准

GB/T 4802.1—2008《纺织品 织物起毛起球性能的测定 第1部分：圆轨迹法》，规定采用圆轨迹法对织物起毛起球性能及表面变化进行测定的方法。

2. 试验原理

按规定方法和试验参数，利用尼龙刷和织物磨料或仅用织物磨料，使织物摩擦起毛起球。然后在规定光源条件下，对起毛起球性能进行视觉描述评定。

3. 试验仪器

（1）圆轨迹起球仪：试样夹头与磨台质点相对运动轨迹为$\phi=(40\pm1)$mm的圆，相对运动速度为(60 ± 1)r/min；试样夹环内径(90 ± 0.5)mm，夹头能对试样施加如表5-1所规定的压力。

（2）磨料：

①尼龙刷。

②织物磨料：2201全毛华达呢。

（3）泡沫塑料垫片：直径约105mm。

（4）裁样用具：可裁取直径为(113 ± 0.5)mm的圆形试样。

（5）评级箱：白色荧光灯照明。

4. 试样准备

（1）试样规格：直径为(113 ± 0.5)mm，5块试样。

（2）在每块试样上标明织物反面。

（3）当织物没有明显的正、反面时，两面都要进行测试。

（4）另取1块评级的对比样。

（5）在标准大气条件下调湿，一般至少16h，并在同样的大气条件下试验。

5. 试验步骤

（1）分别将泡沫塑料垫片、试样和织物磨料装在试验夹头和磨台上，试样必须测试面朝外。翻动试样夹头臂，使试样压在尼龙刷或磨料上。

（2）根据所测试织物类型，选取摩擦（或起毛）次数、加压压力，见表5-1。

表5-1　圆轨迹法起毛起球试验参数

样品类型	压力（cN）	起毛次数	起球次数
工作服、运动服面料及紧密厚重织物等	590	150	150
合成纤维长丝外衣织物等	590	50	50
军需服（精梳混纺）面料等	490	30	50
化纤混纺、交织织物等	490	10	50
精梳毛织物、轻起绒织物、短纤维编针织物、内衣面料等	780	0	600
粗梳毛织物、绒类织物、松结构织物等	490	0	50

注　其他织物可以参照表中所述类似织物或按有关商定选择参数类别。

（3）预置摩擦（或起毛）次数，启动仪器，对试样进行摩擦（或起毛），达到预置摩擦（或起毛）次数，仪器自动停止。

（4）试验结束，取下试样准备评级。

（5）起毛起球的评定：在评级箱内，根据表5-2列出的视觉描述对每一块试样进行评级。如果介于两级之间，记录半级。

表5-2　视觉描述评级

等级	状态描述
5	无变化
4	表面轻微起毛和（或）轻微起球
3	表面中度起毛和（或）中度起球，不同大小和密度的球覆盖试样的部分表面
2	表面明显起毛和（或）起球，不同大小和密度的球覆盖试样的大部分表面
1	表面严重起毛和（或）起球，不同大小和密度的球覆盖试样的整个表面

6. 试验结果

样品的试验结果为全部人员评级的平均值。修约至最近的0.5级，并用"—"表示，如3—4级。如单个测试结果与平均值之差超过半级，应同时报告每一块试样的级数。

试验2-4-2　马丁代尔法

1. 试验标准

GB/T 4802.2—2008《纺织品　织物起毛起球性能的测定　第2部分：改型马丁代尔法》，规定了采用改型马丁代尔法对织物起毛起球性能及表面变化进行测定的方法。

2. 试验原理

在规定压力下，圆形试样以李莎茹图形的轨迹与相同织物或羊毛织物的磨料织物进行摩擦。经规定的摩擦阶段后，在规定光源条件下，对起毛和（或）起球性能进行视觉描述评定。

3. 试验仪器与材料

（1）马丁代尔耐磨试验仪：

①计数器：记录起球次数，精确至 1 次。

②起球台装置：

a. 起球台：每个起球台组件包括：起球台、夹持环、固定夹持环的夹持装置。

b. 加压重锤：质量为（2.5±0.5）kg，直径为（120±10）mm 的带手柄加压重锤，见图 5-5，以确保安装在起球台上的磨料平整。

③试样夹具装置：

a. 试样夹具：试样夹具组件包括：试样夹具、试样夹具环、试样夹具导向轴，见图 5-6。试样夹具组件的总质量为（155±1）g。

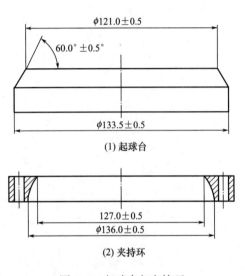

图 5-5　起球台与夹持环

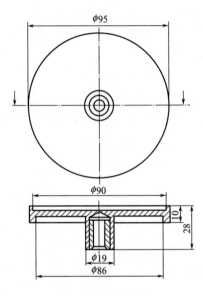

图 5-6　试样夹具

b. 加载块：每 1 个起球台配备 1 个可供选择的不锈钢的盘状加载块，质量（260±1）g，见图 5-7。试样夹具与加载块的总质量为（415±2）g。

c. 试样安装辅助装置：保证安装在试样夹具内的试样无褶皱所需的设备，见图 5-8。

（2）评级箱：白色荧光灯照明。

（3）试验辅料：

①磨料：一般情况下与试样织物相同。在某些情况下，如装饰织物，采用标准的机织平纹毛织物磨料。每次试验需要更换新磨料。将直径为 140_0^{+5} mm 的圆形磨料或边长为（150±2）mm 的方形磨料安装在每个磨台上。

②毛毡：作为一组试样的支撑材料，有两种尺寸：

a. 顶部（试样夹具）：直径为（90±1）mm。

b. 底部（起球台）：直径为 140_0^{+5} mm。

4. 试样准备

（1）标记：取样前在需要评级的每块试样反面的同一点作标记，确保评级时沿同一纱线方向评定。

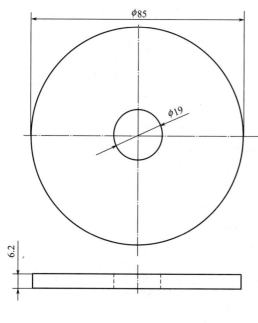

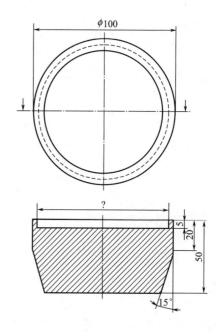

图 5-7　加载块　　　　　　　　　图 5-8　试样安装辅助装置

（2）试样规格：直径为 140_0^{+5}mm 的圆形，如果起球台上的磨料为试样织物，至少取 3 组试样，每组包括 2 块试样。如果起球台上的磨料为毛织物，至少需要 3 块试样。

另多取 1 块试样用于评级时的对比样。在标准大气条件下调湿和试验。

5. 试验步骤

（1）试样的安装：

①试样夹具中试样的安装：从试样夹具上移开试样夹具环和导向轴。将试样安装辅助装置小头朝下放置在平台上，将试样夹具环套在其上。翻转试样夹具，在试样夹具内部中央放入直径（90±1）mm 的毡垫。将直径为 140_0^{+5}mm 的试样测试面朝上放在毡垫上。小心地将带有毡垫和试样的试样夹具放置在辅助装置的大头端的凹槽处，将试样夹具环拧紧在试样夹具上。根据织物种类，选择负荷质量，决定是否需要在导板上，试样夹具的凹槽上放置加载块，见表 5-3。

②起球台上试样或磨料的安装：移开试样夹具导板，将一块直径为 140_0^{+5}mm 的毛毡放在磨台上，再把试样或羊毛织物磨料（经纬向纱线平行于仪器台边缘）摩擦面向上放置在毛毡上。将质量为（2.5±0.5）kg、直径为（120±10）mm 的重锤压在磨台上的毛毡和磨料上，拧紧夹持环，固定毛毡和磨料，取下加压重锤。

③将试样夹具放置在起球台上：将试样夹具导板放在适当的位置，将试样夹具放置在相应的起球台上，将试样夹具导向轴插入固定在导板上的轴套内，并对准每个起球台，最下端插入其对应的试样夹具接套。

（2）起球测试：

①试验参数选择：选择试样摩擦阶段、摩擦次数、预置摩擦次数，见表 5-3。

表 5-3 马丁代尔法起球试验参数

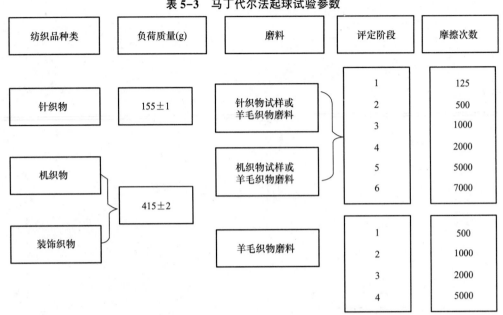

②启动仪器，对试样进行摩擦，达到预置摩擦次数，仪器自动停止。

（3）起毛起球的评定：测试到每一个摩擦阶段，进行评定时，要小心地从仪器上取下试样夹具，不取出试样，不清除试样表面毛球。在评级箱内，根据表 5-2 列出的视觉描述对每一块试样进行评级。如果介于两级之间，记录半级。评定完后，将试样夹具按取下的位置重新放置在起球台上，继续测试与评定，直到达到试验终点。

6. 试验结果

样品的试验结果为全部人员评级的平均值，修约至最近的 0.5 级，并用"—"表示，如 3—4 级。如单个测试结果与平均值之差超过半级，应同时报告每一块试样的级数。

注：每次试验后检查试验所用辅料，并替换沾污或磨损的材料。

试验 2-4-3 起球箱法

1. 试验标准

GB/T 4802.3—2008《纺织品 织物起毛起球性能的测定 第 3 部分：起球箱法》，规定了采用起球箱法对织物起毛起球性能及表面变化进行测定的方法。

2. 试验原理

安装在聚氨酯管上的试样，在具有恒定转速、衬有软木的木箱内任意翻转。经过规定次数的翻转后，在规定光源条件下，对起毛和（或）起球性能进行视觉描述评定。

3. 试验仪器

（1）箱式起球仪：转速为（60±2）r/min。

（2）聚氨酯载样管：每个起球箱需要 4 个，每个管长（140±1）mm，外径（31.5±1）mm，质量为（52.25±1）g。

（3）装样器：将试样安装到载样管上。

（4）PVC胶带：19mm宽。

（5）缝纫机。

（6）评级箱：用白色荧光管或灯泡照明。

4. 试样准备

（1）取样：

①试样规格：125mm×125mm，4块试样。

②在每个试样上标明织物反面和纵向。

③当织物没有明显的正、反面时，两面都要进行测试。

④另取1块作为评级对比样。

（2）试样缝合：取2个试样，折叠的方向与织物纵向一致，另2个试样，折叠的方向与织物横向一致，测试面向内折叠，距边12mm缝合。

（3）试样安装：

①将缝合试样管的里面翻出，使织物测试面成为试样管外面。

②在试样管的两端各剪6mm端口，以去掉缝纫变形。

③将准备好的试样管套在聚氨酯载样管上，使接缝部位尽可能平整。用胶带缠绕每个试样的两端，使其固定在聚氨酯载样管上，且聚氨酯载样管的两端各有6mm裸露，见图5-9。

（4）在标准大气条件下调湿，一般至少16h，并在同样的大气条件下试验。

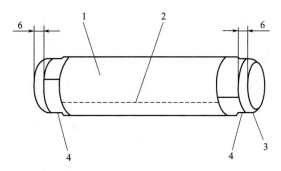

图5-9　聚氨酯载样管上的试样

1—测试样　2—缝合线　3—聚氨酯载样管　4—胶带

5. 试验步骤

（1）把4个安装好的试样放入同一起球箱内，盖上盖子。

（2）预置计数器至所需翻动转数：建议粗纺织物7200转，精纺织物14400转。

（3）启动仪器，对试样进行摩擦，转动箱子达到所需转数后，仪器自动停止。从起球试验箱中取出试样，并从载样管上取下试样，拆去缝合线，展平试样。

（4）起毛起球的评定：在评级箱内，根据表5-2列出的视觉描述对每一块试样进行评级。如果介于两级之间，记录半级。

6. 试验结果

样品的试验结果为全部人员评级的平均值，修约至最近的 0.5 级，并用"—"表示，如 3—4 级。如单个测试结果与平均值之差超过半级，应同时报告每一块试样的级数。

注：①固定试样的每条胶带长度应不超过聚氨酯载样管周长的 1.5 倍。

②软木衬出现可见的损伤或影响到其摩擦性能的污染时应更换。

试验 2-4-4　随机翻滚法

1. 试验标准

GB/T 4802.4—2009《纺织品　织物起毛起球性能的测定　第 4 部分：随机翻滚法》，规定了采用随机翻滚法对织物起毛起球性能及表面变化进行测定的方法。适用于各类机织物和针织物。

2. 试验原理

采用随机翻滚式起球箱使织物在铺有软木衬垫，并填有少量灰色短棉的圆筒状试验仓中随意翻滚摩擦。在规定光源条件下，对起毛起球性能进行视觉描述评定。

3. 试验仪器

（1）起球箱：

①软布圆筒衬：使用 1h 后需要更换。

②空气压缩机：每个试验仓的空气压力需达到 13~21kPa。

（2）胶黏剂：封合试样的边缘。

（3）真空除尘器：清洁试验后的试验仓。

（4）灰色短棉：改善试样的起球性能。

（5）评级箱：用白色荧光管或灯泡照明。

（6）标准织物：用来校准新安装的起球箱或软木衬垫是否被污染。

4. 试样准备

（1）试样规格：（105±2）mm×（105±2）mm，3 块试样。

（2）在每个试样上分别标上"1""2""3"。

（3）使用黏合剂将试样的边缘封住，边缘不可超过 3mm。将试样悬挂在架子上直到试样边缘完全干燥为止，至少 2h。

（4）在标准大气条件下调湿，一般至少 16h，并在同样的大气条件下试验。

5. 实验步骤

（1）设置试验时间：设置为 30min。

（2）将每个试样与重约 25mg、长约 6mm 的灰色短棉一起放入 1 个试验仓内，每个试验仓内放入一个试样，盖好试验仓盖。

（3）打开气流阀，启动仪器，对试样进行摩擦，达到规定的试验时间后，仪器自动停止。

（4）试验结束后取出试样，并用真空除尘器清除残留的棉絮。

（5）起毛起球的评定：在评级箱内，根据表5-2列出的视觉描述对每一块试样进行评级。如果介于两级之间，记录半级。

6. 试验结果

样品的试验结果为全部人员评级的平均值，修约至最近的0.5级，并用"—"表示，如3—4级。如单个测试结果与平均值之差超过半级，应同时报告每一块试样的级数。

注：①在运行过程中，应经常检查每个试验仓。如果试样缠绕在叶轮上不翻转或卡在试验仓的底部、侧面静止，关闭空气阀，切断气流，停止试验，并将试样移出。

②当试样被叶轮卡住时，停止测试，移出试样，并使用清洁液或水清洗叶轮片。待叶轮片干燥后，继续试验。

试验2-5　织物勾丝性测定

目的和要求

掌握织物抗勾丝性的测试方法和等级评定，学会采用钉锤法测定织物的勾丝性能。

1. 试验标准

GB/T 11047—2008《纺织品　织物勾丝性能评定　钉锤法》。

2. 试验原理

将筒状试样套于转筒上，用链条悬挂的钉锤置于试样表面上。当转筒以恒速转动时，钉锤在试样表面随机翻转、跳动，使钩挂试样，试样表面产生勾丝。经过规定的转数后，对比标准样照对试样的勾丝程度进行评级。

3. 试验仪器与工具

（1）钉锤勾丝仪：

①钉锤圆球直径为32mm，钉锤与导杆的距离为45mm。

②钉锤上等距植入碳化钨针钉11根，针钉外露长度10mm。

③转筒转速为（60±2）r/min。

④毛毡厚3~3.2mm，宽度165mm。一般使用200h或表面变得粗糙等严重磨损现象时应予以更换。

（2）评定板：评定板的厚度不超过3mm，幅面为140mm×280mm。

（3）分度为1mm的直尺。

（4）剪刀。

（5）划样板。

（6）缝纫机。

（7）8个橡胶环。

（8）评级箱：评级箱采用12V、55W的石英卤灯。

4. 试样准备

（1）试样规格：330mm×200mm，经（纵）向和纬（横）向各两块试样。经

（纵）向试样的经（纵）向与试样短边平行，纬（横）向试样的纬（横）向与试样短边平行。

（2）试样正面相对缝合成筒状，其周长应与转筒周长相适应。非弹性织物的试样套筒周长为280mm，弹性织物（包括伸缩性大的织物）的试样套筒周长为270mm。将缝合的筒状试样翻至正面朝外。

（3）在标准大气条件下调湿。

5. 试验步骤

（1）将筒状试样的缝份分向两侧展开，小心地套在转筒上，使缝口平整。对针织物纬向试样，宜使其中一块试样的纵列线圈头端向左，另一块试样向右。然后用橡胶环固定试样一端，展开所有折皱，使试样表面圆整，再用另一橡胶环固定试样另一端。

（2）将钉锤绕过导杆轻轻放在试样上，并用卡尺设定钉锤位置。

（3）设置仪器转数，启动仪器，观察钉锤应能自由地在整个转筒上翻转、跳动，否则应停机检查。

（4）达到规定转数600r后，自动停机，小心地移去钉锤，取下试样。

（5）勾丝的评级。

试样在取下后至少放置4h再评级。

①试样固定于评级板上，使评级区处于评定板正面，或直接将评定板插入筒状试样，使缝线处于背面中心。

②把试样放在评级箱观察窗内，将标准样照放在另一侧。

③依据试样勾丝（包括紧纱段）的密度，按表5-4的视觉描述对每一块试样进行评级。如果介于两级之间，记录半级。

表5-4 视觉描述评级

等级	状态描述
5	无变化
4	表面轻微勾丝和（或）紧纱段
3	表面中度勾丝和（或）紧纱段，不同密度勾丝（紧纱段）覆盖试样的部分表面
2	表面明显勾丝和（或）紧纱段，不同密度勾丝（紧纱段）覆盖试样的大部分表面
1	表面严重勾丝和（或）紧纱段，不同密度勾丝（紧纱段）覆盖试样的整个表面

6. 试验结果

样品的试验结果为全部人员评级的平均值，修约至最近的0.5级，并用"—"表示，如3—4级。分别计算经（纵）向和纬（横）向试样勾丝级别的平均数。

7. 勾丝性能评定

对试样的勾丝性能进行评定，见表5-6。

表 5-5　中、长勾丝顺降级别

勾丝类别		占全部勾丝的比例	顺降级别
中勾丝	2mm≤长度<10mm	≥1/2~3/4	1/4
		≥3/4	1/2
长勾丝	长度≥10mm	≥1/4~1/2	1/4
		≥1/2~3/4	1/2
		≥3/4	1

表 5-6　勾丝性能的评定

级　别	勾丝性能
≥4	表示具有良好的抗勾丝能力
≥3—4	表示具有抗勾丝能力
≤3	表示抗勾丝性能差

注：①织物结构特殊，或经有关各方协商同意，转数可以根据需要选定。

②同一向的试样的勾丝级差超过 1 级，则应增测两块。

③如果试样勾丝中有中、长勾丝，按表 5-5 规定对所评定的级别予以顺降，但长勾丝累计顺降最多 1 级。

试验 2-6　织物尺寸稳定性测定

目的和要求

熟练掌握织物尺寸稳定性的试验方法，学会水洗尺寸变化、冷水浸渍尺寸变化及汽蒸后尺寸变化的测定。

试验 2-6-1　水洗尺寸变化

1. 试验标准

GB/T 8628—2001《纺织品测定尺寸变化的试验中织物试样和服装的准备、标记及测量》。

GB/T 8629—2001《纺织品　试验用家庭洗涤和干燥程序》。

GB/T 8630—2002《纺织品　洗涤和干燥后尺寸变化的测定》。

2. 试验原理

试样在洗涤和干燥前，在规定的标准大气中调湿并测量标记间距离；按规定的条件洗涤和干燥后，再次调湿并测量其标记间距离，并计算试样的尺寸变化率。

3. 试验设备和洗涤剂

（1）全自动洗衣机：国标规定可选用两类洗衣机，两种洗衣机的试验结果不可比。

①A 型洗衣机：前门加料、水平滚筒型洗衣机。

②B 型洗衣机：顶部加料、搅拌型洗衣机。

（2）干燥设施：根据不同的干燥程序选择不同的设施。

①悬挂晾干或滴干设施：如绳、塑料杆等。

②摊平晾干用筛网干燥架：约 16 目，不锈钢或塑料制成。

③旋转翻滚型烘干机：与 A 型洗衣机配用。

④电热（干热）平板压烫机。

⑤烘箱：烘燥温度为（60±5）℃。

（3）陪洗物：可采用其中之一。

①用于 A 型洗衣机的陪洗物：

a. 纯聚酯变形长丝针织物，单位面积质量（310±20）g/m²，由四片织物叠合而成，沿四边缝合，角上缝加固线。形状呈方形，尺寸为（20±4）cm×（20±4）cm，每片缝合后的陪洗物重（50±5）g。

b. 折边的纯棉漂白机织物或 50/50 涤棉平纹漂白机织物，尺寸为（92±5）cm×（92±5）cm，单位面积质量为（155±5）g/m²。

②用于 B 型洗衣机的陪洗物：纯棉或 50/50 涤棉机织物，单位面积质量（155±5）g/m²，尺寸为 92cm×（92±2）cm。每片陪洗物重（130±10）g。

（4）测量与标记工具：

①量尺或钢卷尺或玻璃纤维卷尺：以 mm 刻度。

②能精确标记基准点的用具：不褪色墨水或织物标记打印器；或缝进织物做标记的细线，其颜色与织物颜色应能形成强烈对比；或热金属丝，用于制作小孔，在热塑材料上做标记。

③平滑测量台。

（5）洗涤剂：

①无磷 ECE 标准洗涤剂（不含荧光增白剂），用于 A 型洗衣机和 B 型洗衣机。

②无磷 IEC 标准洗涤剂（含荧光增白剂），用于 A 型洗衣机和 B 型洗衣机。

③AATCC1993 标准洗涤剂 WOB（不含荧光增白剂），用于 B 型洗衣机。

4. 试样准备

不要在距布端 1m 内裁样。如果织物边缘在试验中可能脱散，应使用尺寸稳定的缝线对试样锁边。筒状纬编织物为双层，其边缘需用尺寸稳定的缝线以疏松的针迹缝合。

（1）试验规格：至少 500mm×500mm，4 块试样。如果幅宽小于 650mm，经有关当事方协商，可采取全幅试样进行试验。

（2）标记：在试样的长度和宽度方向上，至少各做 3 对标记。每对标记间距 ≥ 350mm，距离试样边缘 ≥50mm，标记在试样上的分布应均匀，见图 5-10。

5. 试验步骤

（1）试样洗涤干燥前尺寸测量：将试样放置在标准大气条件下调湿，并在该大气中进

单位：mm

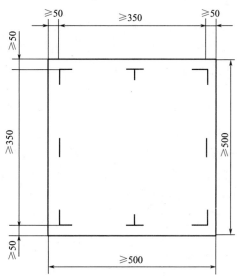

图 5-10 织物试样的标记

行所有测量。将试样平放在测量台上，轻轻抚平折皱，避免扭曲试样。测量每对标记点间的距离，精确至 1mm。

（2）洗涤干燥：每次完整的试验包括洗涤程序和干燥程序两部分。标准规定了 A 型洗衣机的 10 种洗涤程序，即 1A～10A；B 型洗衣机的 11 种洗涤程序，即 1B～11B；6 种干燥程序，即 A～F，见表 5-7。每种洗涤程序代表一种家庭洗涤方式，其中 1A～6A 为正常洗涤，7A～10A 为柔和洗涤；8B、11B 为柔和洗涤，其他为正常洗涤，见表 5-8。每种干燥程序代表一种家庭干燥方式，即，A—悬挂晾干；B—滴干；C—摊平晾干；D—平板压烫；E—翻滚烘干；F—烘箱干燥。常用的为 A、C、F 三种干燥方式。

①洗涤液配制：对于 A 型洗衣机和 B 型洗衣机均可选用 IEC 和 ECE 标准洗涤剂。洗涤液的配制方法如下：按所需量以 77：20：3 的比例分别称取洗涤剂基干粉、过硼酸钠和漂白活化剂，各自预先溶解：先用约 40℃的自来水溶解基干粉末和过硼酸钠，将溶液冷却至 30℃，在将最后溶液注入洗衣机之前加入漂白活化剂并充分混合。

②洗涤：分两次洗涤，每次洗涤两个试样。确定一种洗涤程序，称量待洗试样，并加足量的陪洗物，使所有待洗载荷的空气中的干质量达到所选洗涤程序规定的总载荷值，一般为 2kg，且试样的量不应超过总载荷量的 1/2。将待洗物装入洗衣机，在添加剂盒中加入适量的洗涤液后，开启电源，选择所需洗涤程序，开始自动洗涤。

③干燥：在完成洗涤程序的最后一次脱水后取出试样，试样滴干时，在进行最后一次脱水之前停机并取出试样，不要拉伸或绞拧。按照所选干燥程序在挂杆、筛网或烘箱等上干燥。对于悬挂晾干或滴干，悬挂时试样应充分展开，同时应使试样按制品的使用方向悬挂，即经向（纵向）处于垂直方向。

表5-7 A型洗衣机的洗涤程序

程序编号	加热、洗涤及冲洗中的搅拌	总负荷①（干重重量）(kg)	洗涤 温度②(℃)	洗涤 水位③(cm)	洗涤 洗涤时间(min)	洗涤 冷却④	冲洗1 水位③(cm)	冲洗1 冲洗时间(min)	冲洗2 水位③(cm)	冲洗2 冲洗时间(min)	冲洗2 脱水时间(min)	冲洗3 水位③(cm)	冲洗3 冲洗时间(min)	冲洗3 脱水时间(min)	冲洗4 水位③(cm)	冲洗4 冲洗时间(min)	冲洗4 脱水时间(min)
1A⑤	正常	2±0.1	92±3	10	15	要	13	3	13	3	—	13	2	—	13	2	5
2A⑤	正常	2±0.1	60±3	10	15	不要	13	3	13	3	—	13	2	—	13	2	5
3A⑤	正常	2±0.1	60±3	10	15	不要	13	3	13	3	—	13	2	2⑦	—	—	—
4A⑤	正常	2±0.1	50±3	10	15	不要	13	3	13	3	—	13	2	2⑦	—	—	—
5A	正常	2±0.1	40±3	10	15	不要	13	3	13	3	—	13	2	—	13	2	5
6A	正常	2±0.1	40±3	13	15	不要	13	3	13	3	—	13	2	2⑦	—	—	—
7A	柔和⑥	2±0.1	40±3	13	3	不要	13	3	13	3	1	13	2	6	—	—	—
8A	柔和⑥	2±0.1	30±3	13	3	不要	13	3	13	3	—	13	2	2⑦	—	—	—
9A	柔和	2	92±3	10	12	要	13	3	13	3	—	13	2	2⑦	—	—	—
仿手洗	柔和⑥	2	40±3	13	1	不要	13	2	13	2	2	—	—	—	—	—	—

注 ①1A、2A、5A也可使用5kg总负荷，7A也可使用1kg总负荷。
②洗涤和冲洗注水水温为（20±5）℃。
③机器运转1min停顿30s，白滚筒底部测量液位。
④冷却使加注冷水至13cm液位，搅拌2min。
⑤先加热至40℃，保温15min，再进一步加热至洗涤温度。
⑥加热时无搅拌。
⑦短时间脱水或滴干。

表 5-8　B 型洗衣机的洗涤程序

程序编号	洗涤及冲洗中的搅拌	总负荷[①]（干重重量）（kg）	洗　涤			冲洗（冷水）	脱水
			温度[②]（℃）	液位（cm）	洗涤时间（min）	液位（cm）	脱水时间（min）
1B	正常	2±1	70±3	满水位	12	满水位	正常
2B	正常	2±1	60±3	满水位	12	满水位	正常
3B	正常	2±1	60±3	满水位	10	满水位	柔和
4B	正常	2±1	50±3	满水位	12	满水位	正常
5B	正常	2±1	50±3	满水位	10	满水位	柔和
6B	正常	2±1	40±3	满水位	12	满水位	正常
7B	正常	2±1	40±3	满水位	10	满水位	柔和
8B	柔和	2±1	40±3	满水位	8	满水位	柔和
9B	正常	2±1	30±3	满水位	12	满水位	正常
10B	正常	2±1	30±3	满水位	10	满水位	柔和
11B	柔和	2±1	30±3	满水位	8	满水位	柔和

（3）试样洗涤干燥后尺寸测量：将试样放置在标准大气条件下调湿，并在该大气中进行所有测量。将试样平放在测量台上，轻轻抚平折皱，避免扭曲试样。测量每对标记点间的距离，精确至 1mm。

6. 试验结果

计算试样长度方向和宽度方向上的各对标记点间的尺寸变化率，以负号（-）表示尺寸减小（收缩），以正号（+）表示尺寸增大（伸长）。以 4 块试样的平均尺寸变化率作为试验结果，修约至 0.1%。

$$长度变化率（\%）=\frac{最终长度-初始长度}{初始长度}\times100$$

$$宽度变化率（\%）=\frac{最终宽度-初始宽度}{初始宽度}\times100$$

注：①如果洗后还需评定外观或色牢度，则洗涤剂不宜采用含荧光增白剂的无磷 IEC 标准洗涤剂。

②洗涤剂的加入量应以获得良好的搅拌泡沫，泡沫高度在洗涤周期结束时不超过（3±0.5）cm 为宜。

③织物幅宽不足 500mm 时试样的准备、标记和测量，见图 5-11。

单位：mm

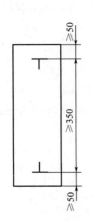

(1) 幅宽＜70mm的织物试样测量点标记

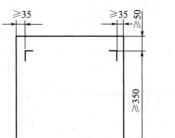

(2) 幅宽70～250mm的织物试样测量点标记

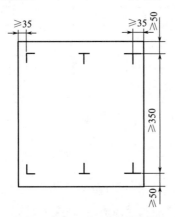

(3) 幅宽250～500mm的织物试样测量点标记

图5-11　窄幅织物的测量点标记

试验2-6-2　冷水浸渍尺寸变化

1. 试验标准

GB/T 8628—2001《纺织品测定尺寸变化的试验中织物试样和服装的准备、标记及测量》。

GB/T 8631—2001《纺织品　织物因冷水浸渍而引起的尺寸变化的测定》。

2. 试验原理

试样在浸渍和干燥前，在规定的标准大气中调湿并测量标记间距离，按规定的条件浸渍和干燥后，再次调湿并测量其测量其标记间距离，计算试样的尺寸变化率。

3. 试验设备和试剂

（1）不漏水的盘或容器：深度约100mm，其面积大小应足以无折叠地水平放置试样。

（2）测量与标记工具：

①量尺或钢卷尺或玻璃纤维卷尺：以mm刻度。

②能精确标记基准点的用具：不褪色墨水或织物标记打印器；或缝进织物做标记的细

线，其颜色与织物颜色应能形成强烈对比；或热金属丝，用于制作小孔，在热塑材料上做标记；订书钉，适用于水中浸泡的试样。

③两块玻璃板：尺寸不小于 600mm×600mm，厚约 6mm。

（3）试剂：六偏磷酸钠或三聚磷酸钠和高效润湿剂。

4. 试样准备

（1）宽幅织物：不在织物匹头两端 1m 内取样，试样应不包括布边。针织物试样应做成双层，用尺寸稳定的线缝合其散边。当被测织物具有提花结构时，应尽可能使每块试样包含完整的花纹循环。

①试验规格：至少 500mm×500mm，至少 1 块试样。

②标记：在试样的长度和宽度方向上，至少各做 3 对标记。每对标记间距为 350mm，距离试样边缘 ≥35mm，距试样两头约 50mm，见图 5-12。

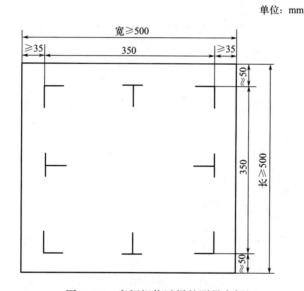

单位：mm

图 5-12　宽幅织物试样的测量点标记

（2）窄幅织物：

①试验规格：整幅裁取试样，长度至少为 500mm，至少 3 块试样。

②标记：根据织物宽度在每块试样的经向做 1 对或 1 对以上的标记，距试样两头约 50mm，见图 5-13。

5. 试验步骤

（1）试样浸渍前尺寸测量：将试样放置在标准大气条件下调湿，并在该大气中进行所有测量。将试样无张力地放在一块玻璃板上，把另一块玻璃板盖在试样上。测量每对标记间距离，精确至 1mm。

（2）冷水浸渍：

①将试样平坦地浸在盛水盘或容器中 2h，水中加有 0.5g/L 的高效润湿剂（按活性物质含量计），水温 15~20℃。水为软水或硬度不超过十万分之五碳酸钙的硬水，并按每十

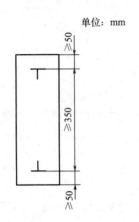

(1) 幅宽<70mm的织物试样测量点标记

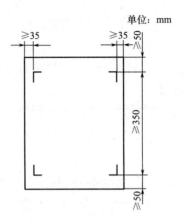

(2) 幅宽70~250mm的织物试样测量点标记

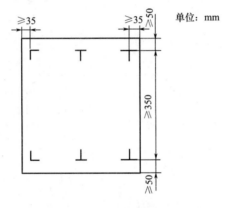

(3) 幅宽250~500mm的织物试样测量点标记

图5-13 窄幅织物试样的测量点标记

万分之一碳酸钙加入0.08g/L的比例加入六偏磷酸钠。液面高出试样至少25mm，如有必要，可用小块重物（越轻越好）使试样浸没。

②2h后倒去液体并将试样从盘或容器中移出，平放到一块毛巾上，提起织物时应小心不使试样变形。最合适的办法是把试样的各个角向中央折叠，以便提起试样并移至毛巾上时整个试样都得到支撑。将另一块毛巾覆于试样上，轻压以去除多余的水分。

③将试样放在一光滑平面上，在（20±5）℃下干燥。

（3）试样浸渍干燥后尺寸测量：将试样放置在标准大气条件下调湿，并在该大气中进行所有测量。将试样无张力地放在一块玻璃板上，把另一块玻璃板盖在试样上。测量每对标记间距离，精确至1mm。

6. 试验结果

计算试样长度方向和宽度方向上的各对标记点间的尺寸变化率。以试样的平均尺寸变化率作为试验结果，修约至0.1%。

$$长度变化率(\%)=\frac{最终长度-初始长度}{初始长度}\times100$$

$$宽度变化率(\%)=\frac{最终宽度-初始宽度}{初始宽度}\times100$$

注：①如果洗后还需评定外观或色牢度，则洗涤剂不宜采用含荧光增白剂的无磷 IEC 标准洗涤剂。

②洗涤剂的加入量应以获得良好的搅拌泡沫，泡沫高度在洗涤周期结束时不超过（3±0.5）cm 为宜。

③对于厚的或吸水性织物，可能需要更多的干燥时间。可用任何方便的其他装置使其干燥，如平放在开放的架子上。

试验 2-6-3　汽蒸后尺寸变化

1. 试验标准

FZ/T 20021—2012《织物经汽蒸后尺寸变化试验方法》，规定了毛织物经汽蒸后尺寸变化的试验方法，适用于机织物和针织物及经汽蒸处理尺寸易变化的织物。

2. 试验原理

测试织物在不受压力的情况下，受蒸汽作用后的尺寸变化。

3. 试验设备

套筒式汽蒸仪、订书钉、精确标记基准点的用具、毫米刻度尺。

4. 试样准备

（1）试样规格：300mm×50mm，经向（纵向）和纬向（横向）各 4 块试样。

（2）试样在标准大气条件下调湿 24h，在相距 250mm 处两端对称地各作一个标记。量取标记间的长度为汽蒸前长度，精确到 0.5mm。

5. 试验步骤

（1）试验参数设定：设定加热时间为 60min，汽蒸时间为 30s。

（2）圆筒预热：蒸汽以 70g/min（允差 20%）的速度通过蒸汽圆筒至少 1min，使圆筒预热。如圆筒过冷，可适当延长预热时间。试验时蒸汽阀保持打开状态。

（3）测定：

①把调湿后的 4 块试样分别平放在每一层金属丝支架上，立即放入圆筒内并保持 30s。

②从圆筒内移出试样，冷却 30s 后再放入圆筒内，如此进出循环 3 次。

③把试样放置在光滑平面上冷却、调湿后，量取标记间的长度为汽蒸后长度，精确到 0.5mm。

6. 试验结果

（1）计算每一试样的汽蒸尺寸变化率：

$$Q_s=\frac{L_1-L_0}{L_0}\times100\%$$

式中：Q_s——汽蒸尺寸变化率（%）；

    L_0——汽蒸前长度（mm）；

    L_1——汽蒸后长度（mm）。

（2）分别计算经、纬向汽蒸尺寸变化率的平均值，修约至小数点后一位。

试验 2-7　织物外观稳定性测定

目的和要求

熟练掌握织物洗涤后外观稳定性的试验方法，学会织物洗涤后外观平整度、褶裥外观及接缝外观平整度的测定。

1. 试验标准

GB/T 8629—2001《纺织品　试验用家庭洗涤和干燥程序》。

GB/T 19981.1-4—2009《纺织品　织物和服装的专业维护、干洗和湿洗》。

GB/T 13769—2009《纺织品　评定织物经洗涤后　外观平整度的试验方法》。

GB/T 13770—2009《纺织品　评定织物经洗涤后　褶裥外观的试验方法》。

GB/T 13771—2009《纺织品　评定织物经洗涤后　接缝外观平整度的试验方法》。

2. 试验原理

（1）外观平整度。

织物试样经受模拟洗涤操作的程序，采用 GB/T 8629 规定的家庭洗涤和干燥程序之一或 GB/T 19981 规定的专业维护、干洗和湿洗程序之一。在规定的照明条件下，对试样和外观平整度立体标准样板进行目测比较，评定试样的外观平整度级数。

（2）褶裥保持性。

带有褶裥的织物试样经受模拟洗涤操作的程序，采用 GB/T 8629 规定的家庭洗涤和干燥程序之一或 GB/T 19981 规定的专业维护、干洗和湿洗程序之一。在规定的照明条件下，对试样和褶裥外观立体标准样板进行目测比较，评定试样的褶裥外观级数。

（3）接缝外观平整度。

缝合的织物试样经受模拟洗涤操作的程序，采用 GB/T 8629 规定的家庭洗涤和干燥程序之一或 GB/T 19981 规定的专业维护、干洗和湿洗程序之一。在规定的照明条件下，对试样和接缝外观平整度标准样照或立体标准样板进行目测比较，评定试样的接缝外观平整度级数。

3. 试验设备

（1）洗涤和干燥设备或专业护理设备。

按照 GB/T 8629—2001 或 GB/T 19981—2009 规定。

（2）照明。

在暗室内使用外观评级光照条件观测试样，其中包括：

①两排 CW 荧光灯：无挡板或玻璃，每排灯管长度至少 2m，并排放置。

②一个白色搪瓷反射罩：无挡板或玻璃。1个试样支架。

③—块厚胶合板观测板：漆成灰色，符合 GB/T 251—2008 规定的评定沾色用的灰色样卡2级。

④一个500W反射泛光灯及遮光板。

（3）蒸汽熨斗或干烫熨斗。

蒸汽或干烫熨斗具有适合织物熨烫温度的调节装置。

（4）标准样板和样照。

①外观平整度立体标准样板。

②褶裥外观立体标准样板。

③接缝外观平整度立体标准样板及标准样照（单针迹或双针迹）。

4. 试样准备

洗后外观平整度、褶裥外观及接缝外观平整度试验的试样规格，见表5-9。

表 5-9　试样规格

项目	试样数量（块）	尺寸（cm）	备注
外观平整度	3	38×38	按平行于样品长度的方向裁剪，边缘剪成锯齿形以防止散边，并标明其长度方向
褶裥保持性	3	38×38	中间有一条贯穿的褶裥，边缘剪成锯齿形以防止散边。如果织物上有褶皱，可在试验前适当熨平，应小心操作避免影响褶裥质量
接缝外观平整度	3	38×38	中间采用相同方式缝制一条沿长度方向的接缝，边缘剪成锯齿形以防止散边。如果织物上有褶皱，可在试验前适当熨平，应小心操作避免影响褶裥质量。如果预计试样洗涤处理后有较严重的散边现象，应在距试样边1cm处使用尺寸稳定的缝线松弛地缝制一圈

5. 试验步骤

（1）洗涤和干燥。

按照 GB/T 8629 或 GB/T 19981 规定的洗涤程序之一处理试样。如需要，将选定的程序重复4次，总计循环5次。

（2）调湿。

将试样在标准大气条件下调湿4~24h。沿长度方向无折叠地垂直悬挂，避免其变形；或夹住试样的两个角或使用全宽夹持器悬挂，使褶裥保持垂直或使接缝保持垂直。

（3）评级。

①试样位置：观测试样位置，见图5-14。

a. 外观平整度：将试样沿长度方向垂直放置在观测板上，在试样的两侧各放置一块与之外观相似的外观平整度立体标准样板，以便比较评级。

b. 褶裥保持性：将试样沿褶裥方向垂直放置在观测板上，注意不要使褶裥变形。在试样的两侧各放置一块与之外观相似的褶裥外观立体标准样板，以便比较评级。左侧放1

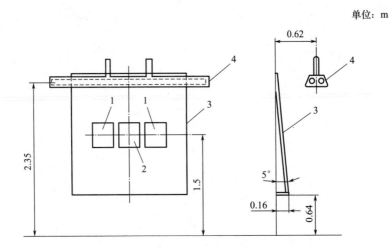

图 5-14 观测试样位置

1—外观平整度立体标准样板 2—试样 3—观测板 4—荧光灯安装示范

级、3级或5级，右侧放2级或4级。

c. 接缝外观平整度：将试样沿接缝方向垂直放置在观测板上。在试样的一侧放置与之外观相似的接缝外观平整度标准样照（单针迹或双针迹），或在试样的两侧各放置一块与之外观相似的接缝外观平整度立体标准样板（单针迹或双针迹），以便比较评级。

②观测位置：观测者应站在试样的正前方，离观测板1.2m处。

③评级：将试样与外观平整度（或褶裥外观或接缝外观平整度）标准样照或立体标准样板相比较，确定与试样外观最相似的外观平整度（或褶裥外观或接缝外观平整度）标准样照或立体标准样板等级，或整数级之间的中间等级。外观平整度、褶裥外观及接缝外观平整度等级，见图5-15~图5-17。标准样照或立体标准样板的5级表示外观平整度（或褶裥外观或接缝外观平整度）最佳，标准样照或立体标准样板的1级表示外观平整度（或褶裥外观或接缝外观平整度）最差。

图 5-15 外观平整度立体标准样板

图 5-16 褶裥外观立体标准样板

 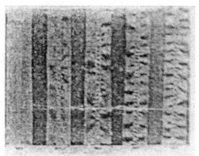

(1) 单针迹接缝标准样照　　　　　　　(2) 双针迹接缝平整度样照

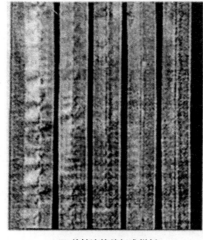 

(3) 单针迹接缝标准样板　　　　　　　(4) 双针迹接缝平整度样板

图 5-17　接缝外观平整度样照和样板

6. 试验结果

计算 3 名观测者对 1 组 3 块试样评定的 9 个级数值的平均值，修约至最接近的半级。

注：①褶裥外观评级时，在悬挂式照明设备的适当位置补充 1 个聚光灯以加强褶裥区域的光照。

②3 名观测者应各自独立地对每块经过洗涤的试样评级。

试验 2-8　热熔黏合衬外观及尺寸变化测定

目的和要求

掌握服装用热熔黏合衬外观及尺寸变化的测定方法及测试原理。学会热熔黏合衬水洗后、干洗后的外观及尺寸变化，以及干热尺寸变化的测定。

试验 2-8-1　水洗后的外观及尺寸变化

1. 试验标准

FZ/T 01076—2010《热熔黏合衬尺寸变化组合试样制作方法》。

GB/T 8629—2001《纺织品试验用家庭洗涤和干燥程序》。

FZ/T 01084—2009《热熔黏合衬　水洗后的外观及尺寸变化试验方法》。

2. 试验原理

与服装面料黏合的组合试样，在含有洗涤剂的一定温度水溶液中进行水洗后，用标准样照评定试样外观变化的等级，测定黏合衬与服装面料黏合后的尺寸变化，计算试样的尺寸变化率。

3. 试验设备与工具

（1）洗衣机：符合 GB/T 8629—2001 规定。

（2）恒温烘箱：（60±2）℃。

（3）压烫机：符合 FZ/T 01076—2010 规定。

（4）标记装置。

（5）裁剪刀。

（6）直尺：精度 0.5mm。

（7）洗涤剂：符合 GB/T 8629—2001 规定。

（8）标准光源。

（9）标准样照。

（10）标准面料：符合 FZ/T 01076—2010 规定。

4. 试样准备

（1）标准面料选择：制作组合试样时的标准面料质量要求，见表 5-10。

表 5-10　标准面料质量要求

黏合衬类别	材　　料	单位面积质量（g/m²）	水洗尺寸变化率（%）		干热尺寸变化率（%）	
			经向	纬向	经向	纬向
衬衫衬	T65/C35 漂白或浅色细纺	90~95				
外衣衬	全羊毛、毛涤、化纤仿毛平纹织物	170~180		−1.0~+0.5		
丝绸衬	涤纶仿真丝平纹织物	95~100				

（2）试样规格：

①黏合衬试样：300mm×300mm。

②标准面料：略大于黏合衬试样。

（3）标记：在试样的经、纬（纵、横）向各打 3 对 250mm 间距的标记，各组标记应距试样布边 25mm 左右，同向各组标记间隔为（100±10）mm，见图 5-18。

（4）压烫条件选择：根据黏合衬类别选择压烫条件，见表 5-11。

表 5-11　黏合衬压烫条件

黏合衬类别	压烫温度（℃）	压烫压强（MPa）	压烫时间（s）
衬衫衬	160~170	0.2~0.4	15~18
外衣衬	120~150	0.1~0.3	15~18
丝绸衬	110~130	0.1~0.3	10~15
裘衣衬	120~150	0.1~0.3	15~18

注　常用压强单位的换算，1MPa=10.2kg/cm²。

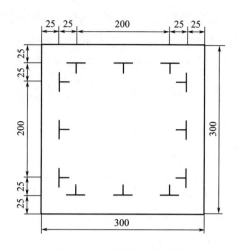

图 5-18　试样标记示意图

（5）组合试样制作：

①组合试样压烫：

a. 使用连续式压烫机压烫试样时：将标准面料放在准备台上，覆盖黏合衬试样（涂层一面朝下），试样与标准面料经、纬（纵、横）向应一致。

b. 使用平板式压烫机压烫试样时：将黏合衬试样放在下面，涂有热熔胶的一面朝上，标准面料在上，标准面料与黏合衬试样的经、纬（纵、横）向应一致。

②组合试样所需标准面料的数量：

a. 一般机织物为基布的组合试样：剪取黏合衬试样 1 块，标准面料 1 块。

b. 非织造织物为基布的组合试样：剪取黏合衬试样 1 块，标准面料 2 块。1 块黏合衬试样与 1 块标准面料制作成组合试样，另 1 块标准面料覆盖在已制作成组合试样的衬面，四周用包缝机将两层面料缝合。

c. 稀薄织物或针织物为基布的组合试样：剪取黏合衬试样 1 块，标准面料 3 块，用两块标准面料覆盖在已制作成组合试样的两面，四周用包缝机将两层面料缝合。

（6）轻轻取下压烫的组合试样，在标准大气条件下平衡 4h 即可使用。

5. 试验步骤

（1）试样洗涤干燥前尺寸测量：将组合试样放置在标准大气条件下调湿，并在该大气中进行所有测量。将组合试样平放在测量台上，轻轻抚平折皱，避免扭曲试样。测量每对标记点间的距离，精确至 0.5mm。

（2）洗涤干燥：

①洗涤程序选择：

a. 组合试样水洗后尺寸变化率的洗涤程序：衬衫衬按 GB/T 8629—2001 程序 2A 洗涤，外衫衬和丝绸衬按 GB/T 8629—2001 程序 5A 洗涤。

b. 组合试样水洗后外观变化的洗涤程序：衬衫衬按 GB/T 8629—2001 程序 2A 洗涤 3 次；外衫衬中的耐洗型黏合衬按 GB/T 8629—2001 程序 5A 洗涤 3 次，耐高温水洗型黏合衬按 GB/T 8629—2001 程序 1A 洗涤 1 次；丝绸衬中的耐洗型黏合衬按 GB/T 8629—2001 程序 7A 洗涤 3 次，耐高温水洗型黏合衬按 GB/T 8629—2001 程序 2A 洗涤 1 次。

②洗涤：将准备好的组合试样装入洗衣机，放入足够重量的陪洗物与洗涤剂，选择洗涤程序，开始洗涤。洗涤程序的最后一次脱水工序结束后，取出组合试样，保持组合试样不变形。

③干燥：按干燥程序 C（摊平晾干）或程序 F（烘箱干燥）处理，拆除组合试样的缝线。

（3）试样洗涤干燥后尺寸测量：将组合试样置于标准大气条件下调湿 4h，并在该大气中进行所有测量。将组合试样平放在测量台上，轻轻抚平折皱，避免扭曲试样。测量每对标记点间的距离，精确至 0.5mm。

6. 试验结果

（1）外观变化评定：将样照和组合试样置于同一平面上，并按同一经、纬（纵、横）向排列，在所规定的标准光源条件或北向自然光下进行目测对比，评定组合试样外观变化等级。

（2）尺寸变化率计算：计算试样经、纬（纵、横）向水洗尺寸变化率。以试样的平均水洗尺寸变化率作为试验结果，修约至小数点后 1 位。

$$L=\frac{L_1-L_0}{L_0}\times100\%$$

式中：L——经、纬（纵、横）向水洗尺寸变化率（%）；

L_0——试验前基准标记线间的平均距离（mm）；

L_1——试验后基准标记线间的平均距离（mm）。

试验 2-8-2 干洗后的外观及尺寸变化

1. 试验标准

FZ/T 01076—2010《热熔黏合衬尺寸变化组合试样制作方法》。

FZ/T 01083—2009《热熔黏合衬干洗后的外观及尺寸变化试验方法》。

FZ/T 80007.3—2006《使用黏合衬服装耐干洗测试方法》。

2. 试验原理

与服装面料黏合的组合试样，在四氯乙烯溶剂或烃类溶剂中进行干洗后，用标准样照评定试样外观变化的等级，测定黏合衬与服装面料黏合后的尺寸变化，计算试样的尺寸变化率。

3. 试验设备与试剂

（1）干洗机。

（2）压烫机：符合 FZ/T 01076—2010 规定。

（3）标记装置。

（4）裁剪刀。

（5）直尺：精度 0.5mm。

（6）洗涤剂：符合 GB/T 8629—2001 规定。

（7）标准光源。

（8）标准样照。

（9）标准面料：符合 FZ/T 01076—2010 规定。

（10）四氯乙烯溶剂。

（11）烃类溶剂。

4. 试样准备

（1）标准面料选择：制作组合试样时的标准面料质量要求，见表 5-10。

（2）试样尺寸：

①黏合衬试样：300mm×300mm。

②标准面料：略大于黏合衬试样。

（3）标记：在试样的经、纬（纵、横）向各打 3 对 250mm 间距的标记，各组标记应距试样布边 25mm 左右，同向各组标记间隔为（100±10）mm，见图 5-18。

（4）压烫条件选择：根据黏合衬类别选择压烫条件，见表 5-11。

（5）组合试样的制作：

①组合试样压烫：

a. 使用连续式压烫机压烫试样时：将标准面料放在准备台上，覆盖黏合衬试样（涂层一面朝下），试样与标准面料经、纬（纵、横）向应一致。

b. 使用平板式压烫机压烫试样时：将黏合衬试样放在下面，涂有热熔胶的一面朝上，标准面料在上，标准面料与黏合衬试样的经、纬（纵、横）向应一致。

②组合试样所需标准面料的数量：

a. 一般机织物为基布的组合试样：剪取黏合衬试样 1 块，标准面料 1 块。

b. 非织造织物为基布的组合试样：剪取黏合衬试样 1 块，标准面料 2 块。1 块黏合衬试样与 1 块标准面料制作成组合试样，另 1 块标准面料覆盖在已制作成组合试样的衬面，四周用包缝机将两层面料缝合。

c. 稀薄织物或针织物为基布的组合试样：剪取黏合衬试样 1 块，标准面料 3 块，用两块标准面料覆盖在已制作成组合试样的两面，四周用包缝机将两层面料缝合。

（6）轻轻取下压烫的组合试样，在标准大气条件下平衡 4h 即可使用。

5. 试验步骤

（1）试样洗涤干燥前尺寸测量：将组合试样放置在标准大气条件下调湿，并在该大气中进行所有测量。将组合试样平放在测量台上，轻轻抚平折皱，避免扭曲试样。测量每对标记点间的距离，精确至 0.5mm。

（2）洗涤干燥：

①试验室用小型干洗机法：

a. 洗涤次数选择：干洗型黏合衬应洗涤 5 次，耐洗型黏合衬、耐高温水洗型黏合衬应洗涤 3 次。

b. 洗涤：将 3.8L 四氯乙烯溶剂，加入 60mL 去水山梨糖醇月桂酸酯和 4ml 水混合，倒入干洗筒内。称量组合试样，放入足够重量的陪洗物，补足到225g。将组合试样放入干洗筒内，加盖，启动程序按钮，室温下干洗15min，取出组合试样，脱液。

c. 干燥：将组合试样悬挂干燥。

d. 重复数次洗涤干燥后，将组合试样放在平台上，用手摊平，在标准大气条件下平衡4h。

②程控全自动全封闭干洗机法：

a. 洗涤次数选择：外衣衬、丝绸衬干洗次数为干洗型黏合衬应洗涤5次，耐洗型黏合衬、耐高温水洗型黏合衬应洗涤3次。

b. 干洗、烘干：操作程序按FZ/T 80007.3—2006执行。

c. 重复次数干洗、烘干后，将组合试样放在平台上，用手摊平，在标准大气条件下平衡4h。

（3）试样洗涤干燥后尺寸测量：将组合试样置于标准大气条件下调湿4h，并在该大气中进行所有测量。将组合试样平放在测量台上，轻轻抚平折皱，避免扭曲试样。测量每对标记点间的距离，精确至0.5mm。

6. 试验结果

（1）外观变化评定：将样照和组合试样置于同一平面上，并按同一经、纬（纵、横）向排列，在所规定的标准光源条件或北向自然光下进行目测对比，评定组合试样外观变化等级。

（2）尺寸变化率计算：计算试样经、纬（纵、横）向干洗尺寸变化率。以试样的平均干洗尺寸变化率作为试验结果，修约至小数点后1位。

$$L = \frac{L_1 - L_0}{L_0} \times 100\%$$

式中：L——经、纬（纵、横）向干洗尺寸变化率（%）；

L_0——试验前基准标记线间的平均距离（mm）；

L_1——试验后基准标记线间的平均距离（mm）。

注：烃类溶剂用量参照四氯乙烯溶剂的用量。

试验2-8-3 干热尺寸变化

1. 试验标准

FZ/T 01076—2010《热熔黏合衬尺寸变化组合试样制作方法》。

FZ/T 01082—2009《热熔黏合衬干热尺寸变化试验方法》。

2. 试验原理

用连续式压烫机或平板式压烫机压烫试样，测定试样在规定的温度、压力和时间作用下受热后的尺寸变化，计算试样的尺寸变化率。

3. 试验设备与工具

（1）压烫机：符合FZ/T 01076—2010规定。

（2）标记装置。

（3）裁剪刀。

（4）直尺：精度 0.5mm。

（5）标准光源。

（6）标准样照。

（7）标准面料：符合 FZ/T 01076—2010 规定。

4. 试样准备

（1）标准面料选择：制作组合试样时的标准面料质量要求，见表 5-10。

（2）试样尺寸：

①黏合衬试样：300mm×300mm，2 块（1 块备用）。

②标准面料：略大于黏合衬试样，1 块。

（3）标记：试样的经、纬（纵、横）向各打 3 对 250mm 间距的标记，各组标记应距试样布边 25mm 左右，同向各组标记间隔为（100±10）mm，见图 5-18。

5. 试验步骤

（1）试样压烫前尺寸测量：将试样放置在标准大气条件下调湿，并在该大气中进行所有测量。将试样平放在测量台上，轻轻抚平折皱，避免扭曲试样。测量每对标记点间的距离，精确至 0.5mm。

（2）组合试样压烫：

①压烫机选择：外衣衬和丝绸衬采用连续式压烫机制作组合试样，衬衫衬采用平板式压烫机制作组合试样，衬衫采用平板式压烫机制作组合试样裘皮衬由供需双方协议商定。

②压烫条件选择：根据黏合衬类别选择压烫条件，见表 5-11。

③组合试样压烫：将组合试样按规定的压烫条件压烫，稍经冷却轻轻取下压烫的组合试样，在标准大气中平衡 4h 即可使用。

a. 使用连续式压烫机压烫试样时：将标准面料放在准备台上，覆盖黏合衬试样（涂层一面朝下），试样与标准面料经、纬（纵、横）向应一致。

b. 使用平板式压烫机压烫试样时：将黏合衬试样放在下面，涂有热熔胶的一面朝上，标准面料在上，标准面料与黏合衬试样的经、纬（纵、横）向应一致。

（3）试样压烫后尺寸测量：将组合试样置于标准大气条件下调湿 4h，并在该大气中进行所有测量。将组合试样平放在测量台上，轻轻抚平折皱，避免扭曲试样。测量每对标记点间的距离，精确至 0.5mm。

6. 试验结果

（1）计算试验前、后试样经、纬（纵、横）向的平均距离（mm），修约至小数点后 1 位。

（2）计算经、纬（纵、横）向干热尺寸变化率，修约至小数点后 1 位。

$$L=\frac{L_1-L_0}{L_0}\times100\%$$

式中：L——经、纬（纵、横）向干热尺寸变化率（%）；

L_0——试验前基准标记线间的平均距离（mm）。

L_1——试验后基准标记线间的平均距离（mm）。

试验 2-9 织物色牢度测定

目的和要求

掌握各种色牢度的测试方法和等级评定，学会耐摩擦、耐皂洗、耐汗渍、耐唾液、耐水及耐热压色牢度的测定和评定。

试验 2-9-1 耐摩擦色牢度

1. 试验标准

GB/T 3920—2008《纺织品　色牢度试验　耐摩擦色牢度》。

2. 试验原理

将纺织试样分别与 1 块干摩擦布和 1 块湿摩擦布摩擦，评定摩擦布沾色程度。

3. 试验设备与材料

（1）耐摩擦色牢度试验仪：具有两种可选尺寸的摩擦头。

①长方形摩擦表面的摩擦头：尺寸为 19mm×25.4mm。用于绒类织物（包括纺织地毯）。

②圆形摩擦表面的摩擦头：直径为（16±0.1）mm。用于其他纺织品。

摩擦头施以向下的压力为（9±0.2）N，直线往复动程为（104±3）mm。

（2）棉摩擦布：符合 GB/T 7568.2 的规定，剪成如下规格。

①正方形用于圆形摩擦头：（50±2）mm×（50±2）mm。

②长方形用于长方形摩擦头：（25±2）mm×（100±2）mm。

（3）耐水细砂纸：选择 600 目氧化铝耐水细砂纸。

（4）灰色样卡：评定沾色用。

4. 试样准备

（1）试样为织物或地毯：

①试样规格：不小于 50mm×140mm，经（纵）、纬（横）向各 2 块试样，各 1 块分别用于干摩擦和湿摩擦试验。

②可以选择使试样的长度方向与织物的经向和纬向成一定角度。

③若地毯试样的绒毛层易于辨别，试样绒毛的顺向与试样长度方向一致。

（2）试样为纱线：将其编织成织物，尺寸不小于 50mm×140mm，或沿纸板长度方向，将纱线平行缠绕于与试样尺寸相同的纸板上。试验前将试样和摩擦布在标准大气下调湿至少 4h，对于棉或羊毛等织物可能需要更长的调湿时间。

5. 实验步骤

（1）在试验仪平台和试样之间，放置 1 块砂纸，以助于减少试样在摩擦过程中的移动。

（2）用夹紧装置将试样固定在试验仪平台上，使试样的长度方向与摩擦头的运行方向一致。

（3）选择合适的摩擦头，将调湿后的摩擦布（或湿摩擦布）固定在摩擦头上，使其经（纵）向与摩擦头运动方向一致。

（4）设定摩擦循环次数：10个循环。

（5）开启仪器，摩擦头在试样上10s内往复摩擦10个循环后，仪器自动停止。

（6）取下摩擦布，对其调湿（或在室温下晾干、调湿），并去除摩擦布上可能影响评级的任何多余纤维。

6. 试验结果

在适宜的光源下，用评定沾色用灰色样卡评定摩擦布的沾色级数。

注：①当测试有多种颜色的纺织品时，选择试样的位置，应使所有颜色都被摩擦到。若各种颜色的面积足够大时，可制备多个试样，对单个颜色分别评定。

②评定时，在每个被评摩擦布的背面放置3层摩擦布。

③湿摩擦：称量调湿后的摩擦布，将其在蒸馏水中完全浸透并取出，经轧液辊挤压后重新称量摩擦布，使其含水率达到95%~100%。

试验 2-9-2　耐皂洗色牢度

1. 试验标准

GB/T 3921—2008《纺织品　色牢度试验　耐皂洗色牢度》。

2. 试验原理

纺织品试样与1或2块规定的标准贴衬织物缝合在一起，置于皂液或肥皂和无水碳酸钠混合液中，在规定时间和温度条件下进行机械搅动，再经清洗和干燥。以原样作为参照物，用灰色样卡或仪器评定试样变色和贴衬织物沾色。

3. 试验设备与材料

（1）试验设备：

①耐洗色牢度试验机：具有多只容量为（550±50）mL的不锈钢容器，直径为（75±5）mm，高为（125±10）mm，轴及容器的转速为（40±2）r/min，水浴温度由恒温器控制，使试验溶液保持在规定温度±2℃内。

②耐腐蚀的不锈钢珠：直径约为6mm。

③天平：精度0.01g。

④机械搅拌器：确保容器内物质充分散开，防止沉淀。

⑤加热皂液装置。

（2）肥皂。

（3）无水碳酸钠。

（4）三级水。

（5）评定变色及沾色用灰色样卡。

（6）贴衬织物：符合GB/T 6151规定。

①多纤维贴衬织物：根据试验温度选用，见表5-12。

表 5-12　多纤维贴衬织物

试验温度	贴衬织物	备　注
40℃和50℃的试验	含羊毛和醋纤的多纤维贴衬织物	也可用于60℃的试验
某些60℃和所有95℃的试验	不含羊毛和醋纤的多纤维贴衬织物	—

②单纤维贴衬织物2块：第1块与试样的同类纤维制成，第2块则由表5-13中规定的纤维制成。如试样为混纺或交织品，则第1块由主要含量的纤维制成，第2块用次要含量的纤维制成，或另作规定。

表 5-13　单纤维贴衬织物（耐皂洗色牢度）

第1块	第2块	
	40℃和50℃的试验	60℃和95℃的试验
棉	羊毛	黏纤
羊毛	棉	—
丝	棉	—
麻	羊毛	黏纤
黏纤	羊毛	棉
醋纤	黏纤	黏纤
聚酰胺	羊毛或棉	棉
聚酯	羊毛或棉	棉
聚丙烯腈	羊毛或棉	棉

（7）1块染不上色的织物（如聚丙烯），需要时用。

4. 试样准备

（1）试样为织物，按下列方法之一制备组合试样。取100mm×40mm试样1块：

①正面与1块同尺寸的多纤维贴衬织物相贴合，并沿一短边缝合。

②夹于两块同尺寸的单纤维贴衬织物之间，并沿一短边缝合。

（2）试样为纱线或散纤维：

①可以将纱线编织成织物，按照织物的方式进行试验。

②取纱线或散纤维约等于贴衬织物总质量的1/2：

a. 夹于一块100mm×40mm多纤维贴衬织物及一块同尺寸染不上色的织物之间，沿四边缝合。

b. 夹于两块100mm×40mm规定的单纤维贴衬织物之间，沿四边缝合。

（3）测定组合试样的质量，以便于精确浴比。

5. 试验步骤

（1）根据所采用的试验方法制备皂液，见表5-14。

表 5-14　皂液和试验条件

试验方法编号	皂液		试验条件		
	肥皂（g·L⁻¹）	无水碳酸钠（g·L⁻¹）	温度（℃）	时间（min）	钢球（粒）
A	5	—	40	30	—
B	5	—	50	45	—
C	5	2	60	30	—
D	5	2	95	30	10
E	5	2	95	240	10

（2）将组合试样及规定数量的不锈钢珠放在容器内，按表 5-14 注入预热至试验温度 ±2℃的需要量的皂液，使浴比为 50∶1，盖上容器，在规定的试验条件下进行洗涤，并开始计时。

（3）洗涤结束后，取出组合试样，分别放在三级水中清洗两次，然后在流动水中冲洗至干净。

（4）用手挤去组合试样上过量的水分，如果需要，留一个短边上的缝线，展开组合试样。

（5）将试样放在两张滤纸之间并挤压除去多余水分，再悬挂在不超过 60℃ 的空气中干燥，试样与贴衬仅由一条缝线连接。

6. 试验结果

用灰色样卡或仪器，对比原始试样，评定试样的变色和贴衬织物的沾色。

试验 2-9-3　耐汗渍色牢度

1. 试验标准

GB/T 3922—1995《纺织品　色牢度试验　耐汗渍色牢度》。

2. 试验原理

将纺织品试样与规定的贴衬织物组合在一起，放在含有组氨酸的两种不同试液中，分别处理后，去除试液，放在试验装置内两块具有规定压力的平板之间，然后将试样和贴衬织物分别干燥。用灰色样卡评定试样的变色和贴衬织物的沾色。

3. 试验设备与材料

（1）试验设备：

①试验设备的仪器结构应保证试样受压 12.5kPa，见图 5-19。主要包括：

a. 1 个不锈钢架。

b. 1 组重约 5kg、底部面积约 11.5cm×6cm 的重锤（包括弹簧压板）。

c. 附有尺寸约为 11.5cm × 6cm、厚度为

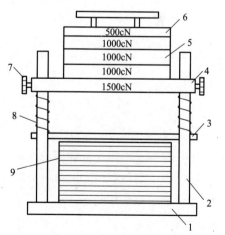

图 5-19　汗渍色牢度试验仪

1—底板　2—导轴　3—下压板　4—上压板
5—重锤大砝码　6—重锤小砝码　7—定
位螺丝　8—压力弹簧　9—试样板

0.15cm 的玻璃板或丙烯酸树脂板，10cm×4cm 的组合试样夹于板的中间。

②恒温箱：保温在（37±2）℃，无通风装置。

（2）试剂：

①L-组氨酸盐酸盐—水合物（$C_6H_9O_2N_3 \cdot HCl \cdot H_2O$）。

②氯化钠（NaCl），化学纯。

③磷酸氢二钠十二水合物（$Na_2HPO_4 \cdot 12H_2O$）或磷酸氢二钠二水合物（$Na_2HPO_4 \cdot 2H_2O$），化学纯。

④磷酸二氢钠二水合物（$NaH_2PO_4 \cdot 2H_2O$），化学纯。

⑤氢氧化钠（NaOH），化学纯。

（3）三级水。

（4）评定变色及沾色用灰色样卡。

（5）贴衬织物：

①多纤维贴衬织物 1 块。

②单纤维贴衬织物 2 块。

第 1 块用试样的同类纤维制成，第 2 块则由表 5-15 中规定的纤维制成。如试样为混纺或交织品，则第 1 块用主要含量的纤维制成，第 2 块用次要含量的纤维制成。

（6）1 块染不上色的织物（如聚丙烯），需要时用。

表 5-15　单纤维贴衬织物

第 1 块贴衬织物	第 2 块贴衬织物	第 1 块贴衬织物	第 2 块贴衬织物
棉	羊毛	醋酯纤维	粘胶纤维
羊毛	棉	聚酰胺纤维	羊毛或粘胶纤维
丝	棉	聚酯纤维	羊毛或棉
麻、粘胶纤维	羊毛	聚丙烯腈纤维	羊毛或棉

4. 试样准备

整个试验需两个组合试样。

（1）试样为织物：取 100mm×40mm 试样 1 块。

①正面与一块同尺寸的多纤维贴衬织物相贴合，并沿一短边缝合。

②或夹于两块同尺寸的单纤维贴衬织物之间，并沿一短边缝合。

试样为印花织物时，正面与每块贴衬织物的一半相接触，剪下其余一半，交叉覆于背面，缝合二短边，或与一块多纤维贴衬织物相贴合，缝一短边。如不能包括全部颜色，需用多个组合试样。

（2）试样为纱线或散纤维：取纱线或散纤维约等于贴衬织物总质量的 1/2。

①夹于两块 100mm×40mm 规定的单纤维贴衬织物之间，沿四边缝合。

②夹于一块 100mm×40mm 多纤维贴衬织物及 1 块同尺寸染不上色的织物之间，沿四

边缝合。

（3）测定组合试样的质量，以便于精确浴比。

5. 试验步骤

（1）试液配制：试液用蒸馏水配制，现配现用，见表 5-16。

表 5-16　酸性、碱性试液

成　　分	酸性汗液（g/L）	碱性汗液（g/L）
L-组氨酸盐酸盐一水合物（$C_6H_9O_2N_3 \cdot HCl \cdot H_2O$）	0.5	0.5
氯化钠（NaCl）	5	5
磷酸氢二钠十二水合物（$Na_2HPO_4 \cdot 12H_2O$）或磷酸氢二钠二水合物（$Na_2HPO_4 \cdot 2H_2O$）	—	5 或 2.5
磷酸二氢钠二水合物（$Na_2H_2PO_4 \cdot 2H_2O$）	2.2	—
用 0.1mol/L 氢氧化钠溶液调整试液 pH 值	5.5	8.0

（2）将两个组合试样分别放在浴比为 50∶1 酸性、碱性试液中，使其完全润湿，在室温下放置 30min，可稍加揿压和拨动，以保证试液能良好而均匀地渗透。

（3）取出试样，倒去残液，用两根玻璃棒夹去组合试样上过多的试液，或把组合试样放在试样板上，用另一块试样板刮去过多的试液，将试样夹在两块试样板中间。用同样步骤放好其他组合试样。

（4）然后使试样受压 12.5kPa。

（5）把带有组合试样的酸、碱二组仪器放在恒温箱里，在（37±2）℃下保持 4h。

（6）从恒温箱中取出组合试样，拆去组合试样上除一条短边外的所有缝线，展开组合试样，悬挂在温度不超过 60℃的空气中干燥。

6. 试验结果

用灰色样卡评定酸、碱试液中的试样变色和贴衬织物的沾色。

注：碱和酸试验使用的仪器要分开。

试验 2-9-4　耐唾液色牢度

1. 试验标准

GB/T 18886—2002《纺织品　色牢度试验　耐唾液色牢度》。

2. 试验原理

将试样与规定的贴衬织物组合在一起，在人造唾液中处理后，去除试液，放在试验装置内两块具有规定压力的平板之间，然后将试样和贴衬织物分别干燥。用灰色样卡评定试样的变色和贴衬织物的沾色。

3. 试验设备与材料

（1）试验设备：

①试验设备的仪器结构应保证试样受压 12.5kPa，见图 5-19。主要包括：

　　a. 1 个不锈钢架。

　　b. 1 组重约 5kg、底部面积约 11.5cm×6cm 的重锤（包括弹簧压板）。

　　c. 附有尺寸约为 11.5cm×6cm、厚度为 0.15cm 的玻璃板或丙烯酸树脂板，10cm×4cm 的组合试样夹于板的中间。

　　②恒温箱：保温在（37±2）℃，无通风装置。

　　（2）试剂：

　　①氯化钠（NaCl），化学纯。

　　②氯化钾（KCl），化学纯。

　　③硫酸钠（Na_2SO_4），化学纯。

　　④氯化铵（NH_4Cl），化学纯。

　　⑤乳酸［$CH_3 \cdot CH(OH) \cdot COOH$］，化学纯。

　　⑥尿素（$H_2N \cdot CO \cdot NH_2$），化学纯。

　　（3）三级水。

　　（4）评定变色及沾色用灰色样卡。

　　（5）贴衬织物：

　　①多纤维贴衬织物 1 块。

　　②单纤维贴衬织物 2 块。

　　第 1 块用试样的同类纤维制成，第 2 块则由表 5-15 中规定的纤维制成。如试样为混纺或交织品，则第 1 块用主要含量的纤维制成，第 2 块用次要含量的纤维制成。

　　（6）1 块染不上色的织物（如聚丙烯），需要时用。

4. 试样准备

　　（1）试样为织物：取 100mm×40mm 试样 1 块。

　　①正面与一块同尺寸的多纤维贴衬织物相贴合，并沿一短边缝合。

　　②或夹于两块同尺寸的单纤维贴衬织物之间，并沿一短边缝合。

　　试样为印花织物时，正面与每块贴衬织物的一半相接触，剪下其余一半，交叉覆于背面，缝合二短边，或与一块多纤维贴衬织物相贴合，缝一短边。如不能包括全部颜色，需用多个组合试样。

　　（2）试样为纱线或散纤维：取纱线或散纤维约等于贴衬织物总质量的 1/2。

　　①夹于两块 100mm×40mm 规定的单纤维贴衬织物之间，沿四边缝合。

　　②夹于 1 块 100mm×40mm 多纤维贴衬织物及 1 块同尺寸染不上色的织物之间，沿四边缝合。

　　（3）测定组合试样的质量，以便于精确浴比。

5. 试验步骤

　　（1）试液配制：试液用三级水配制，现配现用，见表 5-17。

　　（2）将组合试样放入浴比为 50：1 的人造唾液里，使其完全润湿，然后在室温下放置 30min，可稍加揿压和拨动，以保证试液能良好而均匀地渗透。

表 5-17　人造唾液

成　　分	g/L
乳酸［$CH_3 \cdot CH(OH) \cdot COOH$］	3.0
尿素（$H_2N \cdot CO \cdot NH_2$）	0.2
氯化钠（NaCl）	4.5
氯化钠（KCl）	0.3
硫酸钠（Na_2SO_4）	0.3
氯化铵（NH_4Cl）	0.4

（3）取出试样，倒去残液，用两根玻璃棒夹去组合试样上过多的试液，或把组合试样放在试样板上，用另一块试样板刮去过多的试液，将试样夹在两块试样板中间。

（4）然后使试样受压 12.5kPa。

（5）把带有组合试样的仪器放在恒温箱里，在（37±2）℃下保持 4h。

（6）从恒温箱中取出组合试样，拆去组合试样上除一条短边外的所有缝线，展开组合试样，悬挂在温度不超过 60℃ 的空气中干燥。

6. 试验结果

用灰色样卡评定试样的变色和接触试样的一面贴衬织物的沾色。

试验 2-9-5　耐水色牢度

1. 试验标准

GB/T 5713—1997《纺织品　色牢度试验　耐水色牢度》。

2. 试验原理

纺织品试样与 1 或 2 块规定的贴衬织物组合在一起，浸入水中，挤去水分，置于试验装置两块具有规定压力的平板之间，然后将试样和贴衬织物分别干燥。用灰色样卡评定试样的变色和贴衬织物的沾色。

3. 试验设备与材料

（1）试验设备：

①试验设备的仪器结构应保证试样受压 12.5kPa，见图 5-19。主要包括：

a. 1 个不锈钢架。

b. 1 组重约 5kg、底部面积约 11.5cm×6cm 的重锤（包括弹簧压板）。

c. 附有尺寸约为 11.5cm×6cm、厚度为 0.15cm 的玻璃板或丙烯酸树脂板，10cm×4cm 组合试样夹于板的中间。

②恒温箱：保温在（37±2）℃，无通风装置。

（2）三级水。

（3）评定变色及沾色用灰色样卡。

（4）贴衬织物：

①多纤维贴衬织物 1 块。

②单纤维贴衬织物 2 块。

第 1 块用试样的同类纤维制成，第 2 块则由表 5-15 中规定的纤维制成。如试样为混纺或交织品，则第 1 块用主要含量的纤维制成，第 2 块用次要含量的纤维制成。

（5）1 块染不上色的织物（如聚丙烯），需要时用。

4. 试样准备

（1）试样为织物：取 100mm×40mm 试样 1 块。

①正面与一块同尺寸的多纤维贴衬织物相贴合，并沿一短边缝合。

②夹于两块同尺寸的单纤维贴衬织物之间，并沿一短边缝合。

（2）试样为纱线或散纤维：取纱线或散纤维约等于贴衬织物总质量的 1/2。

①夹于两块 100mm×40mm 规定的单纤维贴衬织物之间，沿四边缝合。

②或夹于 1 块 100mm×40mm 多纤维贴衬织物及 1 块同尺寸染不上色的织物之间，沿四边缝合。

5. 试验步骤

（1）将组合试样在室温下置于三级水中，使其完全浸湿。

（2）取出试样，倒去溶液，把组合试样夹在两块试样板中间，放于预热的试验装置中，使试样受压 12.5kPa。

（3）把带有组合试样的仪器放在恒温箱里，在（37±2）℃下保持 4h。

（4）从恒温箱中取出组合试样，拆去组合试样上除一条短边外的所有缝线（如需要，断开所有缝线），展开组合试样，悬挂在温度不超过 60℃的空气中干燥。

6. 试验结果

用灰色样卡评定试样的变色和贴衬织物的沾色。

注：①每台试验设备，可装多至 10 块试样，每块试样间用一块板隔开。

②发现有风干的试样，必须弃去，重做。

试验 2-9-6 耐热压色牢度

1. 试验标准

GB/T 6152—1997《纺织品 色牢度试验 耐热压色牢度》。

2. 试验原理

（1）干压：干试样在规定温度和规定压力的加热装置中受压一定时间。

（2）潮压：干试样用一块湿的棉贴衬织物覆盖后，在规定温度和规定压力的加热装置中受压一定时间。

（3）湿压：湿试样用一块湿的棉贴衬织物覆盖后，在规定温度和规定压力的加热装置中受压一定时间。

（4）评定：试验后立即用灰色样卡评定试样的变色和贴衬织物的沾色，然后在标准大气中调湿后再作评定。

3. 试验设备与材料

（1）加热装置：由一对光滑的平行板组成，装有能精确控制的电加热系统，并能赋予试样（4±1）kPa 的压力。

（2）平滑石棉板：3~6mm 厚。

（3）衬垫：采用 260g/m² 的双层羊毛法兰绒做成厚约 3mm 的衬垫，也可采用类似的光滑毛织物或毡做成厚约 3mm 的衬垫。

（4）未染色、未丝光的漂白棉布：表面要光滑，单位面积质量为 100~130g/m²。

（5）棉贴衬织物：规格为 40mm×100mm。

（6）评定变色和沾色用灰色样卡。

（7）三级水。

4. 试样准备

（1）试样为织物：试样规格为 40mm×100mm，1 块试样。

（2）试样为纱线：将其编成织物，取 40mm×100mm 试样 1 块，或将纱线紧密地绕在 1 块 40mm×100mm 薄的热惰性材料上，形成一个仅及纱线厚度的薄层。

（3）试样为散纤维：取足够量梳压成 40mm×100mm 的薄层，并缝在 1 块棉贴衬织物上，以作支撑。

（4）经受过任何加热和干燥处理，试验前试样必须在标准大气中调湿。

5. 试验步骤

（1）加压温度选择：加压的温度是根据纤维的类型和织物或服装的组织结构来确定的。对于混纺品，所选温度应与最不耐热纤维相适应。通常使用以下 3 种温度，必要时也可选用其他温度。

（110±2）℃；（150±2）℃；（200±2）℃

（2）热压：

①干压：把干试样置于覆盖在羊毛法兰绒衬垫的棉布上，放下加热装置的上平板，使试样在规定温度下受压 15s。

②潮压：把干试样置于覆盖在羊毛法兰绒衬垫的棉布上，取 1 块棉贴衬织物浸在三级水中，经挤压或甩水使之含有自身质量的水分，然后将这块湿织物放在干试样上。放下加热装置的上平板，使试样在规定温度下受压 15s。

③湿压：将试样和 1 块棉贴衬织物浸在三级水中，经挤压或甩水使之含有自身质量的水分后，把湿试样置于覆盖在羊毛法兰绒衬垫的棉布上，再把湿的棉贴衬织物放在试样上。放下加热装置的上平板，使试样在规定温度下受压 15s。

6. 试验结果

（1）评定试样的变色：

①立即用灰色样卡评定试样的变色。

②试样在标准大气中调湿 4h 后再作 1 次评定。

（2）评定贴衬织物的沾色：

用灰色样卡评定棉贴衬织物（沾色较重的一面）的沾色。

注： 若无加热装置，可使用家用熨斗，但其温度应能用表面高温计或感温纸测定。熨斗必须加重，以产生（4±1）kPa 的压力。但熨斗一般均采用通断双位式温控方式，表面温度波动较大，使试验的准确性和重复性受到限制。

试验 3 服装面辅料耐用性能测试与评价

试验 3-1 织物拉伸性能测定

目的和要求

掌握织物拉伸性能的测试方法与原理，学会采用条样法和抓样法测定织物的断裂强力和断裂伸长率。

1. 试验标准

GB/T 3923.1—1997《纺织品 织物拉伸性能 第 1 部分：断裂强力和断裂伸长率的测定 条样法》

GB/T 3923.2—1998《纺织品 织物拉伸性能 第 2 部分：断裂强力的测定 抓样法》。

2. 试验方法与原理

（1）条样法。

规定尺寸的试样整个宽度全部被夹持在规定尺寸的夹钳中，然后以恒定伸长速率被拉伸直至断脱，记录断裂强力和断裂伸长。

（2）抓样法。

试样宽度方向的中央部位被夹持在规定尺寸的夹钳中，然后以规定的拉伸速度被拉伸试样至断脱，测定其断裂强力。

3. 试验仪器与工具

（1）等速伸长（CRE）试验仪：电子织物强力机。

①具有显示或记录加于试样上使其拉伸直至断脱的最大强力的装置。

②恒定伸长速率为 20mm/min、100mm/min、50mm/min，精度为 ±10%。

③隔距长度为 100mm、200mm，精度为 ±1mm。

④夹钳宽度不小于 60mm［抓样试验夹持试样面积的尺寸应为（25±1）mm×（25±1）mm］。

（2）剪刀。

（3）钢尺。

（4）如需进行湿润试验时，应具备用于浸渍试样的器具、三级水、非离子湿润剂。

4. 试样准备

经（纵）向、纬（横）向试样各 5 块。

（1）条样法。

根据织物类型，可以采用拆纱条样或剪割条样。试样规格：有效宽度为 50mm（不包括毛边），长度应能满足隔距要求，隔距要求见表 6-1。

（2）抓样法。

试样规格：宽度为（100±2）mm，长度至少为150mm，距长度方向的一边37.5mm处画一条平行于该边的标记线。

表6-1　隔距长度和拉伸速度

试样类型	试样尺寸（mm）	隔距长度（mm）	织物的断裂伸长率（%）	拉伸速度（mm/min）
条样试样	50×250 50×250 50×150	200 200 100	<8 8~75 >75	20 100 100
抓样试样	100×150	100	—	50

在标准大气条件下调湿和测试。

5. 试验步骤

（1）试验参数设定。

根据织物的断裂伸长率，设定隔距长度和拉伸速度。隔距长度和拉伸速度的选择，见表6-1。

（2）夹持试样。

① 条样法：在夹钳中心部位夹持试样，以保证拉力中心线通过夹钳的中点，试样可在预张力下夹持或松式夹持（产生的伸长率不大于2%）。

a. 采用预张力夹持试样时：夹持试样时，应先关闭上夹钳制动器，将试样上端夹入上夹钳中间位置，稍加拧紧，再将试样下端置入下夹钳内，悬挂预加张力夹，使试样全部纱线均匀挺直后，旋紧上夹钳。随即松开上夹钳制动器，拧紧下夹钳，取下张力夹，准备测试（图6-1）。

• 根据试样单位面积的质量选择预加张力，预加张力的选择，见表6-2。

• 断裂强力低于20N时，按概率断裂强力的（1+0.25)%确定预张力。

b. 松式夹持试样时：计算断裂伸长率所需的初始长度应为隔距长度与试样达到预张力的伸长量之和，该伸长量可从强力—伸长曲线图上对应于预张力处测得。

表6-2　预加张力

单位面积质量（g/m²）	预加张力（N）
≤200	2
>200，≤500	5
>500	10

注 断裂强力低于20N时，按概率断裂强力的（1+0.25)%确定预张力。

② 抓样法：夹持试样的中间部位，保证试样的纵向中心线通过夹钳的中心线，并与夹钳钳口线垂直。将试样上的标记线对齐夹片的一边（图6-2）。关闭上夹钳，靠织物的自重下垂，关闭下夹钳。

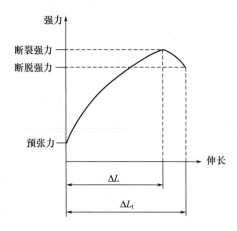

图 6-1　预张力夹持试样的拉伸曲线

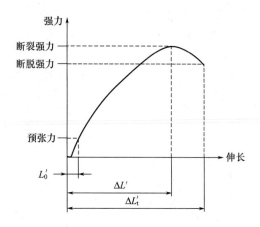

图 6-2　松式夹持试样的拉伸曲线

（3）测定。

按"实验"键，仪器进入测试状态，按"拉伸"键，启动试验仪，使下夹钳向下运动，直至试样断脱，下夹钳自停返回。试验仪自动记录每个试样的断裂强力（N）和断裂伸长（mm）。重复上述步骤，直至完成规定的试样数量。

6. 试验结果

（1）条样法。

① 计算经、纬向或纵、横向的断裂强力的平均值（N）（在 10N 及以下，修约至 0.1N；大于 10N 且小于 1000N，修约至 1N；1000N 及以上，修约至 10N）。

② 计算每个试样的断裂伸长率（%）、断脱伸长率（%）。

a. 预张力夹持试样：断裂伸长率$(\%) = (\triangle L / L_0) \times 100$

$$断脱伸长率(\%) = (\triangle L_t / L_0) \times 100$$

b. 松式夹持试样：断裂伸长率$(\%) = [(\triangle L' - L_0)/(L_0 + L_0')] \times 100$

$$断脱伸长率\% = [(\triangle L_t' - L_0')/(L_0 + L_0')] \times 100$$

式中：L_0——隔距长度（mm）；

　　$\triangle L$——预张力夹持试样时的断裂伸长（mm）；

　　$\triangle L'$——松式夹持试样时的断裂伸长（mm）；

　　$\triangle L_t$——预张力夹持试样时的断脱伸长（mm）；

　　$\triangle L_t'$——松式夹持试样时的断脱伸长（mm）；

　　L_0'——松式夹持试样达到规定预张力时的伸长（mm）。

③ 计算经、纬向或纵、横向的伸长率的平均值（%）（在 8% 及以下时，修约至 0.2%；大于 8% 且小于 50% 时，修约至 0.5%；50% 及以上时，修约至 1%）。

（2）抓样法。

分别计算经、纬向或纵、横向的断裂强力平均值（N），修约至整数位。

注： ①湿润试验的试样长度应为干强试样的 2 倍，每条试样的两端编号后，沿横向剪为两块，一块用于干态的强力测定，另一块用于湿态的强力测定。

②根据经验或估计浸水后收缩较大的织物，测定湿态强力的试样长度应比干态试样长一些。

③湿润试验的试样应放在温度（20±2）℃的三级水或每升不超过 1g 的非离子湿润剂的水溶液代替三级水中浸渍 1h 以上。

④湿润试验将试样从液体中取出，放在吸水纸上吸去多余的水后，立即进行试验。湿润试验预张力为上述规定的 1/2。

⑤如果试样在钳口处滑移不对称或滑移量大于 2mm 时，舍弃试验结果。如果试样在距钳口 5mm 以内断裂，则作为钳口断裂。当 5 块试样试验完毕，若钳口断裂的值大于最小的"正常值"，可以保留；如果小于最小的"正常值"，应舍弃，另加试验以得到 5 个"正常值"；如果所有的试验结果都是钳口断裂，或得不到 5 个"正常值"，应当报告单值。

⑥同一样品的两个方向的试样采用相同的隔距长度、拉伸速度和夹持状态，以断裂伸长率大的一方为准。

试验 3-2　织物撕破性能测定

目的和要求

掌握织物撕破性能的测试方法与测试原理，学会采用冲击摆锤法、裤形、梯形、舌形及翼形试样法测定织物的撕破强力。

试验 3-2-1　冲击摆锤法

1. 试验标准

GB/T 3917.1—2009《纺织品　织物撕破性能　第 1 部分：冲击摆锤法撕破强力的测定》。

2. 试验方法与原理

试样固定在夹具上，将试样切开一个切口，释放处于最大势能位置的摆锤，可动夹具离开固定夹具时，试样沿切口方向被撕裂，把撕破织物一定长度所做的功换算成撕破力。

3. 试验仪器与工具

（1）摆锤试验仪：试样被夹持在两个夹具之间，1 个夹具可动，另 1 个夹具固定在机架上，摆锤受重力作用落下，移动夹具附在摆锤上，试验时摆锤撕破试样但又不与试样接触。主要包括：

①摆锤：抬起摆锤至试验开始位置，并立即释放，摆锤可绕装有轴承的水平轴自由摆动。

②夹具：夹持面宽度在 30~40mm，高度最好选 20mm，但不少于 15mm。

③刀片：锋利的小刀开始将两夹具中间的试样切开（20±0.5）mm 的切口。

（2）裁剪试样的设备：最好用中空的冲模或样板。

4. 试样准备

试样规格：经（纵）向和纬（横）向各 5 块试样，撕裂长度保持（43±0.5）mm。试样短边应与经（纵）向或纬（横）向平行，见图 6-3。

单位: mm

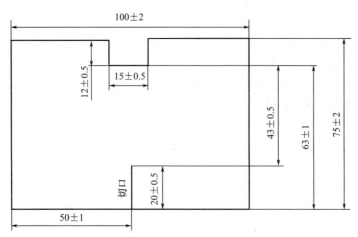

图 6-3 试样尺寸

在标准大气条件下调湿及试验。

5. 试验步骤

（1）试验参数设定：

①测试量程设定：通过预试验，选择适当的量程，量程的大小可通过更换扇形锤上的配重砝码来实现。

    a. 测试量程在 0~16N 时，配小重锤。

    b. 测试量程在 0~32N 时，配小重锤+中重锤。

    c. 测试量程在 0~64N 时，配小重锤+中重锤+大重锤。

    d. 测试量程在 0~96N 时，配小重锤+中重锤+大重锤×2。

    e. 测试量程在 0~128N 时，配小重锤+中重锤+大重锤×3。

②试验次数设定：设定试验次数为 5 次。

（2）试样夹持：将试样夹在夹具中，使试样长边与夹具的顶边平行。将试样夹在中心位置，轻轻将其底边放至夹具的底部，按"实验"键，进入试验状态，按"夹紧"键夹紧试样。

（3）测定：按"启动"键，开始试验，仪器上的试样切刀自动旋转在试样凹槽对边正中切出一个（20±0.5）mm 的切口，余下的撕裂长度为（43±0.5）mm。然后，放开摆锤，可动夹钳与固定夹钳分离，使试样全部撕裂。当摆锤回摆时握住它，以免破坏指针的位置，试验仪器自动记录撕破强力读数（N）。试验完成后，按"松开"键取下试样。重复上述步骤，直至完成规定的试样数量。

6. 试验结果

（1）计算经向（纵向）和纬向（横向）撕裂强力的算术平均值（N），保留两位有效数字。

（2）如需要，计算变异系数，精确至 0.1%。

（3）如需要，记录样品每个方向的最大和最小的撕裂强力。

注：①试样短边与经（纵）向平行的试样，为纬（横）向撕裂试样；试样短边与纬（横）向平行的试样，为经（纵）向撕裂试样。

②满足以下条件的试验为有效试验，否则应剔除。

a. 纱线未从织物中滑移；

b. 试样未从夹具中滑移；

c. 撕裂完全且撕裂一直在 15mm 宽的凹槽内。

③如果 5 个试样中有 3 块或以上的试验结果被剔除，则此方法不适用于该样品。

试验 3-2-2　裤形、梯形、舌形及翼形试样法

1. 试验标准

GB/T 3917.2—2009/ISO 13937-2：2000《纺织品　织物撕破性能　第 2 部分：裤形试样（单缝）撕破强力的测定》。

GB/T 3917.3—2009《纺织品　织物撕破性能　第 3 部分：梯形试样撕破强力的测定》。

GB/T 3917.4—2009/ISO 13937-4：2000《纺织品　织物撕破性能　第 4 部分：舌形试样（双缝）撕破强力的测定》。

GB/T 3917.5—2009/ISO 13937-3：2000《纺织品　织物撕破性能　第 5 部分：翼形试样（单缝）撕破强力的测定》。

2. 试验方法与原理

（1）单缝隙裤形试样法：夹持裤形试样的两条腿，使试样切口线在上、下夹具之间成直线。将拉力施于切口方向，记录直至撕裂到规定长度的撕破强力，并根据自动绘图装置绘出的曲线上的峰值或通过电子装置计算出撕破强力。

（2）梯形试样法：用夹钳夹住梯形上两条不平行的边，对试样施加连续增加的力，使撕破沿试样宽度方向传播，测定平均最大撕破力。

（3）双缝隙舌形试样法：将舌形试样夹入一个夹钳中，试样的其余部分对称地夹入另一个夹钳，保持两个切口线的顺直平行。在切口方向施加拉力模拟两个平行撕破强力。记录直至撕裂到规定长度的撕破强力，并根据自动绘图装置绘出的曲线上的峰值或通过电子装置计算出撕破强力。

（4）单缝隙翼形试样法：一端剪成两翼特定型状的试样按两翼倾斜于被撕裂纱线的方向进行夹持，施加机械拉力使拉力集中在切口处以使撕裂沿着预想的方向进行。记录直至撕裂到规定长度的撕破强力，并根据自动绘图装置绘出的曲线上的峰值或通过电子装置计算出撕破强力。

3. 试验仪器与工具

（1）等速伸长（CRE）试验仪：电子织物强力机。

①拉伸速度可控制在（100±10）mm/min。

②隔距长度可设定在（100±1）mm。

③能够记录撕破过程中的撕破强力。

④夹具有效宽度更适宜采用 75mm，但不应小于测试试样的宽度。

（2）剪刀。

（3）钢尺。

（4）如需进行湿润试验时，应具备用于浸渍试样的器具、三级水、非离子湿润剂。

4. 试样准备

经（纵）向和纬（横）向各5块试样。在标准大气条件下调湿。

（1）单缝隙裤形试样：试样规格为（200±2）mm×（50±1）mm，每个试样应从宽度方向的正中切开一长为（100±1）mm的平行于长度方向的裂口，在条样中间距未切割端（25±1）mm处标出撕裂终点，见图6-4。

（2）梯形试样：试样规格为（150±2）mm×（75±1）mm，用样板在试样上画等腰梯形，在梯形短边的正中处，剪开一切口（15±0.5）mm，见图6-5。

（3）双缝隙舌形试样法：试样规格为（220±2）mm×（150±2）mm，切开一个沿长度方向的（100±1）mm×（50±1）mm的舌形，距舌端的（50±1）mm处在试样的两边画一条直线 *abcd*。在条样中间距未切割端（25±1）mm处标出撕裂终点，见图6-6。

（4）单缝隙翼形试样法：试样规格为（200±2）mm×（100±1）mm，标记直线 *ab* 和 *cd*，并在条样中间距未切割端（25±1）mm处标出撕裂终点，见图6-7。

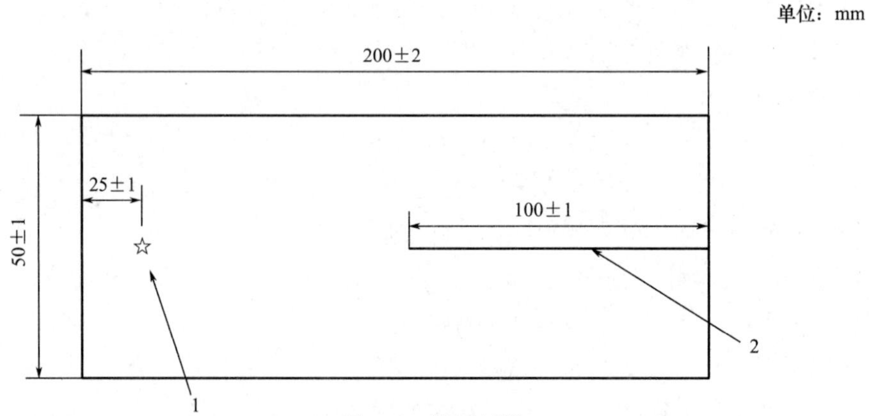

单位：mm

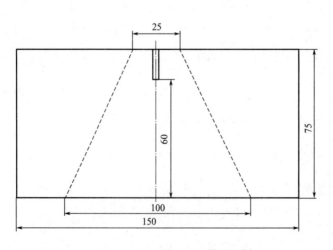

图6-4　裤形试样

1—撕裂终点　2—切口

单位：mm

图6-5　梯形试样

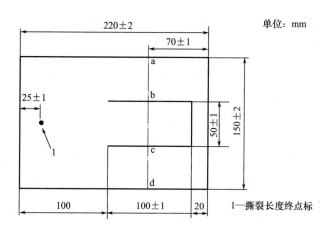

图 6-6 舌形试样

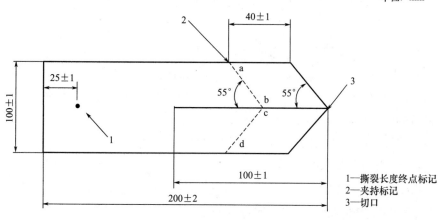

图 6-7 翼形试样

5. 试验步骤

（1）试验参数设定：拉伸试验仪的隔距长度和拉伸速度的设定，见表 6-3。梯形试样选择适宜的负荷范围，使断裂强力落在满刻度 10%~90% 范围内。

表 6-3 隔距长度和拉伸速度

试样类型	试样尺寸（mm）	隔距长度（mm）	拉伸速度（mm/min）
单缝隙裤形试样 双缝隙舌形试样 单缝隙翼形试样	200×50 220×150 200×100	100	100
梯形试样	150×70	25	100

（2）试样安装：

①单缝隙裤形试样：将试样的每条裤腿各夹入 1 只夹具中，切割线与夹具的中心线对齐，试样的未切割端处于自由状态，试验不加预张力。

②双缝隙舌形试样：将试样的舌形部分夹在夹钳的中心且对称，将试样的两条腿对称地夹入仪器的移动夹钳中，试验不加预张力。

③梯形试样：沿梯形不平行两边夹住试样，使切口位于两夹钳中间，梯形短边保持拉紧，长边处于摺皱状态。

④单缝隙翼形试样：将试样夹在夹钳中心，沿着夹钳端线使标记 55° 的直线 *ab* 和 *cd* 刚好可见，并使试样两翼相同表面面向同一方向，试验不加预张力。

（3）测定：按"实验"键，进入试验状态，按"拉伸"键，启动仪器，将试样持续撕破至试样的终点标记处。按"返回"键，仪器返回至起始位置。试验仪自动记录每个试样的撕破强力（N）和撕破长度（mm）。重复上述操作，直至完成规定的试样数。

6. 试验结果

（1）计算经向（纵向）和纬向（横向）撕裂强力的算术平均值（N），保留两位有效数字。

（2）如需要，计算变异系数，精确至 0.1%。

（3）如需要，记录样品每个方向的最大和最小的撕裂强力。

注：①试样长边与经（纵）向平行的试样，为纬（横）向撕裂试样；试样长边与纬（横）向平行的试样，为经（纵）向撕裂试样。

②满足以下条件的试验为有效试验，否则应剔除。

a. 纱线未从织物中滑移；

b. 试样未从夹具中滑移；

c. 撕裂完全且撕裂是沿着施力方向进行的。

③如果 5 个试样中有 3 块或以上的试验结果被剔除，则此方法不适用于该样品。

试验 3-3　织物顶破性能测定

目的和要求

掌握织物顶破强力的测试方法与测试原理，学会采用钢球法测定织物的顶破强力。

1. 试验标准

GB/T 19976—2005《纺织品　顶破强力的测定　钢球法》。

2. 试验原理

将试样夹持在固定基座的圆环试样夹内，圆球形顶杆以恒定的移动速度垂直地顶向试样，使试样变形直至破裂，测得顶破强力。

3. 试验仪器

（1）等速伸长试验仪（CRE）：电子织物强力机。

（2）顶破装置由夹持试样的环形夹持器和钢质球形顶杆组成，在试验过程中，试样夹持器固定，球顶杆以恒定的速度移动。

进行湿润试验所需的器具、三级水、非离子湿润剂。

4. 试样准备

试样规格：大于环形夹持装置面积，至少 5 块。如果使用的夹持系统不需要裁剪试样即可进行试验，则可不裁成小试样。

5. 试验步骤

（1）安装顶破装置。

选择直径为 25mm 或 38mm 的球形顶杆。将球形顶杆和夹持器安装在试验机上，保证环形夹持器的中心在顶杆的轴心线上。

（2）设定试验参数。

选择力的量程使输出值在满量程的 10%～90% 之间。设定试验机的速度为（300±10）mm/min。

（3）夹持试样。

将试样反面朝向顶杆，夹持在夹持器上，保证试样平整、无张力、无摺皱。

（4）测定顶破强力。

启动仪器，直至试样被顶破。试验仪器自动记录其最大值作为该试样的顶破强力（N）。重复上述步骤，直至完成规定的试验数量。

6. 试验结果

计算顶破强力的平均值（N），修约至整数位。如果需要，计算顶破强力的变异系数 CV 值，修约至 0.1%。

注：①用于进行湿态试验的试样应浸入温度(20±2)℃[或(23±2)℃,或(27±2)℃]的水中，使试样完全润湿。为使试样完全湿润，也可以在水中加入不超过 0.05% 的非离子中性湿润剂。

②湿润试验：将试样从液体中取出，放在吸水纸上吸去多余的水后，立即进行试验。

③如果测试过程中出现纱线从环形夹持器中滑出或试样滑脱，应舍弃该试验结果。

试验 3-4　织物耐磨性能测定

目的和要求

掌握马丁代尔法织物耐磨性的测定方法，学会采用马丁代尔法测试织物的耐磨性。

1. 试验标准

GB/T 21196.1—2007《纺织品　马丁代尔法织物耐磨性的测定　第 1 部分：马丁代尔耐磨试验仪》。

GB/T 21196.2—2007《纺织品　马丁代尔法织物耐磨性的测定　第 2 部分：试样破损的测定》。

GB/T 21196.3—2007《纺织品　马丁代尔法织物耐磨性的测定　第 3 部分：质量损失的测定》。

GB/T 21196.4—2007《纺织品　马丁代尔法织物耐磨性的测定　第 4 部分：外观变化

的测定》。

2. 试验原理

安装在马丁代尔耐磨试验仪试样夹具内的圆形试样，在规定的负荷下，以轨迹为李莎茹图形的平面运动与磨料进行摩擦，根据试样破损的总摩擦次数，或根据试样的质量损失，或根据试样外观的变化，确定织物的耐磨性能。

3. 试验仪器

（1）马丁代尔耐磨试验仪：

①计数器：记录起球次数，精确至 1 次。

②磨台装置：

a. 磨台：每个磨台组件包括磨台、夹持环、固定夹持环的夹持装置，见图 6-8。

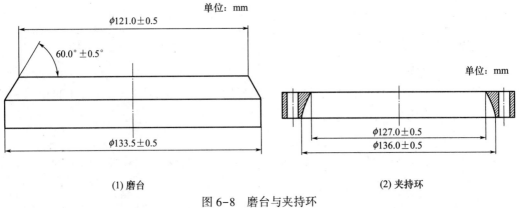

(1) 磨台　　　　　　　　　　　　　　(2) 夹持环

图 6-8　磨台与夹持环

b. 加压重锤：质量为（2.5±0.5）kg，直径为（120±10）mm 的带手柄加压重锤，以确保安装在磨台上的磨料平整。

③试样夹具装置：

a. 试样夹具：试样夹具组件包括试样夹具接套、嵌块、压紧螺母、试样夹具销轴，见图 6-9。试样夹具组件的总质量为（198±2）g。

b. 加载块：每 1 个磨台配备 2 个加载块，用于添加在试样夹具销轴或组件上。加载块和试样夹具组件的总质量应为：大块（795±7）g，小块（595±7）g，见表 6-4。

表 6-4　摩擦负荷参数

评定方法	摩擦负荷总有效质量/g	名义压力/kPa	适用
试样破损的测定 质量损失的测定	795±7	12	工作服、家具装饰布、床上亚麻制品、产业用织物
	595±7	9	服装和家用纺织品（不包括家具装饰布和床上亚麻制品），非服用的涂层织物
外观变化的测定	198±2	3	服用类涂层织物

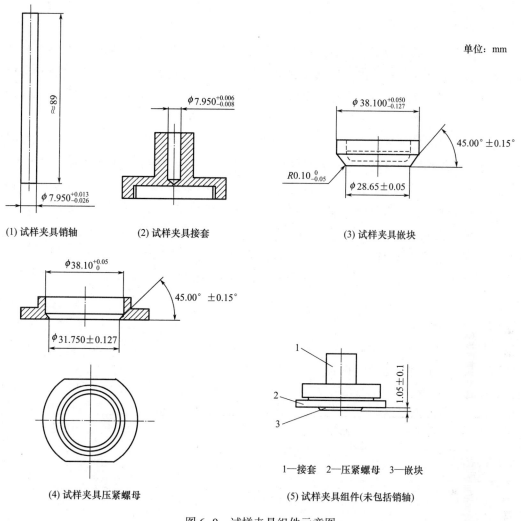

图 6-9　试样夹具组件示意图

（2）放大镜或显微镜或天平（精度 0.001g）。

（3）试验辅料：

①磨料：标准羊毛磨料为机织平纹毛织物；对于涂层织物，标准磨料应为 No. 600 水砂纸。每次试验需要更换新磨料。将直径或边长至少为 140mm 的磨料安装在每个磨台上。

②毛毡：直径为 140_0^{+5}mm 的毛毡在安装磨料前装在磨台上。

③泡沫塑料：当织物的单位面积质量低于 $500g/m^2$ 时，作为衬垫的直径为 $38.0_0^{+0.5}$mm 的泡沫塑料放置在试样与试样夹具嵌块之间。

4. 试样准备

对提花或花式组织织物，试样应包含图案各部分的所有特征，保证包括对磨损敏感的花型部位。

试样规格：直径为 $38.0_0^{+0.5}$mm，至少 3 块。在标准大气条件下调湿和试验。

5. 试验步骤

（1）试样的安装：

①试样夹具中试样的安装：将试样夹具压紧螺母放在仪器台的安装装置上，试样摩擦面朝下，居中放在压紧螺母内。当试样的单位面积质量小于500g/m²时，将泡沫塑料衬垫放在试样上。将试样夹具嵌块放在螺母内，再将试样夹具接套放上后拧紧（对质量损失的测定：对装有试样的试样夹具称重，精确至1mg）。

②磨台上磨料的安装：移开试样夹具导板，将一块直径为140_0^{+5}mm的毛毡放在磨台上，再把羊毛织物磨料（经、纬向纱线平行于仪器台边缘）摩擦面向上放置在毛毡上。将质量为（2.5±0.5）kg、直径为（120±10）mm的重锤压在磨台上的毛毡和磨料上，拧紧夹持环，固定毛毡和磨料，取下加压重锤。

③将试样夹具放置在磨台上：将试样夹具导板放在适当的位置，将试样夹具放置在相应的磨台上，将试样夹具导向轴插入固定在导板上的轴套内，并对准每个磨台，最下端插入其对应的试样夹具接套，将耐磨试验规定的加载块，放在每个试样夹具的销轴上。

（2）磨损测试：

①试验参数选择：根据试样预计破损或到达规定试样外观变化的摩擦次数，选择检查或测定间隔、预置摩擦次数，见表6-5~表6-7。

表6-5 磨损试验的检查间隔

试验系列	预计试样破损时的摩擦次数 n	检查间隔（次）
1	$n \leqslant 2000$	200
2	$2000 < n \leqslant 5000$	1000
3	$5000 < n \leqslant 20000$	2000
4	$20000 < n \leqslant 40000$	5000
5	$n > 40000$	10000

表6-6 质量损失的试验间隔

试验系列	预计试样破损时的摩擦次数 n	测定间隔（次）
1	$n \leqslant 1000$	100，250，500，750，1000，（1250）
2	$1000 < n \leqslant 5000$	500，750，1000，2500，5000（7500）
3	$5000 < n \leqslant 10000$	1000，2500，5000，7500，10000（15000）
4	$10000 < n \leqslant 25000$	5000，7500，10000，15000，25000（40000）
5	$25000 < n \leqslant 50000$	10000，15000，25000，40000，50000（75000）
6	$50000 < n \leqslant 100000$	10000，25000，50000，75000，100000（125000）
7	$n > 100000$	25000，50000，75000，100000（125000）

表 6-7　表面外观试验的检查间隔

试验系列	预计达到规定外观变化时的摩擦次数 n	检查间隔（次）
1	$n \leqslant 48$	16，以后为 8
2	$48 < n \leqslant 200$	48，以后为 16
3	$n > 200$	100，以后为 50

②启动仪器：对试样进行磨损，达到预置摩擦次数，仪器自动停止。

（3）耐磨性能评定：

①试样破损的测定：在每个检查间隔评定试样的破损现象时，要小心地从仪器上取下试样夹具，不取出试样，检查摩擦面内的破损现象（使用放大装置）。如果还未出现破损，将试样夹具重新放置在磨台上，继续试验和评定，直至达到摩擦终点。

试样破损：

a. 机织物中至少 2 根独立的纱线完全断裂；

b. 针织物中 1 根纱线断裂造成外观上的 1 个破洞；

c. 起绒或割绒织物表面绒毛被磨损至露底或有绒簇脱落；

d. 非织造布上因摩擦造成的孔洞，其直径至少为 0.5mm；

e. 涂层织物的涂层部分被破坏至露出基布或有片状涂层脱落。

②质量损失的测定：在每个测定间隔测定试样的质量损失时，要小心地从仪器上取下试样夹具，用软刷除去两面的磨损材料（纤维碎屑），测量每个试样组件的质量，精确至 1mg。然后将试样夹具重新放置在磨台上，继续试验和评定，直至达到摩擦终点。如果出现试样表面异常变化（起毛、起球、起皱、掉绒），即舍弃试样。

③外观变化的测定：

a. 耐磨次数的测定：在每个检查间隔评定试样的外观变化。在评定试样的外观变化时，要小心地从仪器上取下试样夹具，从试样夹具上取下试样，评定表面变化。如果还未达到规定的表面变化，重新安装试样和试样夹具，将试样夹具按取下的位置重新放置在起球台上，继续试验和评定，直至达到规定的表面状况。以还未达到规定的表面变化时的总摩擦次数作为实验结果，即耐磨次数。

b. 外观变化的评定：以协议的摩擦次数进行磨损试验，评定试样摩擦区域表面变化状况，如变色、起毛、起球等。

6. 试验结果

（1）测定每一个试样发生破损时的总摩擦次数，计算耐磨次数的平均值，取整数。

如果需要，按 GB 250—2008　纺织品　色牢度试验　评定变色用灰色样卡，评定试样摩擦区域的变色。

（2）根据每个试样在试验前后的质量差异，求出其质量损失。计算相同摩擦次数下各个试样的质量损失平均值，修约至整数。计算耐磨指数：

$$A_i = n / \triangle m$$

式中：A_i——耐磨指数（次/mg）；

    n——总摩擦次数（次）；

    $\triangle m$——试样在总摩擦次数下的质量损失（mg）。

如果需要，按 GB 250—2008 纺织品 色牢度试验 评定变色用灰色样卡，评定试样摩擦区域的变色。

（3）确定每个试样达到规定的表面变化时的摩擦次数，计算耐磨次数的平均值，或评定经协议摩擦次数摩擦后试样的外观变化。如果需要，按 GB 250—2008 纺织品 色牢度试验 评定变色用灰色样卡，评定试样摩擦区域的变色。

注： ①每次试验需更换新磨料和泡沫塑料。如在一次磨损试验中，羊毛标准磨料摩擦次数超过 50000 次，每 50000 次更换 1 次磨料。

②水砂纸标准磨料摩擦次数超过 6000 次，每 6000 次更换 1 次磨料。

③每次磨损试验后，检查毛毡的污点和磨损情况。如果有污点或可见磨损，更换毛毡，两面均可使用。

④对不熟悉的织物，建议进行预试验，以 2000 次摩擦为检查间隔，直至达到摩擦终点。

⑤特殊织物的试样准备：

a. 弹性织物：试样 60mm×60mm 的正方形，试样边平行于针迹或纱线。调湿试样并将摩擦面朝下放在 45mm×45mm 的方形试验台上。

b. 灯芯绒和起绒织物：单位面积质量大于或等于 500g/m² 时，不需要衬垫进行试验的灯芯绒和起绒织物，按以下方法预处理试样。

将一块直径或边长 140mm 的样品反面朝上安装在磨台的毛毡上，将一块 $38.0_0^{+0.5}$mm 的磨料连同泡沫塑料装在试样夹具内。

对服用织物，在 595g 摩擦负荷下，摩擦织物反面 1000 次。对家具织物，在 795g 摩擦负荷下，摩擦织物反面 4000 次。完成规定摩擦次数。按常规方法从该程序处理过的样品上剪取 4~6 块试样，并安装在试样夹具内。

每次预处理使用一块新磨料。如果绒毛损失明显，如织物正面外观变化超过约定的限度，或织物经摩擦预处理后的质量损失超过极限值，应经有关方面同意采取相应措施。起绒或割绒织物以表面绒毛被磨损至露地或有绒毛脱落为终点。

试验 4　服装面辅料加工性能测试与评价

试验 4-1　机织物接缝处纱线抗滑移测定

目的和要求

掌握机织物接缝处纱线抗滑移的测试方法及测试原理，学会采用定滑移量法测定机织物接缝处纱线规定滑移量时的滑移阻力及采用定负荷法测定机织物接缝处纱线施加规定负荷时产生的滑移量。

试验 4-1-1 定滑移量法

1. 试验标准

GB/T 13772.1—2008《纺织品 机织物接缝处纱线抗滑移的测定 第 1 部分：定滑移量法》。

2. 试验原理

用夹持器夹持试样，在拉伸试验仪上分别拉伸同一试样的缝合及未缝合部分，在同一横坐标的同一起点上记录缝合及未缝合试样的力—伸长曲线。找出两曲线平行于伸长轴的距离等于规定滑移量的点，读取该点对应的力值为滑移阻力值。

3. 试验仪器

（1）等速伸长型（CRE）试验仪：电子织物强力机。

①具有显示或记录加于试样上使其拉伸直至断脱的最大强力的装置。

②恒定伸长速率为 50mm/min，精度为±10%。

③隔距长度为 100mm，精度为±1mm。

④抓样试验夹持试样面积的尺寸应为（25±1）mm×（25±1）mm。

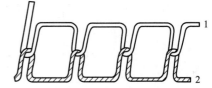

图 7-1 301 型缝迹形式
1—针线 2—底线

（2）缝样设备：

①缝纫机：单针锁缝机，能够缝纫 301 型缝迹形式，见图 7-1。

②缝纫机针、缝纫线：缝纫线迹形式、缝纫机针、缝纫线规格，见表 7-1。

（3）剪刀。

（4）测量尺：分度值为 0.5mm。

4. 试样准备

（1）缝纫密度调节：缝合双层测试织物时，调试机器使其对试样的缝迹密度符合表 7-1 的要求。

表 7-1 缝纫要求

织物分类	缝纫线	缝纫机针规格		针迹密度（针/10cm）
	100%涤纶包芯纱线密度（tex）	公制机针号数	直径（mm）	
服用织物	45±5	90（相当于 14 号）	0.90	50±2
装饰用织物	74±5	110（相当于 18 号）	1.10	32±2

（2）缝合试样：

①试样规格：400mm×100mm，经纱滑移试样与纬纱滑移试样各 5 块，经纱滑移试样的长度方向平行于纬纱，纬纱滑移试样的长度方向平行于经纱。

②将试样正面朝内折叠 110mm，折痕平行于宽度方向。在距折痕 20mm 处缝一条锁式缝迹，沿长度方向距布边 38mm 处划一条与长边平行的标记线，以保证对缝合试样和未缝合试样进行试验时夹持对齐同一纱线。

③在折痕端距缝迹线 12mm 处剪开试样，两层织物的缝合余量应相同，见图 7-2。

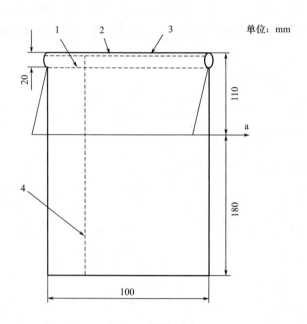

图 7-2　试样准备

1—缝迹线（距折痕 20mm）　2—剪切线（距缝迹线 12mm）　3—折痕线
4—标记线（距布边 38mm）　a—裁样方向

④将缝合好的试样沿宽度方向距折痕 110mm 处剪成两段，一段包含接缝，另一段长度为 180mm 不包含接缝。

在标准大气条件下调湿。

5. 试验步骤

（1）设定试验参数：设定拉伸试验仪的隔距长度为（100±1）mm，拉伸速度为（50±5）mm/min。

（2）夹持不含接缝的试样，使试样长度方向的中心线与夹持器的中心线重合。启动仪器直至达到终止负荷 200N。

（3）夹持含接缝的试样，保证试样的接缝位于两夹持器中间且平行于夹面。再次启动仪器直至达到终止负荷 200N。

试验仪器自动绘制出力—伸长曲线，见图 7-3。重复上述步骤，直至完成规定的试样数量。

6. 试验结果

由测量结果分别计算出试样的经纱平均滑移阻力和纬纱平均滑移阻力，修约至最接近的 1N。

注：①如果拉伸力在 200N 或低于 200N 时，试样未产生规定的滑移量，记录结果为"＞200N"。

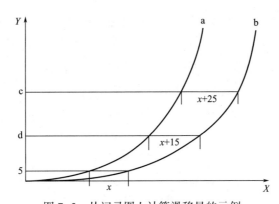

图 7-3 从记录图上计算滑移量的示例

X—伸长，mm　Y—拉伸力，N　a—不含接缝试样　b—接缝试样

c—滑移量为 5mm 时的拉伸力　d—滑移量为 3mm 时的拉伸力

②如果拉伸力在 200N 以内试样或接缝出现断裂，从而导致无法测定滑移量，则报告"织物断裂"或"接缝断裂"，并报告此时所施加的拉伸力值。

试验 4-1-2　定负荷法

1. 试验标准

GB/T 13772.2—2008《纺织品　机织物接缝处纱线抗滑移的测定　第 2 部分：定负荷法》。

2. 试验原理

矩形试样折叠后沿宽度方向缝合，然后再沿折痕开剪，用夹持器夹持试样，并垂直于接缝方向施以拉伸负荷，测定在施加规定负荷时产生的滑移量。

3. 试验仪器

（1）等速伸长型（CRE）试验仪：电子织物强力机。

①具有显示或记录加于试样上使其拉伸直至断脱的最大强力的装置。

②恒定伸长速率为 50mm/min，精度为 ±10%。

③隔距长度为 100mm，精度为 ±1mm。

④抓样试验夹持试样面积的尺寸应为（25±1）mm×（25±1）mm。

（2）缝样设备：

①缝纫机：单针锁缝机，能够缝纫 301 型缝迹形式，见图 7-1。

②缝纫机针、缝纫线：缝纫线迹形式、缝纫机针、缝纫线规格，见表 7-1。

（3）剪刀。

（4）测量尺：分度值为 0.5mm。

4. 试样准备

（1）缝纫密度调节：缝合双层测试织物时，调试机器使其对试样的缝迹密度符合表 7-1 的要求。

（2）缝合试样：

①试样规格：200mm×100mm，经纱滑移试样与纬纱滑移试样各 5 块，经纱滑移试样的长度方向平行于纬纱，纬纱滑移试样的长度方向平行于经纱。

②将试样正面朝内对折，折痕平行于宽度方向，在距折痕 20mm 处缝一条直形缝迹，线迹平行于折痕线。

③在折痕端距缝迹线 12mm 处剪开试样，两层织物的缝合余量应相同，见图 7-2。

5. 试验步骤

（1）设定试验参数：设定拉伸试验仪的隔距长度为(100±1)mm,拉伸速度为(50±5)mm/min。

（2）夹持试样，保证试样的接缝位于两夹持器中间且平行于夹面。

（3）以（50±5）mm/min 的拉伸速度缓慢增大施加在试样上的负荷至合适的定负荷值，见表 7-2。

表 7-2　定负荷

织物分类	定负荷（N）
服用织物≤220g/m²	60
服用织物>220g/m²	120
装饰织物	180

（4）当达到定负荷值时，立即以（50±5）mm/min 的速度将施加在试样上的拉力减小到 5N，并在此时固定夹持器不动。

（5）立即测量缝迹两边缝隙的最大宽度值即滑移量，修约至最接近的 1mm，见图 7-4。

图 7-4　滑移量的测定
1—接缝　2—滑移量

（6）重复上述步骤，直至完成规定的试样数量。

6. 试验结果

由滑移量测量结果计算出试样的经纱滑移的平均值和纬纱滑移的平均值，修约至最接近的 1mm。

注：如果在达到定负荷值前由于织物或接缝受到破坏而导致无法测定滑移量，则报告"织物断裂"或"接缝断裂"，并报告此时所施加的拉伸力值。

试验 4-2　织物及其制品接缝拉伸性能测定

目的和要求

掌握织物及其制品的接缝拉伸性能的测试方法及测试原理，学会采用条样法和抓样法测定接缝强力。

1. 试验标准

GB/T 13773.1—2008《纺织品　织物及其制品的接缝拉伸性能　第 1 部分：条样法接

缝强力的测定》。

GB/T 13773.2—2008《纺织品 织物及其制品的接缝拉伸性能 第 2 部分：抓样法接缝强力的测定》。

2. 试验原理

（1）条样法。

对规定尺寸的试样（中间有一条接缝）沿垂直于缝迹方向以恒定伸长速率进行拉伸，直至接缝破坏。记录达到接缝破坏的最大力值。

（2）抓样法。

规定尺寸的夹钳将试样（中间有一条接缝）沿垂直于缝迹方向以恒定伸长速率进行拉伸，直至接缝破坏。记录达到接缝破坏的最大力值。

3. 试验仪器

（1）等速伸长型（CRE）试验仪：电子织物强力机。

①具有显示或记录加于试样上使其拉伸直至断脱的最大强力的装置。

②恒定伸长速率为 50mm/min，精度为±10%。

③隔距长度为 100mm，精度为±1mm。

④抓样试验夹持试样面积的尺寸应为（25±1）mm×（25±1）mm。

（2）缝纫机。

（3）裁剪器具。

4. 条样法的试样准备与试验步骤

（1）条样法试样准备

①试样规格：350mm×700mm（至少）。

②将试样对折，折痕平行于试样的长度方向。按确定的缝纫条件缝合试样。

③从每个含有接缝的样品中剪取至少 5 块宽度为 100mm 的试样，见图 7-5（不应在距两端 100mm 内取样）。

④在距缝迹 10mm 处剪切掉试样的 4 个角（图 7-6 中阴影部分），其宽度为 25mm，得到有效的试样宽度为 50mm。在距缝迹 10mm 的区域内，整个宽度为 100mm，用于试验的接缝试样形状见图 7-7。

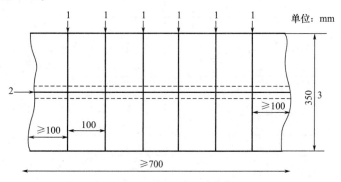

图 7-5 条样法的接缝样品和试样示意图

1—剪切线 2—接缝 3—缝制前的长度

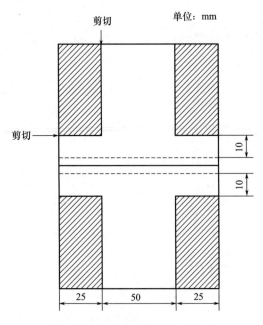

图 7-6　接缝试样预备样示意图

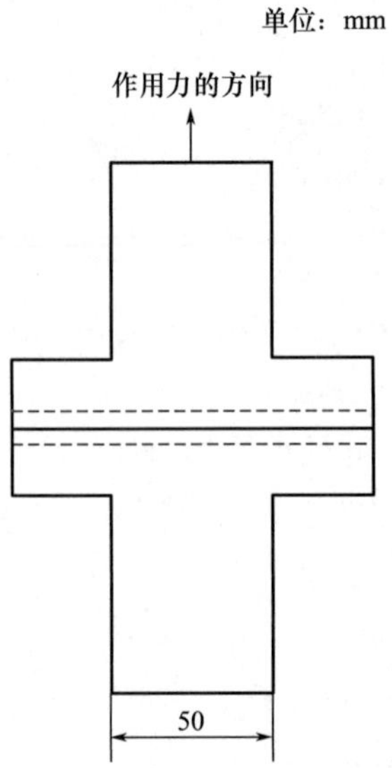

图 7-7　试验用接缝试样示意图

（2）条样法试验步骤：

①设定试验参数：设定拉伸试验仪的隔距长度为（200±1）mm，拉伸速度为100mm/min。

②夹持试样：将试样夹持在上夹钳中，使试样长度方向的中心线与夹钳的中心线重，使接缝位于两夹钳距离的中间位置上。夹紧上夹钳，试样在自身重力下悬挂，使其平直置于下夹钳中，夹紧下夹钳。

③启动仪器：直至试样破坏，记录最大值（N），并记录接缝试样破坏的原因。

5. 抓样法的试样准备与试验步骤

（1）抓样法试样准备：

①试样规格：250mm×700mm（至少）。

②将试样对折，折痕平行于试样的长度方向。按确定的缝纫条件缝合试样。

③从每个含有接缝的样品中剪取至少5块宽度为100mm的试样，见图7-8（不应在距

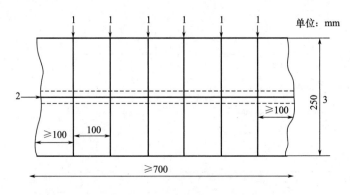

图 7-8　抓样法的接缝样品和试样示意图

1—剪切线　2—接缝　3—缝制前的长度

两端100mm内取样)。

④在距长度方向的一边38mm处画一条平行于该边的直线,见图7-9。

(2)抓样法试验步骤

①设定试验参数:设定拉伸试验仪的隔距长度为(100±1)mm,拉伸速度为50mm/min。

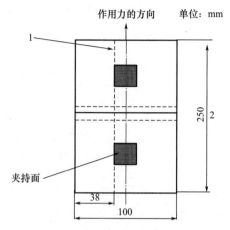

图7-9　试验用接缝试样及夹持面示意图

1—夹持标记线　2—缝制前的长度

②夹持试样:将试样夹持在上夹钳中,使试样长度方向的中心线与夹钳的中心线重合,以使试样的上标记线对齐夹片的一边,使接缝位于两夹钳距离的中间位置上。夹紧上夹钳,试样在自身重力下悬挂,使其平直置于下夹钳中,夹紧下夹钳。

③启动仪器:直至试样破坏,记录最大值(N),并记录接缝试样破坏的原因。

6.试验结果

对接缝处断裂或缝纫线断裂的试样,分别计算每个方向接缝强力的平均值(N)。

结果修约:

接缝强力(N)	修约至	接缝强力	修约至
100	1	100~1000	10
1000	100		

注:①接缝织物根据产品要求或有关各方同意,可以从缝合制品中获得,也可以用织物样品制作。

②本方法仅适用于直线接缝,不适用于较大弯曲的接缝。

③可以缝制接缝平行于经纱或纬纱的试样。

④接缝试样破坏的原因:

a. 织物断裂;

b. 织物在钳口处断裂;

c. 织物在接缝处断裂;

d. 缝纫线断裂;

e. 纱线滑移;

f. 上述项中的任意结合。

如果是a或b引起的破坏,应剔除并重新取样继续试验。如果所有破坏均为织物断裂或织物在钳口处断裂,应注明。

试验4-3　热熔黏合衬剥离强力测定

目的和要求

掌握热熔黏合衬剥离强力的测定方法和原理,学会热熔黏合衬剥离强力的测定。

1. 试验标准

FZ/T 01085—2009《热熔黏合衬剥离强力试验方法》。

2. 试验原理

热熔黏合衬与服装面料，在一定的温度、压力和时间条件下进行压烫，利用热熔胶的黏力与服装面料发生黏合，然后将热熔黏合衬与被黏合面料剥离，记录黏合衬与面料剥离过程中受力曲线图上的各峰值，并计算这些峰值的平均值和离散系数。用平均值反映黏合的牢固程度，用离散系数反映黏合的均匀程度。

3. 试验设备与工具

（1）等速伸长型拉力试验仪。

电子织物强力机或剥离强度仪。剥离速度为（100±10）mm/min；测力传感器量程为 0～100N，准确度为 ±2.0%。

（2）压烫机、裁剪刀。

（3）标准面料。

（4）设定尺寸纸片。

选用经熔压不影响试验结果的薄型设定尺寸纸片，厚度为 0.1mm 以下，其中框内宽度 50mm，框内长度不低于 110mm，见图 7-10。

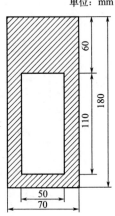

单位：mm

图 7-10 试样纸框规格

4. 试样准备

（1）试样规格：

①黏合衬：200mm×70mm，经（纵）向 10 块（其中 5 块用于干洗或水洗后剥离强力测试）。

②标准面料略大于黏合衬试样尺寸。

（2）组合试样制作：

①将纸片放在面料与黏合衬试样之间，制成组合试样。

a. 使用连续式压烫机压烫试样时：将标准面料放在准备台上，覆盖黏合衬试样（涂层一面朝下），试样与标准面料经、纬（纵、横）向应一致。

b. 使用平板式压烫机压烫试样时：将黏合衬试样放在下面，涂有热熔胶的一面朝上，标准面料在上，标准面料与黏合衬试样的经、纬（纵、横）向应一致。

②将组合试样按规定的压烫条件（见表 7-3）压烫后，稍经冷却小心取下，在标准大气条件下调湿 4h。

（3）干洗或水洗处理。

如需要干洗或水洗后剥离强力测试，将其中 5 块组合试样按 FZ/T 01083—2009《热熔黏合衬干洗后的外观及尺寸变化试验方法》或 FZ/T 01084—2009《热熔黏合衬水洗后的外观及尺寸变化试验方法》规定洗涤干燥后，在标准大气条件下调湿。

表7-3　黏合衬压烫条件

黏合衬类别	压烫温度（℃）	压烫压强（MPa）	压烫时间（s）
衬衫衬	160~170	0.2~0.4	15~18
外衣衬	120~150	0.1~0.3	15~18
丝绸衬	110~130	0.1~0.3	10~15
裘皮衬	120~150	0.1~0.3	15~18

注　常用压强单位换算，$1MPa = 10.2kg/cm^2$。

5. 试验步骤

（1）试验参数设定。

调节夹距为50mm，剥离速度为（100±10）mm/min，试验次数5次。

（2）试样夹持。

将组合试样一端剥开约5cm裂口，并保持各剥离点在同一直线上。将组合试样的面料端与黏合衬端分别夹入拉力仪的两只夹钳，并使剥离线位于两夹钳1/2处。

（3）测定。

启动测试仪，经5s后开始采集数据，对试样进行剥离，直至剥离长度达100mm为止，夹钳返回起始位置。试验仪器自动记录拉伸100mm剥离长度内的各个峰值。重复上述步骤，直至完成规定的试样数量。干洗或水洗后剥离强力测试按上述程序进行。

6. 试验结果

（1）计算剥离强力的平均值、离散系数，修约至小数点后1位。

（2）计算洗涤后剥离强力的下降率，修约至小数点后1位。

注：①在剥离强力测试过程中，如因试样从夹钳中滑出，或在剥离口延长线上呈不规则断裂等原因，而导致试验结果有显著变化时，应剔除此次实验数据。

②试验中若发生黏合衬经纱（纵向）或纬纱（横向）断裂现象，则记作"黏合衬撕破"。若一个试样发生撕破现象，应剔除该试验结果；若两个及以上试样发生撕破现象，则试样的剥离强力应记作"黏合衬撕破"。

③预备试验：拉力试验机通过少量的预备试验来选择适宜的强力范围。

项目三　服装面辅料功能性与生态性测试与评价

试验1　服装面辅料舒适功能性测试与评价

试验1-1　纺织品吸湿速干性测定

目的和要求

掌握纺织品吸湿速干性能单项组合试验法的评价指标及测试方法、液态水动态传递法的评价指标及测试方法，学会采用单项组合试验法和液态水动态传递法测定和评价纺织品的吸湿速干性。

试验1-1-1　单项组合试验法

1. 试验标准

GB/T 21655.1—2008《纺织品　吸湿速干性的评定　第1部分：单项组合试验法》。

2. 试验原理

以织物对水的吸水率、滴水扩散时间和芯吸高度表征织物对液态汗的吸附能力，以织物在规定空气状态下的水分蒸发速率和透湿量表征织物在液态汗状态下的速干性。

3. 试验设备与材料

(1) 毛细效应试验装置。

(2) 织物透湿仪。

(3) 天平：精度0.001g。

(4) 计时器：分度0.1s。

(5) 滴定管：1mL。

(6) 试验用平台：塑料板、玻璃板等，要求表面光滑。

(7) 试样悬挂装置。

(8) 水：三级水。

4. 试样准备

(1) 将每个样品剪为两块，1块用于洗前试验，1块用于洗后试验（按照GB/T 8629—2001《纺织品　试验用家庭洗涤和干燥程序》的5A程序洗涤5次，干燥程序按烘箱烘燥法）。

(2) 试验前样品应在标准大气条件下调湿，一般调湿时间为16h以上，合成纤维样品调湿时间至少为 2h，公定回潮率为 0 的样品不需调湿。

（3）吸水率、滴水扩散时间（水分蒸发速率和蒸发时间）测定：试样规格至少为 10cm×10cm，5 块试样，在标准大气条件下调湿平衡。如果制品由不同面料构成，试样应从主要功能部位选取。

5. 试验步骤与结果

（1）吸水率：

①称取试样的原始质量，精确至 0.001g。

②将试样浸入盛有三级水的容器内，吸水后自然下沉。否则，可将试样压至水中后抬起，反复 2~3 次。

③将试样在水中完全浸润 5min 后取出，自然平展地垂直悬挂，试样中水分自然下滴。

④当试样不再滴水时（当两滴水之间间隔≥30s），立即用镊子取出试样称取质量，精确至 0.001g。

⑤试验结果：

a. 计算每个试样的吸水率：

$$A = \frac{m - m_0}{m_0} \times 100$$

式中：A——吸水率（%）；

m_0——试样原始质量（g）；

m——试样浸湿并滴水后的质量（g）。

b. 分别计算洗涤前后 5 块试样的平均吸水率，修约至 1%。

（2）滴水扩散时间：

①将试样平放在试验平台上（穿着时贴近人体皮肤的一面朝上），用滴定管吸入适量的三级水，将约 0.2mL 的水轻轻滴在试样上，滴管口距试样表面应≤1cm。

②观察水滴扩散情况，记录水滴接触试样表面至完全扩散（不再呈现镜面反射）所需时间，精确至 0.1s。如果水滴扩散速度较慢，在一定时间（如 300s）后仍未完全扩散，则可停止试验，并记录扩散时间大于设定时间（如>300s）。

③试验结果：分别计算洗涤前后 5 块试样的平均扩散时间，修约至 0.1s。

（3）水分蒸发速率和蒸发时间：

①对滴水扩散时间试验的试样称取质量，为原始质量（m_0）。

②对完成滴水扩散时间试验的试样立即称取质量后悬挂于标准大气中，试样应自然平展地垂直悬挂。

③每隔(5±0.5)min 称取一次质量，精确至 0.001g。直至连续两次称取质量的变化率≤1%，则可结束试验。

注：a. 如果试样水分蒸发速度较快，连续称量时间间隔可以适当缩短，如 3min 或 1min。

b. 如果水滴不能扩散，则可在三级水中加入 1g/L 润湿剂，或以玻璃棒捣轧水滴，以使水滴渗入试样；如果水滴仍不能扩散，则可停止试验，并报告试样不能吸水，无法测定蒸发速率/蒸发时间。

④试验结果：

a. 计算试样在每个称取时刻的水分蒸发量或水分蒸发率，然后绘制"时间—蒸发量曲线"或"时间—蒸发率曲线"。

$$\Delta m_i = m - m_i$$

$$E_i = \frac{\Delta m_i}{m_0} \times 100$$

式中：Δm_i——水分蒸发量（g）；

$\quad\quad m_0$——试样原始质量；

$\quad\quad m$——试样滴水润湿后的质量（g）；

$\quad\quad m_i$——试样在滴水润湿后某一时刻的质量（g）；

$\quad\quad E_i$——水分蒸发率（%）。

b. 水分蒸发速率：分别计算洗涤前和洗涤后 5 块试样的平均蒸发速率，修约至 0.01g/h 或 0.1%/h。正常的时间—蒸发量曲线通常在某点后蒸发量变化会明显趋缓。在该点之前的曲线上作最接近直线部分的切线，求切线的斜率即为水分蒸发速率（g/h）或（%/h）。

注： 如果实际曲线中有与所作切线吻合部分，可以用该部分曲线中不少于 4 个点间实测值计算水分蒸发速率（即不少于 3 个计算值），再求其平均值表示该试样的结果。

c. 蒸发时间：如果需要，可以计算蒸发时间。从吸水后试样悬挂于标准大气中开始，至连续两次称取质量的变化率≤1%，且称取质量与试样加水前原始质量之差≤2%时所需的时间（min）。

（4）芯吸高度：按 FZ/T 01071—2008《纺织品毛细效应试验方法》的规定执行。记录 30min 时的芯吸高度的最小值，分别计算洗涤前和洗涤后两个方向各 3 块试样芯吸高度最小值的平均值。

（5）透湿量：按 GB/T 12704.1—2009《纺织品 织物透湿性试验方法 第 1 部分：吸湿法》执行。

6. 吸湿速干性能评定

（1）吸湿速干产品：产品洗涤前和洗涤后的各项指标均应达到表 8-1 的技术要求。

（2）吸湿产品：产品洗涤前和洗涤后的吸湿性指标应达到表 8-1 的技术要求。

（3）速干产品：产品洗涤前和洗涤后的速干性指标应达到表 8-1 的技术要求。

表 8-1 产品的吸湿速干性能技术要求

性能	项目	要求	
		机织类产品	针织类产品
吸湿性	吸水率（%）	≥100	≥200
	滴水扩散时间（s）	≤5	≤3
	芯吸高度（mm）	≥90	≥100
速干性	蒸发速率（g/h）	≥0.18	≥0.18
	透湿率 [g/（m² · d）]	≥8000	≥10000

注 芯吸高度以纵向或横向中较大者考核。

试验1-1-2　动态水分传递法

1. 试验标准

GB/T 21655.2—2009《纺织品　吸湿速干性的评定　第2部分：动态水分传递法》。

2. 试验原理

织物试样水平放置，液态水与其浸水面接触后，会发生液态水沿织物的浸水面扩散，并从织物的浸水面向渗透面传递，同时在织物的渗透面扩散，含水量的变化过程是时间的函数。当试样浸水面滴入测试液后，利用与试样紧密接触的传感器，测试液态水动态传递状况，计算得出一系列性能指标，以此评估纺织品的吸湿速干、排汗等性能。

3. 试验设备与材料

（1）液态水动态传递性能测试仪：进水时间为20s，测试时间为120s，测试液输送量为（0.2±0.01）g。

（2）测试液：9g/L氯化钠溶液。

（3）水：三级水。

4. 试样准备

（1）将每个样品剪为两块，1块用于洗前试验，1块用于洗后试验（按照GB/T 8629—2001《纺织品　试验用家庭洗涤和干燥程序》的5A程序洗涤5次，洗后试样在不超过60℃的温度下干燥或自然晾干）。

（2）试验前样品应在标准大气条件下调湿，一般调湿时间为16h以上，合成纤维样品调湿时间至少为2h，公定回潮率为0的样品不需调湿。

（3）试样规格：（90±1）mm×（90±1）mm，洗前和洗后试样各5块。

注：①如果制品由不同面料构成，试样应从主要功能部位选取。

②织物表面的任何不平整都会影响检测结果，必要时可以采用压烫法烫平。

5. 试验步骤

（1）用镊子轻轻夹起待测试样的角部，将试样平整地置于仪器的两个传感器之间，通常穿着时贴近身体的一面作为浸水面，对着测试液滴下的方向放置。

（2）启动仪器，在规定时间内向织物的浸水面滴入（0.2±0.01）g测试液，并开始记录时间与含水量变化状况，测试时间为120s，数据采集频率不低于10Hz。

（3）测试结束后，取出试样，仪器自动计算并显示相应的测试结果。

（4）用干净的吸水纸吸去传感器板上多余的残留液，静置至少1min，应确保无残留液。

（5）重复上述步骤，直至5个试样测试完毕。

6. 试验结果

（1）吸水速率：分别计算浸水面和渗透面平均吸水速率，修约至0.1。

$$A = \sum_{i=T}^{t_p} \left(\frac{U_i - U_{i-1}}{t_i - t_{i-1}} \right) / (t_r - T) \times f \tag{1}$$

式中：A——平均吸水速率（浸水面和渗水面）（%，若A<0，取A=0）；

U——浸水面或渗水面含水率（%）；

T——浸水面或渗水面浸湿时间（s）；

t_i——进水时间（s）；

U_i——浸水面或渗水面含水率变化曲线在时间 i 时的数值；

f——数据采样频率。

（2）液态水扩散速度：分别计算浸水面和渗透面液态水扩散速度，修约至0.1。

$$S = \sum_{i=1}^{n} \frac{r_i}{t_i - t_{i-1}} \tag{2}$$

式中：S——液态水扩散速度（浸水面和渗水面）（mm/s）；

r_i——测试环半径（mm）；

t_i 和 t_{i-1}——液态水从环 i-1 到环 i 的时间；

n——浸水面或渗水面最大浸湿测试环数。

（3）单向传递指数：计算单向传递指数，修约至0.1。

$$O = \frac{\int u_b - \int u_t}{t} \tag{3}$$

式中：O——单向传递指数；

t——测试时间（s）；

$\int u$——浸水面含水量；

$\int u_b$——渗透面含水量。

（4）液态水动态传递综合指数：计算液态水动态传递综合指数，修约至0.01。

$$M = C_1 A_{BD} + C_2 O_D + C_1 S_{BD} \tag{4}$$

式中：　M——液态水动态传递综合指数；

C_1、C_2、C_3——权重值（$C_1 = 0.25$，$C_2 = 0.5$，$C_3 = 0.25$）；

A_{BD}、O_D、S_{BD}——渗透面吸水速率（A_B）、单向传递指数（O）及渗水面扩散速度（S_B）的无量纲化计算值。

$$A_{BD} = \frac{A_B - A_{B \cdot min}}{A_{B \cdot max} - A_{B \cdot min}}$$

$$O_D = \frac{O - O_{min}}{O_{max} - O_{min}}$$

$$S_{BD} = \frac{S_B - S_{B \cdot min}}{S_{B \cdot max} - S_{B \cdot min}}$$

当 A_{BD}、O_D、$S_{BD} \geq 1$ 时按1计，≤ 0 时按0计。

$A_{B \cdot max}$、$A_{B \cdot min}$、O_{max}、O_{min}、$S_{B \cdot max}$、$S_{B \cdot min}$ 是常量，分别取表8-2中 A_B、O、S_B 上限值和下限值。

7. 评级

按表8-2要求进行吸湿速干性能的评级。

表8-2　吸湿速干性能指标分级

性能	吸湿速干性的各性能级别				
	1级	2级	3级	4级	5级
浸湿时间（s）	>120	20.1~120	6.1~20	3.1~6.0	≤3
吸水速率（%/s）	0~10	10.1~30	30.1~50	50.1~100	>100
最大润湿半径（mm）	0~7	7.1~12	12.1~17	17.1~22	>22
液态水扩散速度（mm/s）	0~1.0	1.1~2.0	2.1~3.0	3.1~4.0	>4.0
单向传递指数	<-50	-50~100	100.1~200	200.1~300	>300
液态水动态传递综合指数	0~0.20	0.21~0.40	0.41~0.60	0.61~0.80	0.81~1.00

注　浸水面和渗透面分别分级，分级要求相同；其中5级程度最好，1级最差。

8. 吸湿速干性能评定

相应性能的产品洗涤前和洗涤后的相应性能均应达到表8-3的技术要求。

表8-3　织物的吸湿速干性能技术要求

性能	项目	要求
吸湿性①	浸湿时间	≥3级
	吸水速率	≥3级
速干性②	最大润湿半径	≥3级
	液态水扩散速度	≥3级
	单向传递指数	≥3级
排汗性③	单向传递指数	≥3级
综合速干性	单向传递指数	≥3级
	液态水动态传递综合指数	≥2级

注　①浸湿面和渗透面均应达到。
　　②性能要求可以组合，如吸湿速干性、吸湿排汗性等。

试验1-2　纺织品防水性测定

目的和要求

掌握织物品防水性的测定方法与原理，学会采用静水压法和沾水法测定织物的防水性能。

试验1-2-1　静水压法

1. 试验标准

GB/T 4744—1997《纺织织物　抗渗水性测定　静水压试验》。

2. 试验原理

以织物承受的静水压来表示水透过织物所遇到的阻力。在标准大气条件下，试样的一面承受一个持续上升的水压，直到有3处渗水为止，测定此时的静水压。

3. 试验仪器

数字式织物渗水性测试仪：

（1）织物上面或下面承受持续上升水压的面积：100cm²。

（2）调整水压上升的速率，一般应为：（1.00±0.05）kPa/min[（10±0.5）cm H₂O/min]或（6.0±0.3）kPa/min [（60±3）cm H₂O/min]。

（3）与试样接触的水必须是新鲜蒸馏水或去离子水：温度保持在（20±2）℃或（27±2）℃。

4. 试样准备

在织物的不同部位至少取5块试样，试验时也可不剪下试样。

5. 试验步骤

（1）试验参数设定：选择水压上升的速率，（1.00±0.05）kPa/min 或（6.0±0.3）kPa/min。

（2）试样夹持：按"测试"键，仪器开始自动给压布器第1次加水，结束后增压器自动开始后退并到位，然后开始给压布器第2次加水，结束后仪器发出蜂鸣提示3下并显示秒数，请在30s内把试样夹紧在试验头中（擦净表面的水），使织物试验面与水接触，夹紧时使水不会在试验开始前，因受压而透过织物试样。

（3）测定：30s后仪器开始自动校零并对试样施加递增的水压，并不断观察渗水的迹象，发现试样表面3个不同部位有水滴渗出时，立即按"停止"按钮。记录试样上第3处水珠刚出现时的水压，以 kPa（cmH₂O）表示，精确度如下：

①10kPa(1mH₂O)以下：　0.05　kPa(0.5cmH₂O)。

②10~20kPa(1~2mH₂O)：　0.1kPa(1cmH₂O)。

③20kPa(2mH₂O)以上：　0.2kPa(2cm H₂O)。

卸下压布器上的试样，再按"测试"键，开始下1块试样的测试，仪器不再进行第1次加水。

6. 试验结果

计算试样承受的静水压的平均值，以 kPa（cm　H₂O）来表示。

注：①试验时也可不剪下试样，但不应在有很深折皱或折痕的部位进行试验。取样后，尽量少用手触摸，避免用力折叠。除了调湿外不作任何方式的处理（如熨烫）。

②不考虑那些形成以后不再增大的微细水珠，在织物同一处渗出的连续性水滴不作累计，注意第3处是否产生在夹紧装置边缘处。若此时导致水压值低于同一样品的其他试样的最低值，此数据剔除，需增补试样另行试验，直至获得正常结果所必需的次数为止。

试验1-2-2　沾水法

1. 试验标准

GB/T 4745—2012《纺织品　防水性能的检测和评价　沾水法》。

2. 试验原理

将试样安装在环形夹持器上，保持夹持器与水平成45°，试样中心位置距喷嘴下方有一定距离。用一定量的蒸馏水或去离子水喷淋试样。通过试样外观与沾水现象描述及图片的比较，确定织物的沾水等级，并以此评价织物的防水性能。

3. 试验仪器

（1）喷淋装置：织物沾水测定仪。

①漏斗：垂直夹持的漏斗，直径为（150±5）mm。

②金属喷嘴：漏斗与喷嘴由 10mm 口径的橡胶皮管连接。漏斗顶部到喷嘴底部的距离为（195±10）mm。（250±2）mL 水注入漏斗后其持续喷淋时间应为 25～30s。

③试样夹持器：内环的外径为（155±5）mm，夹持器放置在固定的底座上，与水平成 45°，试样中心位于喷嘴表面中心下方（150±2）mm 处。

（2）试验用水：蒸馏水或去离子水，温度为（20±2）℃或（27±2）℃。

4. 试样准备

试样规格：180mm×180mm，至少 3 块。在标准大气条件下调湿至少 4h。

5. 试验步骤

（1）将调湿后试样正面朝上夹紧在试样夹持器上，试样的经（纵）向与水流方向一致。

（2）将 250mL 的蒸馏水快速而平稳地倒入漏斗，使水持续地淋洒在试样表面，持续淋洒 25～30s。

（3）淋洒停止后，立即将夹有试样的夹持器拿开，使织物正面向下几乎成水平，然后对着 1 个固体硬物轻轻敲打 1 下夹持器，水平旋转夹持器 180° 后再次轻轻敲打夹持器 1 下。

（4）根据表 8-4 中沾水现象描述立即对夹持器上的试样正面润湿程度进行评级。

（5）重复上述步骤，直至完成规定试样的测定。

6. 试验结果与评价

（1）沾水评级：按照表 8-4 沾水现象描述或图 8-1 确定每个试样的沾水等级。图 8-1 与表 8-4 中的整数等级对应。

（2）防水性能评价：计算所有试样沾水等级的平均值，修约至最接近的整数级或半级，按照表 8-4 评价织物的防水性能。

表 8-4　沾水等级描述及防水性能评价

沾水级别	沾水现象描述	防水性能评价
0 级	整个试样表面完全润湿	不具有抗沾湿性能
1 级	受淋表面完全润湿	
1～2 级	试样表面超出喷淋点处润湿，润湿面积超出受淋表面一半	抗沾湿性能差
2 级	试样表面超出喷淋点处润湿，润湿面积约为受淋表面一半	
2～3 级	试样表面超出喷淋点处润湿，润湿面积少于受淋表面一半	抗沾湿性能较差
3 级	试样表面喷淋点处润湿	具有抗沾湿性能
3～4 级	试样表面等于或少于半数的喷淋点处润湿	具有较好的抗沾湿性能
4 级	试样表面有零星的喷淋点处润湿	具有很好的抗沾湿性能
4～5 级	试样表面没有润湿，有少量水珠	具有优异的抗沾湿性能
5 级	试样表面没有水珠或润湿	

注：对于深色织物来说，图片标准不是十分令人满意的，主要依据文字描述来评级。

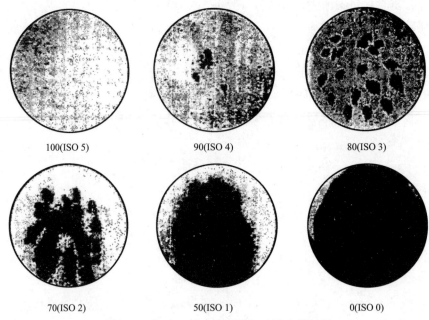

| 100(ISO 5) | 90(ISO 4) | 80(ISO 3) |

| 70(ISO 2) | 50(ISO 1) | 0(ISO 0) |

图 8-1　基于 AATCC 图片的 ISO 沾水等级图

试验 2　服装面辅料防护功能性测试与评价

试验 2-1　纺织品防紫外线性能测定

目的和要求

掌握纺织品防紫外线性能的测定方法与原理，学会纺织品防紫外线性能的测定。

1. 试验标准

GB/T 18830—2009《纺织品　防紫外线性能的评定》。

2. 试验原理

用单色或多色的 UV 射线辐射试样，收集总的光谱透射射线，测定出总的光谱透射比，并计算试样的紫外线防护系数 UPF 值。可采用平行光束照射试样，用一个积分球收集所有透射光线；也可采用光线半球照射试样，收集平行的透射光线。

3. 试验仪器

防紫外线透过及防晒保护测试仪。

4. 试验准备

（1）试样规格：应保证充分覆盖住仪器的孔眼，一般取≥45mm 圆形试样。

①对于匀质材料，至少要取 4 块代表性的试样。

②对于具有不同色泽或结构的非匀质材料，每种颜色和每种结构至少要试验 2 块试样。

（2）试样在标准大气条件下调湿。如果试验仪器未放在标准大气条件下，调湿试样取出后，试验应在10min内完成。

5. 试验步骤

（1）在开始试验之前，必须点击"打开光源"，启动UV光源。

（2）空白试验：点击"开始测试"，系统弹出提示框"测试步骤1，不放置样品的测试"，提示移除试样，点击"确定"，检测在当前光源的辐射下，UV射线在没有任何遮挡时的辐照强度。

（3）有样试验：第1步检测完成后，系统将弹出提示框"测试步骤2，放置样品进行第1遍测试"，提示放入第1块试样，将穿着时远离皮肤的织物面朝着UV光源（正面朝上），点击"确定"，检测UV射线透过试样的强度。检测完成后，仪器自动显示每次检测的UVA、UVB透射比和UPF值。如此反复，直至4块试样检测完成。在检测进行中，仪器记录波长290~400nm之间的透射比，每5nm记录一次，试验完成后，仪器自动显示波长290~400nm之间的透射比。

6. 试验结果

（1）计算每个试样UVA透射比的算术平均值 $T(UVA)_i$，以及其平均值 $T(UVA)_{AV}$，保留两位小数。

（2）计算每个试样UVB透射比的算术平均值 $T(UVB)_i$，以及其平均值 $T(UVB)_{AV}$，保留两位小数。

（3）计算每个试样的UPF，以及其平均值 UPF_{AV}，修约至整数。

①对于匀质材料：当样品的UPF值低于单个试样实测的UPF值中最低值时，则以试样最低UPF作为样品的UPF值。当样品的UPF值大于50时，表示为"UPF>50"。

②对于非匀质材料：对各种颜色或结构进行测试，以其中最低的UPF作为样品的UPF值。当样品的UPF值大于50时，表示为"UPF>50"。

7. 评定

（1）防紫外线性能评定：当样品的UPF>40，且 $T(UVA)_{AV}$<5%时，可称为"防紫外线产品"。

（2）防紫外线产品的标识：

①当40<UPF≤50时，标为UPF40+。

②当UPF>50时，标为UPF50+。

注：①开机每1~2s应进行1次空白试验，避免因仪器零位偏移影响试验结果的准确性。

②校准过程中应保证校准板的洁净，保证校准结果的准确性。校准结束后将校准孔板先装入塑料袋中密封，然后放入盒子中，保护校准孔板，保证其精密性。

③放置样品时，样品不可盖住"高度调节旋钮"。同时测试前还应先根据样品厚度调节好"高度旋钮"的高度，保证放入试样后，放下上测试头时，样品表面与上测试头表面尽量接近，但不相互挤压而损坏测试头的光学元件。

试验 2-2 纺织品静电性能测定

目的和要求

熟练掌握静电性能的测试方法，学会采用感应式静电仪测定织物静电压半衰期，采用摩擦式静电仪测定织物摩擦带电电压。

试验 2-2-1 静电压半衰期

1. 试验标准

GB/T 12703.1—2008《纺织品　静电性能的评定　第1部分：静电压半衰期》。

2. 试验原理

使试样在高压静电场中带电至稳定后断开高压电源，使其电压通过接地金属台自然衰减，测定静电压值及其衰减至初始值一半所需的时间。

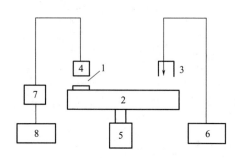

图 8-2　检测装置结构示意图

1—试样　2—转动平台　3—针电极

4—圆板状感应电极　5—电机

6—高压直流电源　7—放大器

8—示波器或记录仪

3. 试验仪器与工具

（1）试验装置：感应式静电仪。主要包括试样台、针电极、圆板状感应电极和记录仪，见图8-2。

①试样台：转速至少为 1000r/min，试样夹内框尺寸至少为（32±0.5）mm×（32±0.5）mm。

②针电极：针尖至试样表面距离（20±1）mm。

③圆板状感应电极：直径（28±0.5）mm，与试样上表面距离为 15mm。

（2）不锈钢镊子。

（3）裁剪工具。

（4）纯棉手套。

4. 试样准备

（1）试样规格：45mm×45mm，3块。

（2）条子、长丝和纱线等应均匀、密实地绕在 45mm×45mm 的平板上。

（3）试样在温度为（20±2）℃、相对湿度为（35±5）%、环境风速在 0.1m/s 以下的大气条件下调湿。

5. 试验步骤

（1）试验参数设定：设定电机预运转时间为 15s，高压为 10kV，高压维持时间为 30s，衰减比率设为 0.5，放电端子与试样间距 20mm，静电探头与试样间距 15mm。

（2）仪器校验：将试样夹于试样夹中使针电极与试样上表面相距（20±1）mm，感应电极与试样上表面相距（15±1）mm。

（3）启动仪器：驱动试验台，待转动平稳后在针电极上加 10kV 高压。

（4）测试：加压 30s 后断开高压，试验台继续旋转直至静电电压衰减至 1/2 以下时即可停止试验，仪器自动记录高压断开瞬间试样静电电压（V）及其衰减至 1/2 所需要的时间［即半衰期(s)］。

重复上述步骤，对每块试样进行两次试验，直至完成规定数量试样的测定。

6. 试验结果

（1）计算每块试样两次试验的静电电压和半衰期的平均值。

（2）计算3块试样的静电电压和半衰期的平均值，静电电压修约至1V，半衰期修约至0.1s。

7. 评定

对非耐久型抗静电纺织品洗前、耐久型抗静电纺织品洗前和洗后的半衰期技术要求，见表8-5。

表8-5　半衰期技术要求

等级	半衰期（s）
A级	≤2.0
B级	≤5.0
C级	≤15.0

注：①对试样进行预处理：

a. 按照GB/T 8629—2001中7A程序洗涤，由有关方商定可选择洗涤5、10、30、50次等，多次洗涤时，可将时间累加进行连续洗涤，或按有关方认可的方法和次数进行洗涤。

b. 将样品或洗涤后的样品在50℃下预烘一定时间。

c. 预处理后的样品在标准大气条件下调湿24h以上，不得沾污。

②更换试样时，应重新调整针电极及圆板状感应电极与试样上表面的距离。

③当半衰期大于180s时，停止试验，并记录衰减时间180s时的残余静电电压值，如果需要也可以记录60s、120s或其他衰减时间时的残余静电电压值。

④整个试验过程需要戴乳胶手套进行操作。

试验2-2-2　摩擦带电电压

1. 试验标准

GB/T 12703.5—2010《纺织品　静电性能的评定　第5部分：摩擦带电电压》。

2. 试验原理

在一定的张力条件下，使试样与标准布相互摩擦，以规定时间内产生的最高电压对试样摩擦带电情况进行评价。

3. 试验仪器与工具

（1）试验装置：摩擦式静电仪。

①金属转鼓：外径（150±1）mm，宽（60±1）mm，转速400r/min。

②标准布夹：宽（25±1）mm，左右布夹间距（130±3）mm。

③负载：500g。

（2）不锈钢镊子。

（3）裁剪工具。

（4）纯棉手套。

4. 试样准备

（1）试样规格：40mm×80mm，经（纵）向、纬（横）向各2块。

（2）试样在温度为（20±2）℃、相对湿度为（35±5）%、环境风速在0.1m/s以下的大气条件下调湿。

5. 试验步骤

（1）仪器标定：用1.0级接触式静电表对测量电极〔极板直径（20±1）mm〕上的电压进行标定。

（2）仪器校验：使测量电极板与样品框平面相距（15±1）mm。

（3）试样夹持：将每组的4块试样分别夹入转鼓上的样品夹中，测试面（正面）朝向摩擦布。

（4）消电处理：对夹入标准布夹间的锦纶摩擦标准布消电，调节其位置，使之在500g负荷下，能与转鼓上的试样进行切线方向的摩擦。

（5）启动仪器：带动转鼓旋转，在转速400r/min的条件下，测量并记录1min内试样带电的最大值。

重复上述步骤，直至测试完所有试样。

6. 试验结果

计算4块试样摩擦带电电压的平均值。

7. 评定

对非耐久型抗静电纺织品洗前、耐久型抗静电纺织品洗前和洗后的摩擦带电电压技术要求，见表8~6。

表8-6　摩擦带电电压技术要求

等级	摩擦带电电压（V）
A级	<500
B级	≥500，<1200
C级	≥1200，≤2500

注：①如果试样需要预处理，按照GB/T 8629—2001中7A程序洗涤，由有关方商定可选择洗涤5、10、30、50次等，多次洗涤时，可将时间累加进行连续洗涤。或按有关方认可的方法和次数进行洗涤。

②将样品或洗涤后的样品在50℃下预烘一定时间。

③试样正、反面差异较大时，应对两个面均进行测量。

④摩擦标准布可根据需要或有关各方协商，采用其他材料。

⑤整个试验过程需要戴乳胶手套进行操作。

试验 2-3 纺织品燃烧性能测定

目的和要求

熟练掌握纺织品燃烧性能的测试方法，学会采用垂直法和氧指数法测定织物的燃烧性能。

试验 2-3-1 垂直法

1. 试验标准

GB/T 5455—1997《纺织品 燃烧性能试验 垂直法》。

2. 试验原理

将一定尺寸的试样置于规定的燃烧器下点燃，测量规定点燃时间后，试样的续燃、阴燃时间及损毁长度。

3. 试验设备

（1）垂直燃烧试验仪：

①试样夹：用以固定试样防止卷曲并保持试样于垂直位置。试样夹由两块厚 2.0mm、长 422mm、宽 89mm 的 U 形不锈钢板组成，其内框尺寸为 356mm×51mm。试样固定于两板中间，两边用夹子夹紧。

②重锤：每一重锤附以挂钩，可将重锤挂在测试后试样一侧的下端，用以测定损毁长度。根据织物质量不同选用，见表 8-7。

表 8-7 织物质量与重锤的关系

织物质量（g/m²）	重锤质量（g）	织物质量（g/m²）	重锤质量（g）
101 以下	54.5	101~207 以下	113.4
207~338 以下	226.8	338~650 以下	340.2
650 及以上	453.6		

（2）医用脱脂棉。

（3）工业用丙烷或丁烷气体。

（4）不锈钢尺：精度 1mm。

（5）密封容器。

4. 试样准备

（1）试样规格：300mm×80mm，经向（纵向）及纬向（横向）各取 5 块，长的一边要与织物经向（纵向）或纬向（横向）平行。

（2）在标准大气条件下调湿。在温度为 10~30℃、相对湿度为 30%~80% 的大气中进行试验。

5. 试验步骤

（1）接通电源和气源。

（2）将试验箱前门关好，按下电源开关，将条件转换开关放在焰高测定位置，打开气体供给阀门，按点火开关，点着点火器，用气体阀调节旋钮调节火焰高度，使其稳定达到（40±2）mm，然后将条件转换开关放在试验位置。

（3）检查续燃、阴燃计时器是否在0位上，点燃时间设定为12s。

（4）将试样放入试样夹中，试样下沿应与试样夹两下端平齐，打开试验箱门，将试样夹连同试样垂直挂于试验箱中。

（5）关闭箱门，点着点火器，待30s火焰稳定后，按启动开关，使点火器移到试样正下方，点燃试样。此时距试样从密封容器内取出的时间必须在1min以内。

（6）12s后，点火器恢复原位，续燃计时器开始计时，待续燃停止，立即按计时器的停止开关；阴燃计时器开始计时，待阴燃停止后，按计时器的停止开关。读取续燃时间和阴燃时间，读数应精确到0.1s。

（7）当试验熔融性纤维制成的织物时，如果被测试样在燃烧过程中有熔滴产生，则应在试验箱的箱底平铺上10mm厚的脱脂棉，并记录熔融脱落物是否引起脱脂棉的燃烧或阴燃。

（8）打开试验箱前门，取出试样夹，卸下试样，先沿其长度方向炭化处对折一下，然后在试样的下端一侧，距其底边及侧边各约6mm处，挂上按试样单位面积质量选用的重锤，再用手缓缓提起试样下端的另一侧，让重锤悬空，再放下，测量试样撕裂的长度，即为损毁长度，结果精确到1mm。

（9）清除试验箱中碎片，并开动通风设备，排除试验箱中的烟雾及气体，然后再测试下一个试样。

6. 试验结果与评定

（1）结果计算：分别计算经向（纵向）和纬向（横向）5个试样的续燃时间、阴燃时间及损毁长度的平均值。

（2）阻燃性评定：阻燃性评定，见表8-8。

表8-8　阻燃性能指标

项目	级别	
	服用及特殊需要装饰织物	各种装饰织物
损毁长度（mm）≤	150	200
续燃时间（s）≤	5	15
阴燃时间（s）≤	5	10

注：①记录燃烧过程中滴落物引起脱脂棉燃烧的试样。

②对某些样品，可能其中的几个试样被烧通，记录各未烧通试样的续燃时间、阴燃时间及损毁长度的实测值，并在试验报告中注明有几块试样烧通。

③对燃烧时熔融又连接到一起的试样，测量损毁长度时应以熔融的最高点为准。

④在试样燃烧过程中要关闭通风系统，以免影响试验结果。

试验 2-3-2　氧指数法

1. 试验标准

GB/T 5454—1997《纺织品　燃烧性能试验　氧指数法》。

2. 试验原理

试样夹于试样夹上垂直于燃烧筒内，在向上流动的氧氮气流中，点燃试样上端，观察其燃烧特性，并与规定的极限值比较其续燃时间或损毁长度。通过在不同氧浓度中一系列试样的试验，可以测得维持燃烧时氧气百分含量表示的最低氧浓度值，受试试样中要有40%~60%超过规定的续燃和阴燃时间或损毁长度。

3. 试验设备

（1）氧指数仪：

①燃烧筒：由内径至少75mm和高度至少450mm的耐热玻璃管构成。筒底连接进气管，并用直径3~5mm的玻璃珠充填，高度为80~100mm，在玻璃珠的上方放置一金属网，以承受燃烧时可能滴落之物，维持筒底清洁。

②试样夹：试样夹为U形夹子，其内框尺寸为140mm×38mm。

③气体减压计：能指示钢瓶内高压不小于15MPa和供气体压力0.1~0.5MPa。

④点火器：内径为（2±1）mm的管子通以丙烷或丁烷气体，在管子的端头点火，火焰高度可用气阀调节，能从燃烧筒上方伸入以点燃试样，火焰高度为15~20mm。

（2）气源：工业用氧气和氮气。

（3）秒表：精度为0.2s。

（4）钢尺：精度为1mm。

（5）密封容器。

4. 试样准备

（1）试样规格：150mm×58mm，对于一般织物，经（纵）、纬（横）向至少各取15块。

（2）在标准大气条件下调湿。在温度为10~30℃、相对湿度为30%~80%的大气中进行试验。

5. 试验步骤

（1）试验装置检查：打开气体供给部分的阀门，并任意选择混合气体浓度，流量在10L/min左右，关闭出气和进气阀门，并记录氧气、氮气、混合气体的压力及流量。放置30min，再观察各压力计及流量计所示数值，与前记录值核对，如无变动，说明装置无漏气。

（2）试样氧浓度的初步选择：当被测试样的氧指数值完全未知时，可将试样在空气中点燃，如果试样迅速燃烧，则氧浓度可以从18%左右开始。如果试样缓和地燃烧或燃烧得不稳定，选择初始氧浓度大约21%。若试样在空气中不能继续燃烧，选择初始氧浓度不小于25%。据此推定的氧浓度，可从表8-9中查出相应的氧流量和氮流量。变化氧浓度时应注意混合气体的总流量在10~11.41L/min之间。

（3）试样安装：将试样装在试样夹中间并加以固定，然后将试样夹连同试样垂直插在燃烧玻璃筒内的试样支座上，试样上端距筒口不少于100mm，试样暴露部分的最下端距筒底气体分配装置顶面不少于100mm。

（4）调节气流：打开氧、氮气阀门，调节从表8-9中查出的氧气和氮气流量，让调节好的气流在试样点火之前流动冲洗燃烧筒至少30s，在点火和燃烧过程中保持此流量不变。

（5）点燃点火器：将点火器管口朝上，调节火焰高度至15~20mm，在试样上端点火，待试样上端全部点燃后（点火时间应注意控制在10~15s内），移去点火器，并立即开始测定续燃和阴燃时间，随后测定损毁长度。

（6）初始氧浓度的确定：以任意间隔为变量，以"升—降法"按下面步骤进行试验。

①试样点燃后立即自熄，续燃、阴燃或续燃和阴燃时间不到2min，或者损毁长度不到40mm时，都是氧浓度过低，记录反应符号为"○"，则必须提高氧浓度。

②试样点燃后续燃、阴燃或续燃和阴燃时间超过2min，或者损毁长度超过40mm时，都是氧浓度过高，记录反应符号为"×"，则必须减小氧浓度。

③重复①、②步骤直到所得两个氧浓度相差≤1.0，其中一个反应符号为"○"，另一个反应符号为"×"，这时氧浓度中反应符号为"○"的就是初始氧浓度（C_0）。

（7）极限氧浓度的测定：

①用初始氧浓度 C_0，同时保持 $d=0.2\%$ 氧浓度间隔，重复（6）中①与②的操作，测得一系列氧浓度值及对应符号，其中最后一个反应符号"○"或"×"，则为氧指数测定NL系列中（7）中②的一个数据。

②继续以 $d=0.2\%$ 氧浓度间隔重复（6）中①与②的操作，再测4个试样，记下各次的氧浓度及其所对应的反应号，最后1个试样的氧浓度用 C_F 表示。

6. 试验结果

以体积百分数表示极限氧指数（LO1），按下式计算：

$$LO1 = C_F + Kd$$

式中：LO1——极限氧指数（%），取小数1位；

   C_F——（7）中②中最后一个氧浓度（%），取小数1位；

   d——（7）中两个氧浓度之差（%），间隔0.2%，取小数1位；

   K——系数，查表8-10。

计算标准差时，LO1应计算到小数2位。

注： K 值的确定。

①如果按（7）中①进行试验测得的最后5个氧指数值，第1个反应符号是"×"，在表8-10第1栏中找出所对应的最后5个测定的反应符号，从表8-10（a）项中再找出"○"数目相应的 K 值数。

②如果按（7）中①进行试验测得的最后5个氧指数值，第1个反应符号是"○"，在表8-10第6栏中找出所对应的最后5个测定的反应符号，从表8-10（b）项中再找出"×"数目相应的 K 值系数，但 K 值数的符号与表中正负数的符号相反。

表 8-9　氧浓度与氧气、氮气流量的关系

氧气浓度%	氧气流量 L/min	氮气流量 L/min	氧气浓度%	氧气流量 L/min	氮气流量 L/min
10.0	1.14	10.26	16.4	1.87	9.53
10.2	1.16	10.24	16.6	1.89	9.51
10.4	1.19	10.21	16.8	19.2	9.48
10.6	1.21	10.19	17.0	1.94	9.46
10.8	1.23	10.17	17.2	1.96	9.44
11.0	1.25	10.15	17.4	1.98	9.42
11.2	1.28	10.12	17.6	2.01	9.39
11.4	1.30	10.10	17.8	2.03	9.37
11.6	1.32	10.08	18.0	2.05	9.35
11.8	1.35	10.05	18.2	2.07	9.33
12.0	1.37	10.03	18.4	2.10	9.30
12.2	1.39	10.01	18.6	2.12	9.28
12.4	1.41	9.99	18.8	2.14	9.26
12.6	1.44	9.96	19.0	2.17	9.23
12.8	1.46	9.94	19.2	2.19	9.21
13.0	1.48	9.92	19.4	2.21	9.19
13.2	1.50	9.90	19.6	2.23	9.17
13.4	1.53	9.87	19.8	2.26	9.14
13.6	1.55	9.85	20.0	2.28	9.12
13.8	1.57	9.83	20.2	2.30	9.10
14.0	1.60	9.80	20.4	2.33	9.07
14.2	1.62	9.78	20.6	2.35	9.05
14.4	1.64	9.76	20.8	2.37	9.03
14.6	1.66	9.74	21.0	2.39	9.01
14.8	1.69	9.71	21.2	2.42	8.98
15.0	1.71	9.69	21.4	2.44	8.96
15.2	1.73	9.67	21.6	2.46	8.94
15.4	1.76	9.64	21.8	2.49	8.91
15.6	1.78	9.62	22.0	2.51	8.89
15.8	1.80	9.60	22.2	2.53	8.87
16.0	1.82	9.58	22.4	2.55	8.85
16.2	1.85	9.55	22.6	2.58	8.82

续表

氧气浓度%	氧气流量 L/min	氮气流量 L/min	氧气浓度%	氧气流量 L/min	氮气流量 L/min
22.8	2.60	8.80	30.2	3.44	7.96
23.0	2.62	8.78	30.4	3.47	7.93
23.2	2.64	8.76	30.6	3.49	7.91
23.4	2.67	8.73	30.8	3.51	7.89
23.6	2.69	8.71	31.0	3.53	7.87
23.8	2.71	8.69	31.2	3.56	7.84
24.0	2.74	8.66	31.4	3.58	7.82
24.2	2.76	8.64	31.6	3.60	7.80
24.4	2.78	8.62	31.8	3.63	7.77
24.6	2.80	8.60	32.0	3.65	7.75
24.8	2.83	8.57	32.2	3.67	7.73
25.0	2.80	8.55	32.4	3.69	7.71
25.2	2.87	8.53	32.6	3.72	7.68
25.4	2.90	8.50	32.8	3.74	7.66
25.6	2.92	8.48	33.0	3.76	7.64
25.8	2.94	8.46	33.2	3.78	7.63
26.0	2.96	8.44	33.4	3.81	7.59
26.2	2.99	8.41	33.6	3.83	7.57
26.4	3.01	8.39	33.8	3.85	7.55
26.6	3.03	8.37	34.0	3.88	7.52
26.8	3.06	8.34	34.2	3.90	7.50
27.0	3.08	8.32	34.4	3.92	7.48
27.2	3.10	8.30	34.6	3.94	7.46
27.4	3.12	8.28	34.8	3.97	7.43
27.6	3.15	8.25	35.0	3.99	7.41
27.8	3.17	8.23	35.2	4.01	7.39
28.0	3.19	8.21	35.4	4.04	7.36
28.2	3.21	8.19	35.6	4.06	7.34
28.4	3.24	8.16	35.8	4.08	7.32
28.6	3.26	8.14	36.0	4.10	7.30
28.8	3.28	8.12	36.2	4.13	7.27
29.0	3.31	8.09	36.4	4.15	7.25
29.2	3.33	8.07	36.6	4.17	7.23
29.4	3.35	8.05	36.8	4.20	7.20
29.6	3.37	8.03	37.0	4.22	7.18
29.8	3.40	8.00	37.2	4.24	7.16
30.0	3.48	7.98	37.4	4.26	7.14

氧气浓度%	氧气流量 L/min	氮气流量 L/min	氧气浓度%	氧气流量 L/min	氮气流量 L/min
37.6	4.29	7.11	45.0	5.13	6.27
37.8	4.31	7.09	45.2	5.15	6.25
38.0	4.33	7.07	45.4	5.18	6.22
38.2	4.35	7.05	45.6	5.20	6.20
38.4	4.38	7.02	45.8	5.22	6.18
38.6	4.40	7.00	46.0	5.24	6.16
38.8	4.42	6.98	46.2	5.27	6.13
39.0	4.45	6.95	46.4	5.29	6.11
39.2	4.47	6.93	46.6	5.31	6.09
39.4	4.49	6.91	46.8	5.34	6.06
39.6	4.51	6.89	47.0	5.36	6.04
39.8	4.54	6.86	47.2	5.38	6.02
40.0	4.56	6.84	47.4	5.40	6.00
40.2	4.58	6.82	47.6	5.43	5.97
40.4	4.61	6.79	47.8	5.45	5.95
40.6	4.63	6.77	48.0	5.47	5.93
40.8	4.65	6.75	48.2	5.49	5.91
41.0	4.67	6.73	48.4	5.52	5.88
41.2	4.70	6.70	48.6	5.54	5.86
41.4	4.72	6.68	48.8	5.56	5.84
41.6	4.74	6.66	49.0	5.59	5.81
41.8	4.77	6.63	49.2	5.61	5.79
42.0	4.79	6.61	49.4	5.63	5.77
42.2	4.81	6.59	49.6	5.65	5.75
42.4	4.83	6.57	49.8	5.68	5.72
42.6	4.86	6.54	50.0	5.70	5.70
42.8	4.88	6.52	50.2	5.72	5.68
43.0	4.90	6.50	50.4	5.75	5.65
43.2	4.92	6.48	50.6	5.77	5.63
43.4	4.95	6.45	50.8	5.79	5.61
43.6	4.97	6.43	51.0	5.81	5.59
43.8	4.99	6.41	51.2	5.84	5.56
44.0	5.02	6.38	51.4	5.86	5.54
44.2	5.04	6.36	51.6	5.88	5.52
44.4	5.06	6.34	51.8	5.91	5.49
44.6	5.08	6.32	52.0	5.93	5.47
44.8	5.11	6.29	52.2	5.95	5.45

续表

氧气浓度%	氧气流量 L/min	氮气流量 L/min	氧气浓度%	氧气流量 L/min	氮气流量 L/min
52.4	5.97	5.43	56.4	6.43	4.97
52.6	6.00	5.40	56.6	6.45	4.95
52.8	6.02	5.38	56.8	6.48	4.92
53.0	6.04	5.36	57.0	6.50	4.90
53.2	6.06	5.34	57.2	6.52	4.88
53.4	6.09	5.31	57.4	6.54	4.86
53.6	6.11	5.29	57.6	6.57	4.83
53.8	6.13	5.27	57.8	6.59	4.81
54.0	6.16	5.24	58.0	6.61	4.79
54.2	6.18	5.22	58.2	6.63	4.77
54.4	6.20	5.20	58.4	6.66	4.74
54.6	6.22	5.18	58.6	6.68	4.72
54.8	6.25	5.15	58.8	6.70	4.70
55.0	6.27	5.13	59.0	6.73	4.67
55.2	6.29	5.11	59.2	6.75	4.65
55.4	6.32	5.08	59.4	6.77	4.63
55.6	6.34	5.06	59.6	6.79	4.61
55.8	6.36	5.04	59.8	6.82	4.58
56.0	6.38	5.02	60.0	6.84	4.56
56.2	6.41	4.99			

表 8-10　K 值的确定

1	2	3	4	5	6
最后 5 个测定的反应符号	（a）				
	○	○○	○○○	○○○○	
×○○○○	-0.55	-0.55	-0.55	-0.55	○××××
×○○○×	-1.25	-1.25	-1.25	-1.25	○×××○
×○○×○	0.37	0.38	0.38	0.38	○××○×
×○○××	-0.17	-0.14	-0.14	-0.14	○××○○
×○×○○	0.02	0.04	0.04	0.04	○×○××
×○×○×	-0.50	0.46	0.45	0.45	○×○××
×○××○	1.17	1.24	1.25	1.25	○×○○×
×○×××	0.61	0.73	0.76	0.76	○×○○○
××○○○	-0.30	-0.27	-0.26	-0.26	○○×××
××○○×	-0.83	-0.76	-0.75	-0.75	○○××○
××○×○	0.83	0.96	0.95	0.95	○○×○×
××○××	0.30	0.46	0.50	0.50	○○×○○

续表

1	2	3	4	5	6
最后5个测定的反应符号	(a)				
	○	○○	○○○	○○○○	
×××○○	0.50	0.65	0.68	0.68	○○○××
×××○×	−0.04	0.19	0.24	0.25	○○○×○
××××○	1.60	1.92	2.00	2.01	○○○○×
×××××	0.89	1.33	1.47	1.50	○○○○○
	(b)				最后5个测定的反应符号
	×	××	×××	××××	

试验 2-4　纺织品拒油性能测定

目的和要求

熟练掌握纺织品拒油性的测试方法，学会纺织品拒油性的测定。

1. 试验标准

GB/T 19977—2005《纺织品　拒油性　抗碳氢化合物试验》。用于评定织物对所选取的一系列具有不同表面张力的液态碳氢化合物的抗吸收性。特别适用于比较同一基布经不同整理剂整理后的拒油效果，不适用于评估试样抗油类化学品的渗透性能。

2. 试验原理

将选取的不同表面张力的一系列碳氢化合物标准试液滴在试样表面，然后观察润湿、芯吸和接触角的情况。拒油等级以没有润湿试样的试液最高编号表示。

3. 试剂与设备

（1）试剂。

所有试剂为分析纯，并确保标准试液在（20±2）℃下使用和贮存。标准试液按表8-11准备和编号。

（2）滴瓶。

为便于操作，可将试液移到滴瓶中，每个滴瓶都标有油试液编号。典型的配套设备为60mL配有磨口吸管和氯丁橡胶吸头的滴瓶。橡胶吸头使用前应在正庚烷中浸泡几个小时，然后在干净的正庚烷中清洗，去除可溶物质。

（3）白色吸液垫。

具有一定厚度和吸液能力的片状物，如纸、黏纤非织造布。

（4）试验手套。

表 8-11 标准试液

组成	油试液编号	密度（kg/L）	25℃时表面张力（N/m）
白矿物油	1	0.84~0.87	0.0315
白矿物油：正十六烷=65：35（体积分数）	2	0.82	0.0296
正十六烷	3	0.77	0.0273
正十四烷	4	0.76	0.0264
正十二烷	5	0.75	0.0247
正癸烷	6	0.73	0.0235
正辛烷	7	0.70	0.0214
正庚烷	8	0.69	0.0198

4. 试样准备

（1）试样规格：约 20cm×20cm，3 块试样，包含织物上不同的组织结构或不同颜色。

（2）在标准大气条件下调湿至少 4h 并进行试验，如果试样从调湿室中移走，应在 30min 内完成试验。

5. 试验步骤

（1）将试样正面朝上平放在白色吸液垫上，置于光滑的水平面上。当评定稀松组织或薄的试样时，试样至少要放置两层，否则试液可能浸湿白色吸液垫的表面，而不是实际的试验试样。

（2）戴上干净手套，抚平绒毛，使绒毛尽可能地顺贴在试样上。

（3）从编号 1 的油试液开始，吸管口保持距试样表面约 0.6cm 的高度，在代表试样的 5 个部位上，小心地滴加 5 小滴（直径约 5mm 或体积约 0.05mL），液滴之间间隔大约 4.0cm。以约 45°角观察液滴（30±2）s，按图 8-3 和"6. 评定"中（1）评定每个液滴。立即检查试样的反面是否润湿，按"6. 评定"中（2）评定试样对该级油试液是否"有效"。

（4）如果试样对该级油试液"有效"或"可疑的有效"，则在液滴附近不影响前一个试验的地方滴加高一个等级的试液，再检查试样的反面是否润湿，评定试样对该级油试液是否"有效"。直到有一种试液在（30±2）s 内使试样"无效"，确定该试样的拒油等级。

（5）取第 2 块试样重复上述的操作，可能还需要第 3 块试样。

6. 评定

（1）液滴分类和描述：液滴类型分为 4 类，见图 8-3。

①A 类：液滴清晰，具有大接触角的完好弧形。

②B 类：圆形液滴在试样上部分发暗。

③C 类：润湿或完全润湿，表现为接触角消失，芯吸明显，液滴闪光消失。

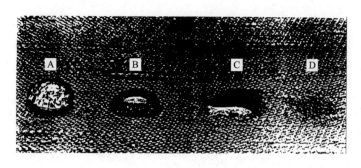

图 8-3　液滴类型

④D 类：完全润湿，表现为液滴和试样的交界面变深（发灰、发暗），液滴消失。

对黑色或深色织物，可根据液滴闪光的消失确定为润湿；对某些表现为在试样和液滴界面是局部发暗的，把在（30±2）s 内界面完全变暗或者有任何芯吸现象作为润湿。

（2）试样对某级油试液是否"有效"的评定

①无效：5 个液滴中有 3 个或 3 个以上液滴为 C 类和（或）D 类。

②有效：5 个液滴中有 3 个或 3 个以上液滴为 A 类。

③可疑的有效：5 个液滴中有 3 个或 3 个以上液滴为 B 类。

（3）单个试样拒油等级的确定

①试样的拒油等级是（30±2）s 期间未润湿试样的最高编号试液的数值，即以"无效"试液的前一级的"有效"试液的编号表示。

②当试样为"可疑的有效"时，以该试液的编号减去 0.5 表示试样的拒油等级。

③当用白矿物油（编号 1）试液，试样为"无效"时，试样的拒油等级为"0"级。

7. 试验结果

拒油等级应由两个独立的试样测定。

（1）如果两个试样的等级相同，则报出该值。

（2）当两个试样的等级不同时，应对第 3 个试样进行试验。

（3）如果第 3 个试样的等级与前两个测定中的 1 个相同时，则报出第 3 个试样的等级。

（4）当第 3 个测定值与前两个测定中的任何 1 个都不同时，则报出中间值。

注：①工作台、手套应不含硅，含硅的产品对评定拒油等级会产生不利影响。

②结果有差异则表示试样可能不均匀或者有沾污问题。

试验 2-5　纺织品防钻绒性能测定

目的和要求

熟练掌握织物防钻绒性的测试方法，学会采用摩擦法和转箱法测定织物防钻绒性。

试验 2-5-1　摩擦法

1. 试验标准

GB/T 12705.1—2009《纺织品　织物防钻绒性试验方法　第 1 部分：摩擦法》。

2. 试验原理

将试样制成具有一定尺寸的试样袋，内装一定质量的羽绒、羽毛填充物。把试样袋安装在仪器上，经过挤压、揉搓和摩擦等作用，通过计数从试样袋内部所钻出的羽毛、羽绒和绒丝根数来评价织物的防钻绒性能。

3. 试验仪器与材料

（1）试验机：由一个驱动轮和两个夹具组成。

（2）塑料袋：包裹试样袋之用，由低密度聚乙烯制成，厚度（25±1）μm，规格为（150±10）mm×（240±10）mm。

（3）天平：精度为 0.01g。

（4）镊子。

（5）缝纫机：缝纫线规格、性能应与面料适应，缝纫针采用 11 号，针密为 12～14 针/3cm。

（6）填充料：采用与被测织物对应的羽绒制品中的羽绒填充料；若未提供，则采用含绒量为 70% 的灰鸭绒。

（7）封口用电热枪和胶棒：其他能避免缝线处钻绒的粘封方法均可使用。

4. 试验准备

（1）试样规格：（420±10）cm×（140±5）cm，经、纬向各 2 块。

（2）试样袋缝制：将裁剪好的试样测试面朝里，沿长边方向对折成 210cm×140cm 的袋状，沿两侧边距边 10cm 缝合，起针和落针时应回针 0.5～1cm，且要回在原线上。然后翻面，距对折边 20cm 处缝 1 道线，仍需回针 0.5～1cm。

（3）填充料装入：按表 8-12 称取一定质量的填充料装入袋中，然后将袋口用来去针在距边 20cm 处缝合，仍需回针 0.5～1cm。缝制后得到的试样袋有效尺寸约为 170cm×120cm。

（4）在试样袋上分别钻 2 个固定孔，见图 8-4。

（5）用粘封液将试样袋缝线处粘封，以防试验过程中羽毛、羽绒和绒丝从缝线处钻出。

表 8-12　填充材料质量与含绒量的关系

含绒量（%）	填充材料质量（g）	含绒量（%）	填充材料质量（g）
>70	30±0.1	30～70	35±0.1
<30	40±0.1		

（6）试样袋在标准大气条件下调湿和试验。

5. 试验步骤

（1）将试样袋放置于按图8-4钻有4个固定孔的塑料袋中，然后将塑料袋固定在两个夹具上，见图8-5。

（2）预置计数器转数为2700次，按正向启动按钮，驱动轮开始转动。

（3）当达到设定的转数，仪器自停后，将试样袋从塑料袋中取出，计数塑料袋中的羽毛、羽绒和绒丝根数，并在合适的光源下，计数钻出试样袋表面大于2mm的羽毛、羽绒和绒丝根数。将上述计数的羽毛、羽绒和绒丝根数相加，即为1个试样袋的试验结果。若上述计数的羽毛、羽绒和绒丝根数大于50，则终止计数。

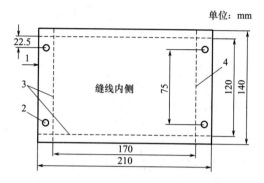

图8-4 试样袋示意图

1—对折边　2—固定孔　3—缝合线　4—袋口缝合边

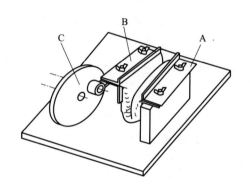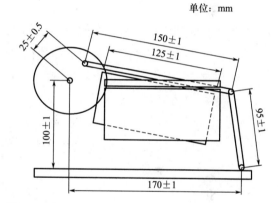

图8-5 织物摩擦防钻绒性试验机

A—底部夹紧装置　B—与轮子连接装置　C—轮子

重复上述步骤，直至完成所有试样袋的测定。

6. 试验结果

分别计算两个方向试验袋钻绒根数的平均值，修约至整数。

7. 评价

织物防钻绒性的评价，见表8-13。

表8-13 织物防钻绒性的评价（摩擦法）

防钻绒性的评价	钻绒根数（根）	防钻绒性的评价	钻绒根数（根）
具有良好的防钻绒性	<20	具有防钻绒性	20~50
防钻绒性较差	>50		

注： ①如需测试和评价样品洗涤后的防钻绒性能，则将试样袋按GB/T 8629—2001中

5A 程序洗涤，F 程序烘干。

②对于羽绒制品，从适当部位剪取足够大小的制品，在周边开口处按上述方法缝合，最终有效尺寸约为 170cm×120cm。

③缝制袋子时，注意试样的正反面，正面朝外。

④塑料袋用于收集从试样袋中完全钻出的填充物，每个试样均应使用新的塑料袋。

⑤一定要粘封好缝线经过的位置，严防缝隙中钻出羽绒、羽毛。

⑥用镊子将所计数到的羽毛、羽绒和绒丝逐根夹下，以免重复计数。

⑦羽绒填充料只允许用于 1 次试验。

⑧清除干净试验仪器和制备时残留在待测试样袋外表面的羽毛、羽绒和绒丝。

试验 2-5-2　转箱法

1. 试验标准

GB/T 12705.2—2009《纺织品　织物防钻绒性试验方法　第 2 部分：转箱法》。

2. 试验原理

将试样制成具有一定尺寸的试样袋，内装一定质量的羽绒、羽毛填充物，把试样袋放在装有硬质橡胶球的试验仪器回转箱内，通过回转箱的定速转动，将橡胶球带至一定高度，冲击箱内的试样，达到模拟羽绒制品在服用中所受的挤压、揉搓、碰撞等作用，通过计数从试样袋内部所钻出的羽毛、羽绒和绒丝根数来评价织物的防钻绒性能。

3. 试验仪器与材料

(1) 试验机：由回转箱及电器控制部分组成，见图 8-6。

(2) 橡胶球：硬度 A(45±10)、质量(140±5)g 丁氰橡胶球至少 10 只。

(3) 天平：精度为 0.01g。

(4) 镊子。

(5) 刷子。

(6) 缝纫机：缝纫线规格、性能应与面料适应，缝纫针采用 11 号，针密为 12~14 针/3cm。

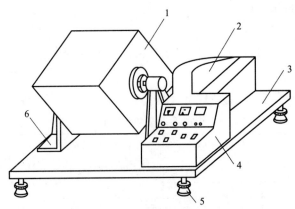

图 8-6　织物转箱防钻绒机

1—回转箱　2—传动箱　3—底座　4—电器控制箱　5—调平螺母　6—支承脚架

（7）填充料：采用与被测织物对应的羽绒制品中的羽绒填充料；若未提供，则采用含绒量为70%的灰鸭绒。

（8）封口用电热枪和胶棒：其他能避免缝线处钻绒的粘封方法均可使用。

4. 试验准备

（1）试样规格：经向42cm×纬向83cm，3块试样。

（2）试样袋缝制：将裁剪好的试样测试面朝里，沿经向对折成42cm×41cm的袋状，沿两侧边距边0.5cm缝合，起针和落针时应回针0.5~1cm，且要回在原线上。然后翻面，距边0.5cm处再缝1道线，仍需回针0.5~1cm。将袋口卷进1cm，在袋子中央加缝1道与袋口垂直的缝线，将袋子分成2个小袋。

（3）填充料装入：称取调湿后的羽绒(25±0.1)g 2份，分别装入2个小袋。然后将袋口用来去针在距边0.5cm处缝合，仍需回针0.5~1cm。缝制后得到的试样袋有效尺寸约为40cm×40cm。

（4）用粘封液将试样袋缝线处粘封，以防试验过程中羽毛、羽绒和绒丝从缝线处钻出。

（5）试样袋在标准大气条件下调湿和试验。

5. 试验步骤

（1）将转箱内外的羽毛、羽绒和绒丝等清扫干净，擦干净硬质橡胶球，置10只在回转箱内。

（2）清除干净缝制时残留在待测试样袋外表面的羽毛、羽绒和绒丝，然后将其放入回转箱内，每次1只试样袋。

（3）设置计数器转数为1000次，按正向启动按钮，回转箱开始转动。

（4）当达到设定的转数仪器自停后，将试样袋取出，计数袋子表面钻出的羽毛、羽绒及绒丝根数，然后再计数并取出回转箱内及橡胶球上的羽毛、羽绒及绒丝根数。

（5）将试样袋重新放入回转箱内，使计数器复零，按反向启动按钮，回转箱反向转动1000次，待仪器自停后，再如上计数羽毛、羽绒及绒丝的根数。将正、反向两次的羽毛、羽绒及绒丝根数相加，即为一只试验袋的试验结果。

重复上述步骤，直至测完所有试样袋。

6. 试验结果

3个试验袋钻绒根数的算术平均值，修约至整数。

7. 评价

织物防钻绒性的评价，见表8-14。

表8-14　织物防钻绒性的评价（转箱法）

防钻绒性的评价	钻绒根数（根）	防钻绒性的评价	钻绒根数（根）
具有良好的防钻绒性	<5	具有防钻绒性	6~15
防钻绒性较差	>15		

注：①如需测试和评价样品洗涤后的防钻绒性能，则将试样袋按 GB/T 8629—2001 中

5A 程序洗涤，F 程序烘干。

②缝制袋子时，注意试样的正、反面，正面朝外。

③一定要粘封好缝线经过的位置，严防缝隙中钻出羽绒、羽毛。

④用镊子将所计数到的羽毛、羽绒和绒丝逐根夹下，以免重复计数。

⑤羽绒填充料只允许用于 1 次试验。

⑥清除干净试验仪器和制备时残留在待测试样袋外表面的羽毛、羽绒和绒丝。

试验 3　服装面辅料生态性测试与评价

试验 3-1　纺织品甲醛的测定

目的和要求

掌握纺织品甲醛的测定的测试方法和测试原理，学会纺织品游离和水解的甲醛（水萃取法）的测定。

试验 3-1-1　游离和水解的甲醛（水萃取法）

1. 试验标准

GB/T 2912.1—2009《纺织品　甲醛的测定　第 1 部分：游离和水解的甲醛（水萃取法）》。

2. 试验原理

试样在 40℃的水浴中萃取一定时间，萃取液用乙酰丙酮显色后，在 412nm 波长下，用分光光度计测定显色液中甲醛的吸光度，对照标准甲醛工作曲线，计算出样品中游离甲醛的含量。

3. 试验设备、器具与试剂

（1）试验设备与器具：

①容量瓶：50mL、250mL、500mL、1000mL 容量瓶。

②三角烧瓶：250mL 碘量瓶或具塞三角烧瓶。

③移液管：1mL、5mL、10mL、25mL 和 30mL 单标移液管及 5mL 刻度移液管。

④量筒：10mL、50mL 量筒。

⑤分光光度计：波长 412nm。

⑥具塞试管及试管架。

⑦恒温水浴锅：（40±2）℃。

⑧过滤器：2 号玻璃漏斗式过滤器。

⑨天平：精确至 0.1mg。

（2）试剂：

①蒸馏水或三级水。

②乙酰丙酮溶液（纳氏试剂）：在 1000mL 容量瓶中加入 150g 乙酸胺，用 800mL 水溶解，然后加 3mL 冰乙酸和 2mL 乙酰丙酮，用水稀释至刻度，用棕色瓶贮存。

③甲醛溶液：浓度约 37%（质量浓度）。

4. 试样准备

（1）样品不需调湿，预调湿可能影响样品中的甲醛含量。测试前样品密封保存。

（2）试样剪碎后，称取 1g，精确至 10mg，2 份（2 个平行样）。如果甲醛含量太低，增加试样量至 2.5g，以获得满意的精度。

5. 试验步骤

（1）甲醛标准溶液和标准曲线的制备：

①约 1500μg/mL 甲醛原液的制备：用水稀释 3.8mL 甲醛溶液至 1L，用标准方法测定甲醛原液浓度。记录该标准原液的精确浓度。该原液用以制备标准稀释液，有效期为 4 周。

②稀释：相当于 1g 样品中加入 100mL 水，样品中甲醛的含量等于标准曲线上对应的甲醛浓度的 100 倍。

a. 标准溶液（S_2）的制备：吸取 10mL 甲醛标准原液（约含甲醛 1.5mg/mL）放入容量瓶中，用水稀释至 200mL，此溶液含甲醛 75mg/L。

b. 校正溶液的制备：根据标准溶液（S_2）制备校正溶液。根据需要，用标准溶液在 500mL 容量瓶中用水稀释，配制浓度 0.15～6.0μg/mL 间至少 5 种浓度的甲醛校正溶液，用以绘制工作曲线。

1mL S_2 稀释至 500mL，包含 0.15μg 甲醛/mL 等于 15mg 甲醛/kg 织物。

2mL S_2 稀释至 500mL，包含 0.30μg 甲醛/mL 等于 30mg 甲醛/kg 织物。

5mL S_2 稀释至 500mL，包含 0.75μg 甲醛/mL 等于 75mg 甲醛/kg 织物。

10mL S_2 稀释至 500mL，包含 1.50μg 甲醛/mL 等于 150mg 甲醛/kg 织物。

15mL S_2 稀释至 500mL，包含 2.25μg 甲醛/mL 等于 225mg 甲醛/kg 织物。

20mL S_2 稀释至 500mL，包含 3.00μg 甲醛/mL 等于 300mg 甲醛/kg 织物。

30mL S_2 稀释至 500mL，包含 4.50μg 甲醛/mL 等于 450mg 甲醛/kg 织物。

40mL S_2 稀释至 500mL，包含 6.00μg 甲醛/mL 等于 600mg 甲醛/kg 织物。

③甲醛标准曲线绘制：以甲醛的浓度为横坐标，吸光度为纵坐标，绘制不同甲醛浓度与吸光度的标准工作曲线 $y = a + bx$。该曲线在一定范围内为一直线，在同样条件下，测出试样萃取液的吸光度后，即可在工作曲线上查出试样萃取液中的甲醛浓度。此曲线用于所有测量数值，如果试验样品中甲醛含量高于 500mg/kg，则稀释样品溶液。

（2）甲醛含量检测：

①萃取：将 2 个试样分别放入 250mL 的碘量瓶或具塞三角烧瓶中，加 100mL 水，盖

紧盖子，放入（40±2）℃水浴中振荡（60±5）min，用过滤器过滤至另一碘量瓶中，供分析用。

②显色：

a. 用单标移液管分别吸取5mL过滤后的2个试样的萃取液，以及5ml甲醛校正溶液分别放入试管中，分别加入5mL乙酰丙酮溶液，摇动。

b. 把试管放在（40±2）℃水浴中显色（30±5）min，然后取出，常温下避光冷却（30±5）min。

空白试剂：5mL蒸馏水加入5mL乙酰丙酮，作空白对照。

空白样品：5mL萃取液加入5mL蒸馏水，作空白对照（如果样品的溶液颜色偏深）。

③检测：

a. 用10mm吸收池在分光光度计412nm波长处测吸光度。

b. 分别检测：萃取液+乙酰丙酮，蒸馏水+乙酰丙酮，萃取液+蒸馏水的吸光度。

6. 试验结果

（1）校正样品吸光度：

$$A = A_c - A_b - A_d$$

式中：A——校正吸光度；

A_c——试验样品中测得的吸光度；

A_b——空白试剂中测得的吸光度；

A_d——空白样品中测得的吸光度（仅用于变色或沾污的情况下）。

用校正后的吸光度数值，通过工作曲线查出萃取液中的甲醛含量 c（μg/mL）。

（2）从织物样品中萃取的甲醛量：计算出从每一样品中萃取的甲醛量。取两次平行试验的平均值，修约至整数位。

$$F = \frac{c \times 100}{m}$$

式中：F——从织物样品中萃取的甲醛含量（mg/kg）；

c——读取工作曲线上的萃取液中的甲醛浓度（μg/mL）；

m——试样的质量（g）。

7. 评定

各类产品的甲醛含量检出值必须分别小于表9-1中数值。

表9-1 各类产品的甲醛含量限值

标准	pH			
	婴幼儿用产品	直接接触皮肤用品	非直接接触皮肤用品	装饰材料
GB/T 18885—2009 与 Oko-Tex Standard 100-2013	≤20	≤75	≤300	≤300
GB 18401—2010	≤20	≤75	≤300	—

注：①乙酰丙酮溶液：用前必须贮存 12h，试剂 6 星期内有效。经长时期贮存后其灵敏度会稍起变化。故每星期应作一校正曲线与标准曲线校对为妥。

②若要使校正溶液中的甲醛浓度和织物试验溶液中的浓度相同，需进行双重稀释。如果每千克织物中含有 20mg 甲醛，用 100mL 水萃取 1.00g 样品溶液中含有 20μg 甲醛，以此类推，则 1mL 试验溶液中的甲醛含量为 0.2μg。

③计算结果超出 500mg/kg 时，稀释萃取液使之吸光度在工作曲线的范围内。

④将已显现出的黄色暴露于阳光下一定时间会造成褪色，因此在测定过程中应避免在强光下操作。

⑤如果结果小于 20mg/kg，试验结果报告"未检出"。

⑥甲醛原液标定：为了在比色分析中绘制出精确的工作曲线，对含量约 1500μg/mL 的甲醛原液应进行精确标定。

a. 原理：甲醛原液与过量亚硫酸钠反应，用标准酸液在百里酚酞指示下进行反滴定。

b. 试剂：亚硫酸钠 $[c(Na_2S_2O_3) = 0.11mol/L]$：称取 126g 无水亚硫酸钠放入 1L 容量瓶，用水稀释至标记。

酚酞指示剂：1g 酚酞溶解于 100mL 中性乙醇溶液中。

硫酸 $[c(H_2SO_4) = 0.01mol/L]$：可以从化学品供应公司购得或用标准氢氧化钠溶液标定。

c. 步骤：移取 50mL 亚硫酸钠溶液于三角烧瓶中，加入 2 滴酚酞指示剂，如需要，再加入几滴硫酸溶液直至红色消失。然后移取 10mL 甲醛原液至瓶中（红色再次出现），用硫酸溶液滴定至红色消失，或使用校正 pH 来代替酚酞指示剂，在此情况下最终点 pH 为 9.5，记录用酸体积 y（硫酸溶液的体积约 25mL）。上述操作重复进行 1 次。

d. 计算甲醛原液中甲醛浓度 c：

$$c = \frac{y_1 \times 0.6 \times 1000}{y_2}$$

式中：c——甲醛原液中甲醛浓度（μg/mL）；

y_1——硫酸溶液用量（mL）；

y_2——甲醛溶液用量（mL）；

0.6——与 1mL0.01mol/L 硫酸相当的甲醛的质量（mg）（即 1mL0.01mol/L H_2SO_4 相当于 0.6mg 甲醛）。

试验 3-1-2 释放的甲醛（蒸汽吸收法）

1. 试验标准

GB/T 2912.2—2009《纺织品 甲醛的测定 第 2 部分：释放的甲醛（蒸汽吸收法）》。

2. 试验原理

一定质量的织物试样，悬挂于密封瓶中的水面上，置于恒定温度的烘箱内一定时间，释放的甲醛用水吸收，经乙酰丙酮显色后，用分光光度计比色测定显色液的吸光度。对照标准甲醛工作曲线，计算出样品中释放甲醛含量。

3. 试验设备、器具与试剂

（1）试验设备与器具：

①小型金属丝网篮：或用双股缝线将织物的两端分别系起来，挂于水面上，线头系于瓶盖顶部的钩子上，见图9-1。

②玻璃广口瓶：1L，有密封盖（或瓶盖顶部带有小钩的密封盖），见图9-1。

③容量瓶：50mL、250mL、500mL、1000mL 容量瓶。

④移液管：1mL、5mL、10mL、25mL 和 30mL 单标移液管及 5mL 刻度移液管。

⑤量筒：10mL、50mL 量筒。

⑥分光光度计：波长 412nm。

⑦试管及比色管或测色管。

⑧恒温水浴锅：（40±2）℃。

⑨天平：精确至 0.1mg。

⑩烘箱：（49±2）℃。

（2）试剂：

①蒸馏水或三级水。

②乙酰丙酮溶液：（纳氏试剂）：在 1000mL 容量瓶中加入 150g 乙酸胺，用 800mL 水溶解，然后加入 3mL 冰乙酸和 2mL 乙酰丙酮，用水稀释至刻度，用棕色瓶贮存。

③甲醛溶液：浓度约 37%（质量浓度）。

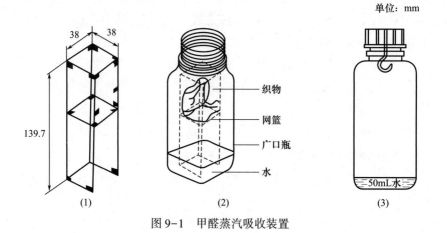

图 9-1 甲醛蒸汽吸收装置

4. 试样准备

（1）样品不需调湿，预调湿可能影响样品中的甲醛含量。测试前样品密封保存。

（2）试样剪碎后，称取 1g，精确至 10mg，至少 2 份（2 个平行样）。

5. 试验步骤

（1）甲醛标准溶液和标准曲线的制备：

①约 1500μg/mL 甲醛原液的制备：用水稀释 3.8mL 甲醛溶液至 1L，用标准方法测定甲

醛原液浓度。记录该标准原液的精确浓度。该原液用以制备标准稀释液，有效期为4周。

②稀释：相当于1g样品中加入50mL水，样品中甲醛的含量等于标准曲线上对应的甲醛浓度的50倍。

a. 标准溶液（S₂）的制备：吸取10mL甲醛标准原液（约含甲醛1.5mg/mL）放入容量瓶中，用水稀释至200mL，此溶液含甲醛75mg/L。

b. 校正溶液的制备：根据标准溶液（S₂）制备校正溶液。根据需要，用标准溶液在500mL容量瓶中用水稀释，配制浓度0.15~6.0μg/mL间至少5种浓度的甲醛校正溶液，用以绘制工作曲线。

1mL S₂稀释至500mL，包含0.15μg甲醛/mL等于7.5mg甲醛/kg织物。

2mL S₂稀释至500mL，包含0.30μg甲醛/mL等于15mg甲醛/kg织物。

5mL S₂稀释至500mL，包含0.75μg甲醛/mL等于37.5mg甲醛/kg织物。

10mL S₂稀释至500mL，包含1.50μg甲醛/mL等于75mg甲醛/kg织物。

15mL S₂稀释至500mL，包含2.25μg甲醛/mL等于112.5mg甲醛/kg织物。

20mL S₂稀释至500mL，包含3.00μg甲醛/mL等于150mg甲醛/kg织物。

30mL S₂稀释至500mL，包含4.50μg甲醛/mL等于225mg甲醛/kg织物。

40mL S₂稀释至500mL，包含6.00μg甲醛/mL等于300mg甲醛/kg织物。

③甲醛标准曲线绘制：以甲醛的浓度为横坐标，吸光度为纵坐标，绘制不同甲醛浓度与吸光度的标准工作曲线 $y=a+bx$。该曲线在一定范围内为一直线，在同样条件下，测出试样萃取液的吸光度后，即可在工作曲线上查出试样萃取液中的甲醛浓度。此曲线用于所有测量数值，如果试验样品中甲醛含量高于500mg/kg，则稀释样品溶液。

（2）甲醛含量检测：

①蒸汽吸收：每只试验瓶中加入50mL的水，试样放在金属丝网篮上或用双股线将试样系起来，线头挂在瓶盖顶部的钩子上（避免试样接触水），盖紧瓶盖，置于（49±2）℃烘箱中60h±15min后，取出试验瓶，冷却（30±5）min，然后从瓶中取出试样和网篮，再盖紧瓶盖，摇匀。

②显色：

a. 用单标移液管分别吸取5mL 2个试样溶液，以及5ml甲醛校正溶液分别放入试管中，分别加入5mL乙酰丙酮溶液，摇动。

b. 把试管放在(40±2)℃水浴中显色(30±5)min，然后取出，常温下避光冷却(30±5)min。

空白试剂：5mL蒸馏水加入5mL乙酰丙酮，作空白对照。

③检测：

a. 用10mm吸收池在分光光度计412nm波长处测吸光度。

b. 分别检测：试样溶液+乙酰丙酮，蒸馏水+乙酰丙酮的吸光度。

6. 试验结果

（1）校正样品吸光度：

$$A=A_s-A_b$$

式中：A——校正吸光度；

A_s——试验样品中测得的吸光度；

A_b——空白试剂中测得的吸光度。

用校正后的吸光度数值，通过工作曲线查出试样溶液中的甲醛含量 c（μg/mL）。

（2）织物样品释放的甲醛量：计算出每个样品释放的甲醛量。取两次平行试验的平均值，修约至整数位。

$$F = \frac{c \times 50}{m}$$

式中：F——织物样品中释放的甲醛含量（mg/kg）；

c——读取工作曲线上的萃取液中的甲醛浓度（μg/mL）；

m——试样的质量（g）。

7. 评定

各类产品的甲醛含量检出值必须分别小于表 9-1 中数值。

注：①乙酰丙酮溶液：用前必须贮存 12h，试剂 6 星期内有效。经长时期贮存后其灵敏度会稍起变化。故每星期应作一校正曲线与标准曲线校对为妥。

②若要使校正溶液中的甲醛浓度和织物试验溶液中的浓度相同，需进行双重稀释。如果每千克织物中含有 20mg 甲醛，用 50mL 水萃取 1.00g 样品溶液中含有 20μg 甲醛，以此类推，则 1mL 试验溶液中的甲醛含量为 0.4μg。

③计算结果超出 500mg/kg 时，稀释萃取液使之吸光度在工作曲线的范围内。

④将已显现出的黄色暴露于阳光下一定时间会造成褪色，因此在测定过程中应避免在强光下操作。

⑤如果结果小于 20mg/kg，试验结果报告"未检出"。

试验 3-2　纺织品水萃取液 pH 的测定

目的和要求

掌握纺织品水萃取液 pH 的测定方法和原理，学会纺织品水萃取液 pH 的测定。

1. 试验标准

GB/T 7573—2009《纺织品　水萃取液 pH 的测定》。

2. 试验原理

在室温下，用带有玻璃电极的 pH 计测定纺织品水萃取液的 pH。

3. 试验设备、器具与试剂

（1）试验设备与器具：

①pH 计：配备玻璃电极，测量精度至少 0.1。

②机械振荡器：往复式速率至少为 60 次/min，旋转式速率至少为 30 周/min。

③天平：精度 0.01g。

④具塞玻璃烧瓶：250mL，用于制备水萃取液。

⑤烧杯：150mL。

⑥量筒：100mL。

⑦容量瓶：1L，A级。

⑧玻璃棒。

（2）试剂：

①蒸馏水或去离子水：pH在5~7.5的范围。如果蒸馏水不是三级水，可在烧杯中以适当的速率将100mL蒸馏水煮沸（10±1）min，盖上盖子冷却至室温。

②氯化钾溶液：0.1mol/L，用蒸馏水或去离子水配制。

③缓冲溶液：测定前用于校准pH计。缓冲溶液pH与待测溶液的pH相近，推荐使用pH在4、7和9左右的缓冲溶液，见表9-2。用三级水配置，每月至少更换1次。

表9-2　标准缓冲溶液

标准缓冲溶液	制备		pH	
			20℃	25℃
邻苯二甲酸氢钾缓冲溶液 0.05mol/L（pH4.0）	称取 10.12g 邻苯二甲酸氢钾（$KHC_8H_4O_4$）	放入 1L 容量瓶中，用去离子水或蒸馏水溶解后定容至刻度	4.00	4.01
磷酸二氢钾和磷酸氢二钠缓冲溶液 0.08mol/L（pH6.9）	称取 3.9g 磷酸二氢钾（KH_2PO_4）和 3.54g 磷酸氢二钠（Na_2HPO_4）		6.87	6.86
四硼酸钠缓冲溶液 0.01mol/L（pH9.2）	称取 3.8g 四硼酸钠十水合物（$Na_2B_4O_7 \cdot 10H_2O$）		9.23	9.18

4. 试样准备

将样品剪成约5mm×5mm的碎片，称取（2.00±0.05）g，3份样品（3个平行样），避免污染和用手直接触摸样品。

5. 试验步骤

（1）水萃取液的制备。

在室温下制备3个平行样的水萃取液。在具塞烧瓶中加入1份试样和100mL蒸馏水或氯化钾溶液，盖紧瓶塞。充分摇动片刻以使样品完全润湿。将烧瓶置于机械振荡器上振荡2h±5min，记录萃取液的温度。

（2）pH计校准：

①使仪器进入pH测量状态，按"温度"键，调节pH计的温度与萃取液温度（室温）一致，然后按"确认"键。

②在萃取液温度下用2种或3种缓冲溶液校准pH计。将玻璃电极浸没到pH=7左右的标准缓冲溶液中，待pH示值稳定后按"定位"键，调节pH示值为该溶液该温度下的pH，然后按"确认"键；将玻璃电极浸没到pH=4左右或9左右的标准缓冲溶液中，待pH示值稳定后按"斜率"键，调节pH示值为该溶液该温度下的pH，然后按"确认"键。

（3）水萃取液pH的测定。

将玻璃电极浸没到同一萃取液（水或氯化钾溶液）中数次，直至pH示值稳定。

（1）将第 1 份萃取液倒入烧杯，迅速把玻璃电极浸没到液面下至少 10mm 的深度，用玻璃棒轻轻地搅拌溶液直至 pH 示值稳定（本次测定值不记录）。

（2）将第 2 份萃取液倒入另一烧杯，迅速把玻璃电极（不清洗）浸没到液面下至少 10mm 的深度，静置直至 pH 示值稳定并记录。

（3）同样，测定第 3 份萃取液的 pH 并记录。

6. 试验结果

计算第 2 份和第 3 份萃取液的 pH 的平均值，保留 1 位小数。

7. 评定

GB/T 18885—2009《生态纺织品技术要求》和 Oeko-TexStandard 100—2013《生态纺织品通用及特殊技术要求》及 GB 18401—2010《国家纺织产品基本安全技术规范》对不同种类纺织产品 pH 要求，见表 9-3。

表 9-3　不同种类纺织产品 pH

标准	pH			
	婴幼儿用产品	直接接触皮肤用品	非直接接触皮肤用品	装饰材料
GB/T 18885—2009 与 Oko-Tex Standard 100-2013	4.0~7.5	4.0~7.5	4.0~9.0	4.0~9.0
GB 18401—2010	4.0~7.5	4.0~8.5	4.0~9.0	—

注：①室温一般控制在 10~30℃。

②测试时，用蒸馏水清洗玻璃电极，再用被测溶液清洗 1 次。

③如果两个 pH 测量值之间差异大于 0.2，则另取其他试样重新试验。

参考文献

[1]陈丽华．服装材料学[M]．沈阳：辽宁美术出版社，2011.

[2]蒋耀兴，姚桂芬．纺织品检验学（第2版）[M]．北京：中国纺织出版社，2008.

[3]郭晓玲，本德萍，郝凤鸣，等．进出口纺织品检验检疫实务[M]．北京：中国纺织出版社，2007.

[4]张红霞，纺织品检测实务[M]．北京：中国纺织出版社，2007.

[5]万融，邢声远．服用纺织品质量分析检测[M]．北京：中国纺织出版社，2006.

[6]田恬，翁毅，甘志红．纺织品检验[M]．北京：中国纺织出版社，2006.

[7]李汝勤，宋钧才．纤维和纺织品测试技术[M]．上海：东华大学出版社，2005.

[8]李廷，陆维民．检验检疫概论与进出口纺织品检验[M]．上海：东华大学出版社，2005.